Ernst-Rüdiger Look | Ludger Feldmann

Faszination Geologie

Die bedeutendsten Geotope Deutschlands

Herausgegeben von der
Akademie der Geowissenschaften zu Hannover e.V.

Redaktion
Ernst-Rüdiger Look und Ludger Feldmann

Mit Beiträgen von

Martina Bach, Alexander Bartholomä, Horst Blumenstengel, Annette Broschinski, Gerfried Caspers, Jan Deuster, Armin Dieter, Doris Dittrich, Günther Drozdzewski, Hanni Eichner, Hubert Engelbrecht, Jochen Farrenschon, Burghard W. Flemming, Yvonne Flesch, Harald Frater, Hans-Joachim Franzke, Wolfram Frost, Manfred Frühauf, Martin Füßl, Helmut Garleb, Arnold Gawlik, Matthias Geyer, Stefan Glaser, Ulrich Göbel, Dieter Göllnitz, Kurt Goth, Klaus Granitzki, Birgit Grauvogel, Alf Grube, Katja Hagen, Rolf Bernhard Hauff, Dierk Henningsen, Angelika Hunold, Thomas Huth, Uwe Kaulfuß, Gertrud Keim, Thomas Kirnbauer, Ekkehard Klatt, Martina Kölbl-Ebert, Martin Koziol, Bernd Krauthausen, Hans-Dieter Krienke, Almut Kupetz, Manfred Kupetz, Ulrich Lagally, Roger Lang, Ernst-Rüdiger Look, Guido Lotz, Herbert Lutz, Wilhelm Meyer, Volker Morgenroth, Christoph Münchberg, Natworking-AG des Robert-Bosch-Gymnasiums Langenau, Ralf Nielbock, Matthias Piecha, Rolf Reinicke, Karl-Heinz Ribbert, Stefan Röber, Heinz-Gerd Röhling, Martin Röper, Anja Sagawe, Holger Schaaff, Stephan Schaal, Sandy Schiffner, Wolfgang Schirmer, Sandra Schneiders, Hilmar Schnick, Manfred Schöttle, Adalbert Schraft, Reiner Schubert, Andreas Schüller, Günter Schweigert, Klaus Stedingk, Walter Steiner, Klaus Steuerwald, Peter Suhr, Matthias Thomae, Jürgen Thüring, Eckhard Villinger, Firouz Vladi, Peter Wagenplast, Volker Wartmann, Berthold Weber, Jutta Weber, Michael Weidenfeller, Hans-Joachim Wohlenberg, Volker Wrede, Henning Zellmer

E. Schweizerbart'sche Verlagsbuchhandlung
(Nägele u. Obermiller) · Stuttgart

Herausgeber: Akademie der Geowissenschaften zu Hannover e.V.
Postfach 1114, 31519 Neustadt/Hannover

Redaktion: Prof. Dr. rer. nat. ERNST-RÜDIGER LOOK, Hannover
PD Dr. rer. nat. habil. LUDGER FELDMANN, Benningen

Die Drucklegung des Buches wurde gefördert durch die Deutsche Gesellschaft für Geowissenschaften (DGG)

∞ printed on permanent paper conforming to ISO 9706-1994

Verlag: **E. Schweizerbart´sche Verlagsbuchhandlung (Nägele u. Obermiller)**
Johannesstr. 3 A, 70176 Stuttgart, Germany
mail@schweizerbart.de
www.schweizerbart.de

Umschlagentwurf, Layout und Satz: Silke Brinkmann, Büro für Gestaltung, Bremerhaven
Printed in 2006 by Gulde Druck, Tübingen
ISBN 3-510-65219-3

Faszination Geologie

Die bedeutendsten Geotope Deutschlands

Vorwort

Das heutige Bild der Erde ist eine Momentaufnahme der mehr als vier Milliarden Jahre andauernden Entwicklung des blauen Planeten: Eine unendliche Geschichte des Werdens und Vergehens, in der Meere und Gebirge entstanden und vergingen und Leben sich in großer Vielfalt entwickelte. Davon findet sich in allen Regionen der Erde eine Vielzahl von Zeugen, von denen die anschaulichsten und besterhaltenen durch die Bezeichnung „Geotop“ als etwas hervorgehoben werden sollen, das als nicht alltägliches Naturphänomen Beachtung verdient und besonderer Pflege wert ist und auch dem interessierten Laien in seiner Aussagekraft zugänglich ist. Dabei kann es sich um natürliche oder durch menschliches Wirken entstandene Gesteinsaufschlüsse handeln, um Landschaftsformen oder um Erscheinungen in einem größeren Gesteinsverband, in denen das Wirken geologischer Kräfte oder vorzeitliches Leben sichtbare Spuren hinterlassen hat. Ein Geotop ist ein bedeutendes Dokument für die Geschichte einer Landschaft oder einer Region und deren Stellung und Funktion in dem großen Verbund der irdischen Kontinente und Meere. Es ist Teil des Naturerbes der Menschheit und zählt damit zu den höchsten ererbten Gütern, die es für kommende Generationen zu bewahren gilt.

Geotope können in ihrem natürlichen Umfeld erhalten oder in eine Landschaft eingebettet sein, die geprägt ist von der Tätigkeit des Menschen, von der Nutzung durch Land- und Forstwirtschaft, von der Gewinnung und Verarbeitung mineralischer Rohstoffe oder durch bau- oder verkehrstechnische Erschließungen. Geotope sind nicht selten zugleich auch natürliche Reservate von Tieren und Pflanzen, die einen besonderen geologischen Untergrund benötigen oder nur in einem Mikroklima gedeihen, in dem Beschaffenheit, Wasserführung und Durchlüftung des Bodens entscheidende Faktoren sind.

Geotope gibt es auf der Erde in ebenso großer Vielfalt, wie es Landschaften unterschiedlicher geologischer Geschichte gibt. Auch Deutschland ist reich an Naturerscheinungen, die im internationalen Vergleich als Geotope gelten können. Nicht alle aber sind so gut erhalten, so anschaulich und so leicht zugänglich, dass sie das Interesse eines breiteren Publikums finden würden. Daher hat es sich die Akademie der Geowissenschaften zu einer ihrer Aufgaben gemacht, unter den in Frage kommenden Objekten eine Auswahl zu treffen. Sie rief deshalb über das Internet (www.geoakademie.de) auf, sich ab 20. März 2004 innerhalb eines Jahres an einem Wettbewerb zur Erfassung und Ausweisung der fünfzig bedeutendsten Geotope in Deutschland zu beteiligen. Wegen der großen Resonanz wurde der Wettbewerb bis zum 30. Juni 2005 verlängert. Insgesamt wurden schließlich 180 Geotope zur Bewertung und Prämierung benannt, weitaus mehr, als ursprünglich erwartet. Eine Jury der Akademie der Geowissenschaften, bestehend aus führenden Fachleuten (s. Liste auf Seite 171) und unter Beteiligung der Geologischen Dienste in den Bundesländern, hat im August 2005 siebenundsiebzig der eingereichten Vorschläge als bedeutendste Geotope bzw. Geotoplandschaften Deutschlands ausgewählt und sie am 12. Mai 2006 mit der Bezeichnung „Nationaler Geotop“ (international: National Geosite) ausgezeichnet.

Einige der prämierten Geotope empfehlen sich zur Aufnahme in die Liste der UNESCO-Welterbestätten, wie zum Beispiel das Wattenmeer an der Nordseeküste oder das Nördlinger Ries. Andere, wie die Fossilienlagerstätte Grube Messel bei Darmstadt, das Bergwerk Rammelsberg bei Goslar und das Mittelrheintal sind oder gehören bereits zu UNESCO-Welterbestätten. Geotope von rein wissenschaftlicher Bedeutung, wie zum Beispiel Fundstellen seltener Fossilien, Mineralien oder Gesteinsabfolgen blieben bei den Wettbewerbsentscheidungen unberücksichtigt, da sie eines besonderen Schutzes bedürfen und für die touristische Öffentlichkeit ungeeignet sind.

Die Akademie bedankt sich bei den Teilnehmern des Wettbewerbs, den wissenschaftlichen Juroren und den Autoren der siebenundsiebzig Beschreibungen der prämierten Geotope. Der Wettbewerb zeugt von der bisher in Deutschland nicht gekannten „Faszination Geologie“, was dieses Buch zu belegen versucht.

Einen Sonderpreis erhält die NatWorking-AG des Robert-Bosch-Gymnasiums in Langenau/Baden-Württemberg für die Einreichung ihres Vorschlages „Die Lonetal-Karstlandschaft am Rand der Schwäbischen Alb“.

Die Geotope sind in diesem Buch nicht nach fachlichen hierarchischen Kriterien sondern wie in einem Reiseführer nach den Bundesländern von Norden nach Süden allgemein verständlich beschrieben. Genaue Lagepläne und wissenschaftliche Beschreibungen sind am Schluss der Geotopbeschreibungen erwähnt.

Horst Quade *(Präsident)*

Ernst-Rüdiger Look *(Geschäftsführer)*

Akademie der Geowissenschaften zu Hannover e. V.

Deutschland mit den ausgewählten Geotopen

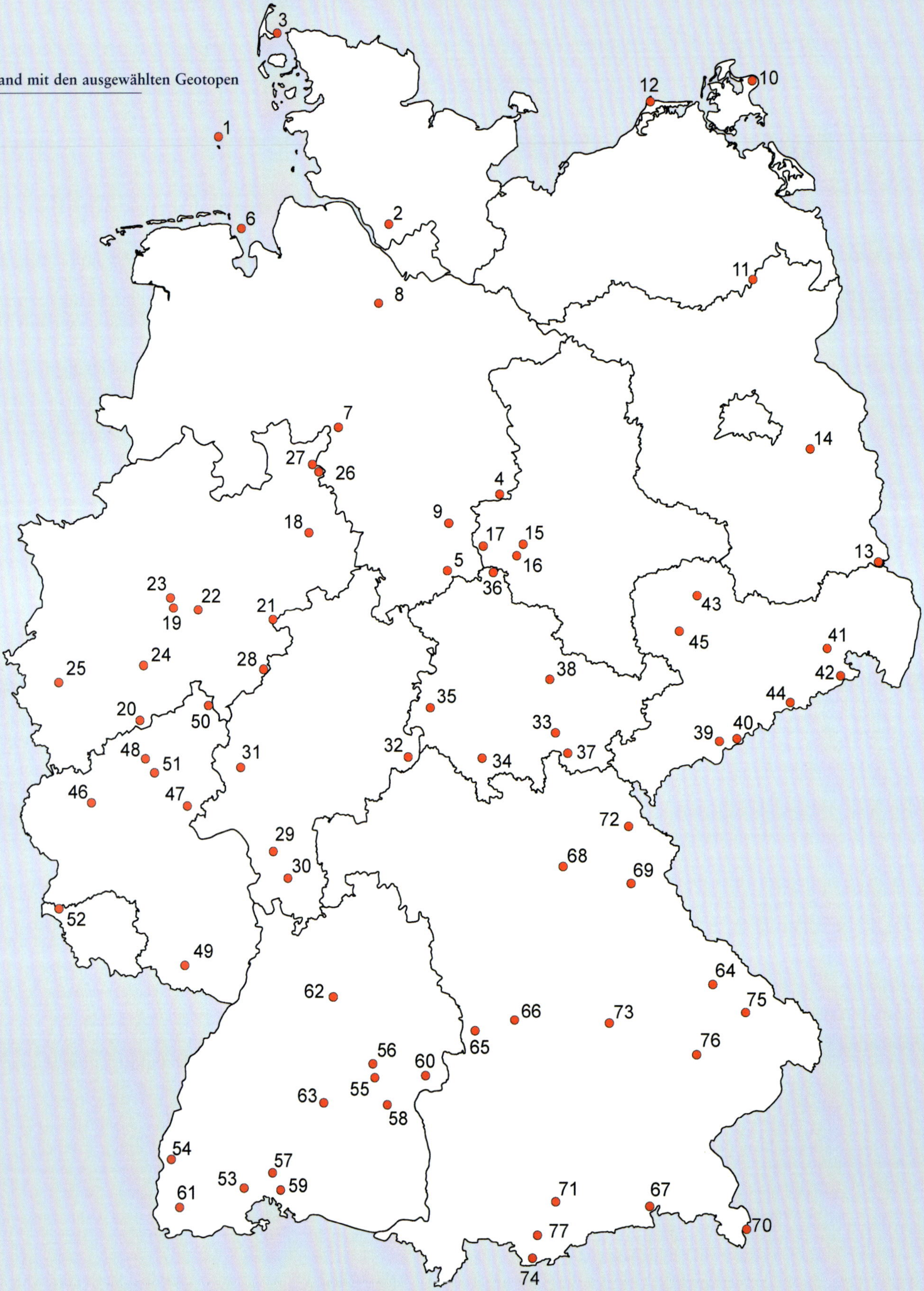

Inhaltsverzeichnis

Kurzer Abriss der Geologie von Deutschland

Einführung

Das Gebiet der Bundesrepublik Deutschland wird durch vielfältige Gesteine und geologische Strukturen gekennzeichnet, die durch eine lange und wechselvolle geologische Geschichte entstanden sind. Nur örtlich findet man in Deutschland Gesteine, die bereits im Präkambrium (Proterozoikum) vor mehr als 1-2 Milliarden Jahren gebildet wurden; größere Gebiete im mittleren Deutschland werden dagegen durch paläozoische und mesozoische Sandsteine, Kalksteine und Tonsteine gekennzeichnet. Vor allem im Norddeutschen Tiefland und Alpenvorland herrschen sandige und tonige Bildungen vor, die weniger als 2 Millionen Jahre alt sind und in der Quartär-Zeit (oft als Eiszeit-Alter bezeichnet) gebildet wurden (Tab. S. 179). In der Regel sind die vorhandenen Gesteine umso stärker verfestigt, je älter sie sind; die älteren weisen darüber hinaus nicht selten auch deutliche Gesteinsdeformationen wie Verfaltungen, Verschieferungen und Brüche/Verwerfungen auf. Insgesamt herrschen in Deutschland lockere oder verfestigte sedimentäre Ablagerungen vor, während magmatische Gesteine (z.B. Granite oder Basalte) weniger häufig anzutreffen sind und metamorphe Gesteine (z.B. Gneise oder Glimmerschiefer) eher zurücktreten. Je härter die Gesteine sind, desto häufiger sind sie durch Verwitterung und Abtragung als Felsen oder Mauern herauspräpariert worden.

Die Vielfalt der vorhandenen Gesteine und Landschaften ist am besten zu verstehen, wenn vor allem die geologischen Vorgänge betrachtet werden, die für das Gebiet Deutschlands von größerer Bedeutung gewesen sind. Dabei sollte – wie das in der Geologie üblich ist – von den älteren zu den jüngeren vorgegangen werden, zudem müssen das außeralpine Deutschland einerseits und der deutsche Anteil an den Alpen andrerseits getrennt voneinander behandelt werden:

1. In der Zeit des Devons und Unterkarbons, also vor etwa 400 bis 320 Millionen Jahren, gehörten weite Teile Deutschlands zu einem Meeresbereich, in dem große Mächtigkeiten von vor allem tonigen und sandigen, weniger häufig auch kalkigen Sedimenten abgelagert wurden. Mancherorts werden diese Sedimentgesteine von Lavagesteinen durchdrungen. Geologen bezeichnen diesen Bildungsbereich als variszischen oder variskischen Ablagerungsraum (benannt nach den Variscern, einem Volksstamm, der früher im Gebiet des heutigen Ostbayerns gesiedelt hat). Gegen Ende des Unteren Karbons wurden die Ablagerungen im variszischen Ablagerungsraum in mehreren Schüben verfaltet und teilweise verschiefert (variszische Gebirgsbildung), mächtige Körper von Tiefengesteinen (Granite und Diorite) drangen bei dieser Gebirgsbildung auf. Die variszische Gebirgsbildung ist - zeitlich gesehen - die letzte starke Deformation, die das Gebiet Deutschlands, soweit es außerhalb der Alpen liegt, betroffen hat. Sedimentgesteine mit damit verbundenen Vulkaniten des Variszikums sind in Deutschland weit verbreitet (z.B. Rheinisches Schiefergebirge, Thüringisch-Fränkisch-Vogtländisches Schiefergebirge, Lausitz, Harz); Granite und Diorite aus dieser Zeit befinden sich z.B. in den Bereichen Schwarzwald, Erzgebirge, Bayerischer und Oberpfälzer Wald, Fichtelgebirge. In den zuletzt genannten Gebieten sind auch die meist kleineren Vorkommen von stark überprägten (metamorphen) Gesteinen zu finden, die schon vor der variszischen Zeit im Proterozoikum und/oder älteren Paläozoikum gebildet worden sind.

2. Nach der variszischen Gebirgsbildung entstanden vor gut 300 Millionen Jahren in Mitteleuropa verbreitet Moor- und Sumpfgebiete, in denen es auf Grund eines üppigen Pflanzenwachstums zur Bildung von Torfen kam, aus denen sich anschließend Kohlen gebildet haben. Hieraus entwickelten sich die für Deutschland wichtigen Steinkohlengebiete, wenn die

Kohlenförderung in diesen auch zumeist stark zurückgegangen ist oder sogar eingestellt wurde (z.B. Ruhrgebiet, Osnabrück, Saargebiet). In der anschließenden Perm-Zeit wurden zunächst Schuttsedimente, dann Salze und Karbonat-Gesteine abgelagert. Die Salzgesteine reagieren bei Gebirgs- und Überlagerungsdruck plastisch, deswegen sind sie im Untergrund Norddeutschlands meist als domartig aufgewölbte Strukturen ausgebildet.

3. Im Mesozoikum war Deutschland entweder Festlandsgebiet oder von flachen Meeresbereichen bedeckt. In der unteren Trias-Zeit entstanden die meist rot gefärbten Sandsteine des Buntsandsteins, die in weiten Teilen des mittleren Deutschlands die Landschaft prägen (z.B. im Solling, östlichen Spessart, Odenwald und Pfälzer Wald). Aus der Jura- und Kreide-Zeit stammen Tonsteine, Sandsteine und Kalksteine, wie sie das Süddeutsche Schichtstufenland, das Leine- und Weser-Bergland, das Thüringer Becken sowie das Elbsandsteingebirge und das Münstersche Kreide-Becken charakterisieren. Für alle Ablagerungen aus dem Mesozoikum gilt, dass sie fast immer verfestigt sind und die Schichten üblicherweise flach lagern, also nur selten eine stärkere Verstellung (so besonders in der sog. „Aufrichtungszone" am Nordrand des Harzes) oder gar Verfaltung aufweisen.

4. Wichtig für die Geologie im außeralpinen Deutschland war die Zeit des Tertiärs, in der insgesamt im Gebiet des heutigen Mitteleuropas festländische Bedingungen herrschten. Einerseits kam es erneut in weiten Bereichen zur Bildung von Kohlen - dieses Mal von Braunkohlen. Die Entstehung der Braunkohlen erfolgte vor allem in der jüngeren Tertiär-Zeit (vor etwa 25-5 Millionen Jahren). Hauptverbreitungsgebiete der braunkohlenführenden Sande und Tone sind die Niederrheinische Bucht, die Leipziger Tieflandsbucht und die Lausitz. Etwa zeitgleich fand vor allem im mittleren Deutschland eine starke vulkanische Aktivität statt, in deren Verlauf zumeist basaltische Schmelzen in die oberflächennahen Sedimente eindrangen, ausflossen oder auch basaltische und andere Tuffe gefördert wurden. Die während dieser Zeit gebildeten vulkanischen Gesteine finden sich vor allem nördlich des Mains in einem Gürtel, der von der Eifel bis in das Erzgebirge und die Niederlausitz reicht: Vulkaneifel, Siebengebirge, Westerwald, Vogelsberg und Rhön sind die Hauptvorkommen von vulkanischen Gesteinen innerhalb dieses Gürtels. Mit dem Ende der Tertiär-Zeit kam die vulkanische Tätigkeit meist zum Erliegen, nur in der Vulkaneifel setzte sie sich bis in das Quartär hinein fort. Bimstuffe und Maare vor allem in der östlichen Eifel sind eindrucksvolle Zeugen dieser in Deutschland geologisch jüngsten vulkanischen Aktivität, die wahrscheinlich noch nicht beendet ist. Mit dem tertiären Vulkanismus hängen auch die in vielen Bereichen besonders des mittleren Deutschlands verbreiteten Austritte von Kohlendioxid (oft vereinfacht als Kohlensäure bezeichnet) in das Grundwasser zusammen; in den betreffenden Bereichen sind vielerorts Mineralquellen zu finden. Südlich des Mains gibt es nur kleinere Regionen mit Vulkangesteinen des Tertiärs, die bekanntesten sind der Kaiserstuhl und der Hegau.

Wichtig war während der jüngeren Kreide- und vor allem der Tertiär-Zeit der Einfluss des Klimas auf das Erscheinungsbild der Gesteine in Deutschland: Unter subtropischen oder tropischen Klimabedingungen kam es zu einer tiefgründigen Verwitterung, bei Karbonat- und Sulfatgesteinen auch zu einer An- und teilweisen Auflösung (Verkarstung) der Gesteine und damit zur Bildung von Erdfällen, Höhlen und

Senkungstrichtern. Gegen Ende des Tertiärs setzte im Gebiet von Deutschland und seinen Nachbargebieten die Heraushebung der Mittelgebirge ein, und zwar unabhängig von der Art und dem Alter der Gesteine, aus denen diese aufgebaut sind.

5. Die Deutschen Alpen als Teil der nördlichen Kalkalpen haben eine - vom bisher betrachteten außeralpinen Bereich - abweichende geologische Entwicklung durchlaufen, weil sie ursprünglich zu einem nordafrikanischen Ablagerungsraum gehört haben. Bei der Kollision zwischen Afrika und Europa im Verlauf der Kreide- und Tertiärzeit wurden die in diesem Bereich vorher abgelagerten überwiegend kalkigen Schichten um mehrere Hunderte von Kilometern nach Norden überschoben, wobei sich mächtige Gesteinspakete deckenartig übereinander gestapelt haben, insgesamt also die Gesteine viel stärker verfaltet und verstellt worden sind als im Gebiet nördlich der Alpen. Die spätere Heraushebung der Alpen zu einem Hochgebirge fand dann in der jüngeren Tertiär-Zeit statt.

6. Große Bedeutung für die geologischen Verhältnisse in Deutschland hatten die geologisch jungen Vereisungen und Kaltzeiten in der Zeit des Quartärs: Mehrere Male haben sich im Zeitraum etwa zwischen 700.000 und 10.000 Jahren Inlandeismassen und Gletscher vom nördlichen oder östlichen Skandinavien bis an die Mittelgebirge Deutschland vorgeschoben, zugleich drangen von den Alpen aus Gletscher viele Kilometer nach Norden in das bayerische Alpenvorland vor. Im norddeutschen Tiefland wurden von den Gletschern und den von diesen abfließenden Schmelzwässern großen Schuttkörper (sog. Moränen) sowie Sande, Tone und Kiese in einer Gesamtmächtigkeit bis zu 500 m abgelagert. Aus den Schuttkörpern herausgewitterte Gesteinsblöcke (Findlinge) sind eindrucksvolle Zeugen dieser ehemaligen Eisbedeckung, ebenso wie die im östlichen Schleswig-Holstein und nördlichen Mecklenburg-Vorpommern anzutreffenden typischen eiszeitlichen Geländeformen mit zahlreichen Binnenseen und einer hügelig-kuppigen Landschaft. Teilweise wurden von den bis zu mehrere hundert Metern mächtigen Eisströmen die unter ihnen lagernden Schichten verstellt und aufgeschürft. Im bayerischen Alpenvorland wurden von den Gletschern ähnliche Geländeformen wie im norddeutschen Tiefland hinterlassen, dazu kommen manchmal auch Gletscherschrammen am Rand der Alpen, wo sich Gletscherströme durch Täler, die in Festgesteine eingeschnitten sind, zwängen mussten. Im Gebiet zwischen Norddeutschland und dem Alpenvorland im Süden gab es Vereisungen nur auf den Hochgebieten des Schwarzwaldes, des Bayerischen Waldes und des Harzes. In den etwas niedrigeren Mittelgebirgen wie z.B. dem Fichtelgebirge, Odenwald oder Rhön kam es aber während der Kaltzeiten verbreitet zur Ausbildung von Fels- oder Blockmeeren, weil Massen von Gesteinsschutt an den Berghängen über gefrorenen Untergrund langsam abrutschten und später das Lockermaterial zwischen den Gesteinsblöcken herausgewittert ist.

Insgesamt kann Deutschland geologisch als ein Gebiet bezeichnet werden, in dem auf Grund seines geologischen Werdegangs derzeit intensive und möglicherweise zerstörerische geodynamische Prozesse wie Gebirgsbildungen, Vulkanismus oder Erdbeben nicht oder nur in geringerem Ausmaß stattfinden oder zu befürchten sind.

Dierk Henningsen

Die bedeutendsten Geotope Deutschlands

Abbildungen links:
1. *Das Wahrzeichen von Helgoland: Die Lange Anna, eine Felsnadel, die bisher der Abtragung standgehalten hat.*
2. *Die Sandsteinschichten werden durch Verwerfungen versetzt, die bei der Hebung der Schichten entstanden sind. (Fotos: H.-G. Röhling)*

Abbildung links:
Helgoland mit den roten Sandsteinklippen und die vorgelagerte Düneninsel aus der Vogelperspektive (Foto: F. Böker, BGR)

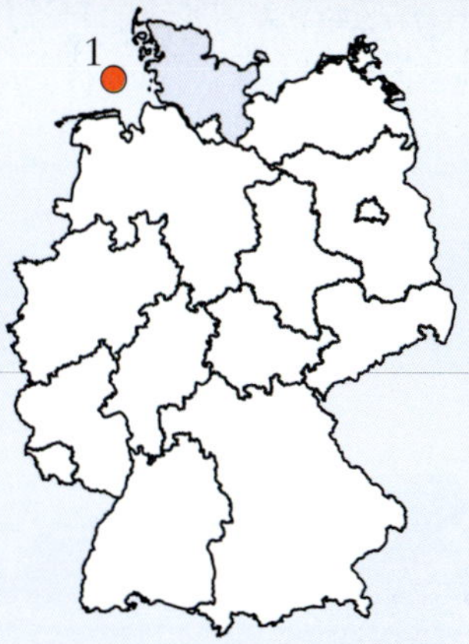

Geologischer Vorposten mitten in der Nordsee

Die Insel Helgoland

Mitten in der Nordsee liegt die etwa 1 km² große rote Felseninsel Helgoland mit ihrem Wahrzeichen, der Langen Anna. Farbgebend ist der Buntsandstein, abgelagert vor etwa 250 Millionen Jahren in einem flachen, vom damaligen Meer abgeschlossenen Becken. Wie der Name bereits andeutet, handelt es sich vor allem um bunte, vorwiegend jedoch um „verrostete“, durch Oxidationsprozesse rot gefärbte Sand- und Tonsteine – neben Gips/Anhydrit und Steinsalz.

Helgoland lag zur Buntsandsteinzeit im Bereich des heutigen Nordafrika bzw. der Sahara, zwischen 10° und 30° nördlicher Breite. Vermutlich war es heiß und trokken. Die Sedimentstrukturen, Sandkörner und Fossilien zeigen aride bis semiarde, d.h. wüstenhafte Klimabedingungen an. Die Wanderung des europäischen Kontinents verlagerte Helgoland dann in die heutige Klimazone der rauhen Nordsee. Am Gesteinsaufbau sind riesige von Flüssen durchzogene Flächen zu erkennen, die zeitweilig zu einer Seen- und Tümpellandschaft verschmelzen konnte, die immer wieder trocken fiel, und in die der Abtragungsschutt der umgebenden Gebirge durch Flüsse und Schichtfluten, aber auch durch Sand- und Staubstürme eingetragen wurde. Trockenrisse, Strömungsrippeln, vom Wind gerauhte Sandkörner und Abdrücke von ehemaligen Salzkristallen, die nach dem Verdunsten eines Sees übrig blieben, zeugen davon. Der ständige Wechsel etwas feuchterer und trockenerer Zeiten bot Pflanzen und Tieren Lebensraum, die sich auf diese extremen Umweltbedingungen einstellen konnten, wie sie heute vom großen Salzsee in den USA oder aus der Etoscha-Pfanne in Afrika bekannt sind. Der Buntsandstein, in den Mittelgebirgen weit verbreitet, liegt in Norddeutschland und der Nordsee – mit der Ausnahme Helgoland – heute in großen Tiefen von bis zu 5000 m. Vor etwa 100 Millionen Jahren wurden die unter dem Buntsandstein lagernden Salze des Zechsteins durch die Auflast mehrerer 1000 m mächtiger Deckschichten mobilisiert, sie wurden plastisch und quollen an Schwächezonen empor. Bei Helgoland kam es zur Bildung eines Salzkissens, das die Deckschichten z.T. über den Meeresspiegel emporhob. Der langsame Aufstieg dauert bis heute an. Gleichzeitig versucht die Nordsee, die über den Meeresspiegel herausragenden Felsen einzuebnen. Dabei ist sie auch erfolgreich: Gesteine von Kreide, Jura, Keuper und Muschelkalk fehlen größtenteils. Nur der im Kern der Aufwölbung gelegene mächtige Felsblock aus Buntsandstein hat bislang standgehalten.

Vor 250 Jahren gab es noch das aus Muschelkalk aufgebaute „Witte Kliff“, das ebenso wie die damals noch existierenden Kreidefelsen durch Gesteinsabbau und Sturmfluten abgetragen wurde. Beide Gesteinseinheiten sind durch den Strandsand der Düne bedeckt bzw. ihre Klippenzüge liegen auch bei Ebbe noch unter Wasser. Ihr Verlauf lässt sich nördlich der Düne erahnen, denn über diesen Untiefen werden die Nordseewellen gebrochen und auch bei leichter See sind ihre Gischtkämme weithin sichtbar. Als Dokumente liegen Fossilien wie „Donnerkeile“, „Katzenpfötchen“ oder Muscheln oft massenhaft am Dünenstrand. Nach Nordoststürmen bedecken oft meterdicke Lagen brauner und schwarzer, kartoffelgroßer Feuersteine aus der Kreidezeit, die aus Resten von Kieselalgen bestehen, den Oststrand. Berühmt ist Helgoland für seine roten Flinte, die es weltweit nur hier gibt. Archäologen fanden steinzeitliche Werkzeuge aus rotem Feuerstein an anderen Orten. Vermutlich wurde er "exportiert". Dies war möglich, da vor 10.000 Jahren der Meeresspiegel wesentlich tiefer lag und Helgoland keine Insel war. Erst mit dem Abschmelzen der Gletscher am Ende der letzten großen Eiszeit begann die Nordsee, ihr früheres Becken wieder zu füllen. Vor 8000 Jahren wurde Helgoland zur Insel, heute rund 70 Kilometer vom Festland entfernt.

1870 kam Helgoland im Tausch mit Sansibar von England an Deutschland. Danach wurden das Unterland künstlich vergrößert, in die Felsen Stollen, Bunker und Kasematten getrieben und die Insel zur Festung ausgebaut. Ab 1945 flogen Bomber auf die Insel zu und entluden ihre zerstörerische Fracht – das Oberland wurde durchsiebt, das Unterland teilweise zerstört. 1947 wurden mehr als 4600 t Sprengstoff auf einmal gezündet. Charakteristische Felsbildungen wie der Predigtstuhl oder der Mönch gingen verloren, auf der Südseite gähnen heute zwei riesige Sprengtrichter.

(Heinz-Gerd Röhling)

Literatur: Schmidt-Thomé, P. (1987): *Helgoland. Seine Dünen-Insel, die umgebenden Klippen und Meeresgründe.- Sammlung Geol. Führer, 82: 111 S., 1 Beil.; Stuttgart (Borntraeger)*

Abbildung rechts:
Rot gefärbte Ton- und Sandsteine und weiße Kalksteine sind die typischen Gesteine in der Liether Kalkgrube (Foto: A. Grube)

Abbildung rechts:
Der Gipshut ist beim Abbau der Kalksteine stehen geblieben, da das Gestein aufgrund der geringen räumlichen Ausdehnung und der geringeren Qualität nicht genutzt werden konnte (Foto: A. Grube)

Abbildung links:
In der aufgelassenen Kalkgrube bei Lieth ist an der Sohle ein sogenannter Gipshut aufgeschlossen. Er besteht aus Gips, der bei der Auflösung von salzhaltigen Gesteinen im Untergrund zurückbleibt. Im Hintergrund sind die älteren Gesteine des Rotliegenden zu erkennen
(Foto: A. Grube)

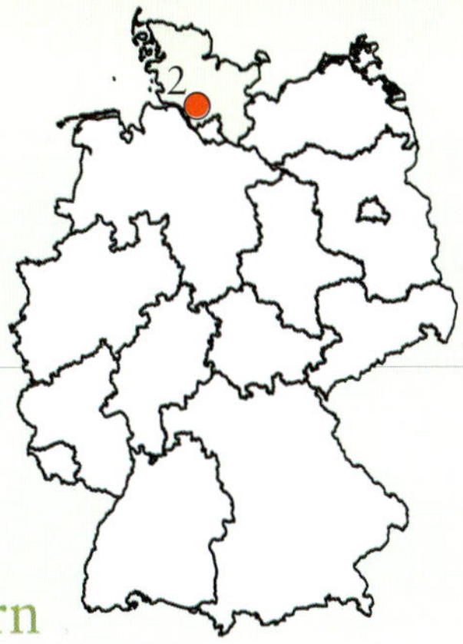

Salzstock im Buch der Erdgeschichte

Die Kalkgrube Lieth bei Elmshorn

In der Kalkgrube Lieth bei Elmshorn ist ein Teil des tiefen Untergrundes von Schleswig-Holstein aufgeschlossen. Bis Anfang der 90er Jahre wurde hier u.a. Kalk abgebaut. Heute ist die Grube als Naturschutzgebiet ausgewiesen.

Die ca. 30 m tiefe Liether Kalkgrube befindet sich im südöstlichen Bereich des Salzstockes Elmshorn. Der Salzstock gehört zu den wenigen sogenannten „Doppelsalinaren" Schleswig-Holsteins („Salinar" von Salz) mit Gesteinen, die zwischen 270 Mio. und 250 Mio. Jahren in den sogenannten Zeitaltern des Rotliegenden und des Zechsteins abgelagert wurden. Die Gesteine des Salzstockes sind aus einer Tiefe von mehr als 8 km aufgestiegen und reichen bis an die Erdoberfläche heran. Eine Bohrung, die am Ende des vorletzten Jahrhunderts unmittelbar nördlich der Grube durchgeführt wurde und zeitweise die tiefste Bohrung der Welt war, konnte diese Ablagerungen bis in ca. 1.340 m Tiefe nachweisen. Beim Aufstieg wurden die Ablagerungen teilweise sehr stark verfaltet. Der Salzspiegel, d.h. die Grenzzone oberhalb derer das Steinsalz durch das fließende Grundwasser weggelöst wurde, liegt bei ca. 80 m unter der Erdoberfläche. Die Perm-Ablagerungen in der Liether Kalkgrube umfassen durch Eisenoxide rot gefärbte Tonsteine, Sandsteine und Steinsalze, die im Zentrum des damaligen zentralen nordwesteuropäischen Beckens gebildet wurden. Dieses Becken reichte vom heutigen England bis weit nach Russland. Durch die Kontinentaldrift bedingt, lag Elmshorn damals im Bereich des Äquators. Periodisch austrocknende Seen, Dünenbildungen sowie Einträge durch periodisch wasserführende Flüsse bestimmten den Ablagerungsraum, örtlich finden sich auch Meeres-Ablagerungen. Zum Anderen sind in der Liether Kalkgrube vorwiegend kalkige Gesteine vorhanden, die in dem anschließend sich bildenden Zechstein-Meer gebildet wurden. Die Liether Kalkgrube ist der nördlichste Tagesaufschluss des Kupferschiefers in Europa. Dieser ca. 0,3 m mächtige bituminöse Horizont, der unter weitgehendem Sauerstoffabschluss im damaligen Meeresbereich gebildet wurde, ist reich an bestimmten Metallen, u.a. an dem namensgebenden Element Kupfer.

Im Kupferschiefer wurden auch heringsähnliche Fische gefunden (Palaeoniscidarum freienslebenii). Der Horizont ist teils als dünnes schwarzes Band in den helleren Kalksteinen zu erkennen. Darüber folgen verschiedene kalkige Ablagerungen, u.a. kohlenstoffreiche, dünnplattige Kalksteine, die als „Stinkkalk" ausgebildet sind und die beim Aufeinanderchlagen einen charakteristischen Geruch nach Kohlenwasserstoffen aufweisen. Der im Zentrum der Liether Kalkgrube aufgeschlossene Gipshut enthält die weniger gut löslichen Bestandteile des Salzstockgesteins. Er wurde beim Abbau der als Dünge-Kalk verwendeten Zechsteinablagerungen ausgespart. Es finden sich darin größere Einschlüsse von Marienglas, einer durchscheinenden Gips-Varietät. Eine weitere geologische Besonderheit in der Liether Kalkgrube stellen die Ablagerungen des frühen Eiszeitalters dar (ca. 2,6 bis 0,8 Mio. Jahre vor heute), die an der Nordwand mit Braunkohlen, Sanden und Mudden (verfestigte Seeablagerungen) aufgeschlossen sind. Sie repräsentieren die erste Phase des „Eiszeitalters". In dieser Phase fehlen Vereisungsspuren trotz teilweise sehr stark abgesenkter Temperaturen und nachgewiesener subarktischer Vegetation. Die Schichtenabfolge hat wesentliche Erkenntnisse zur Rekonstruktion der klimatischen sowie der paläoökologischen Entwicklung Nordwesteuropas geliefert. Im Jahre 2005 wurden bei Pflegemaßnahmen im Westteil der Grube drei große ehemalige Frost- oder Eiskeile gefunden. Diese wurden während des „Frostzeitalters" unter arktischen Bedingungen gebildet als die enorme Kälte den Boden aufriss. Die Strukturen wurden später wieder mit sandigem Material verfüllt. Die Frost- und Eiskeilspalten sind mehrere Meter tief und teilweise mehr als 0,5 m breit. Am Ostrand der Grube sind fossile Seesedimente angeschnitten, die am Übergang der Weichsel-Kaltzeit zur Nacheiszeit gebildet wurden. Der See hatte große Bedeutung für die frühe menschliche Besiedlung des Raumes, der durch mehrere ur- und frühgeschichtliche Grabungen in der unmittelbaren Umgebung der Liether Kalkgrube belegt sind.

(Alf Grube, Hans-Joachim Wohlenberg)

Internet: *www.kulturgemeinschaft-tornesch.de*

Literatur: Grube, A. (1997): *Geologie des Deckgebirges der Struktur Elmshorn (Schleswig-Holstein). - Berichte - Reports des Geologisch-Paläontologischen Institutes, Univ. Kiel 87: 1-169; Kiel.*

Abbildung links:
Ockerfarbene Sande mit vorgelagertem abgetragenen Sand, der Windrippeln aufweist (Foto: E. Rohde, Westerland)

Abbildung rechts:
Limonitkrusten, die den Sand wabenartig durchziehen. Die Formen ohne gebleichten Sand werden als „Hexenschüsselchen" bezeichnet (Foto: E. Rohde, Westerland)

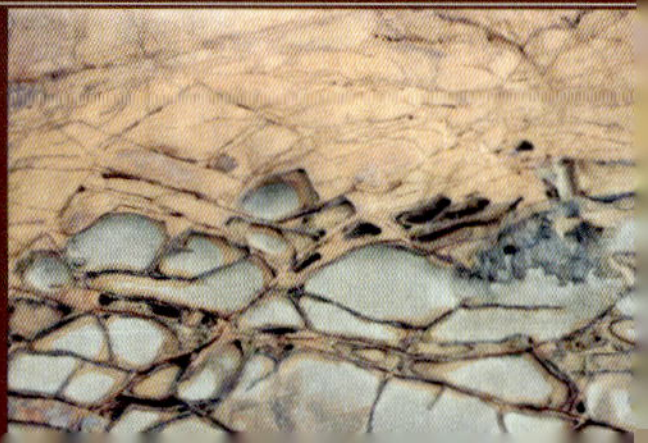

Abbildung links:
Weiße und ockerfarbene Sande am „bunten“ Morsumer Kliff. Die deutliche Schrägstellung der Schichten geht auf Gletscherdruck zurück (Foto: E. Klatt, Westerland)

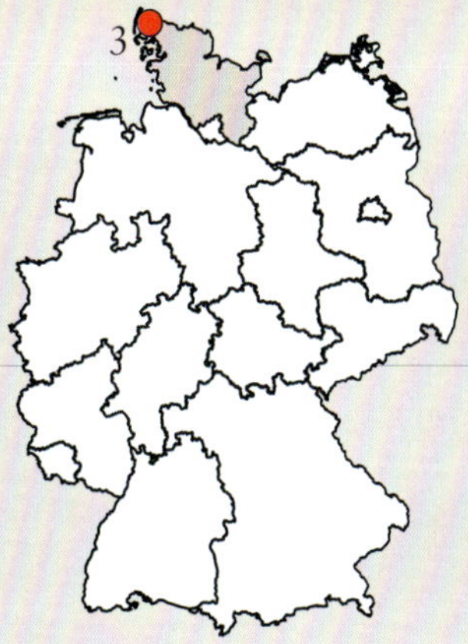

Hochgepresster Untergrund

Das Morsum-Kliff auf Sylt

Im östlichen Teil von Sylt ist am Morsum-Kliff die Erdgeschichte der letzten 10 Millionen Jahre wie ein Buch aufgeschlagen. Durch den Druck der Gletscher sind ältere Gesteine an die Oberfläche gepresst worden, die ansonsten in Schleswig-Holstein in dieser Form nicht zu finden sind. Das gut 2,5 km lange Kliff ist eines der wenigen voreiszeitlichen „geologischen Fenster“. Das 1923 zum Naturschutzgebiet erklärte Morsum-Kliff grenzt an den seit 1985 bestehenden Nationalpark Schleswig-Holsteinisches Wattenmeer. Am Ende der Weichsel Eiszeit ist das Morsum-Kliff bedingt durch einen Meeresspiegel Anstieg der Nordsee von über 100 m als Meereskliff mit Brandungshohlkehle entstanden.

Ein Blick vom Wattenmeer nach Süden lässt erkennen, warum das fast 20 m hohe Kliff auch als „Buntes Kliff“ bezeichnet wird: von Ost nach West (von links nach rechts im Bild) sind weiße und ockerfarbene Sande und im Vordergrund auch dunkle, wassergesättigte Tone zu sehen. Die Schichten sind schräggestellt und fallen nach NE ein. Diese drei Schichtpakete überlagert eine etwa 1,5 m mächtige Saale-eiszeitliche Grundmoräne mit aufgesetzten Dünen. Die Betrachtung des gesamten Morsum-Kliffs lässt eine sich viermal wiederholende Schichtabfolge dieser drei schräggestellten Sande und Tone erkennen, die durch drei Überschiebungsbahnen von einander getrennt sind. Die Entstehungsgeschichte dieses Kliffs am Ostende des alten Sylter Geestrückens verlief in 5 Stadien:

1) Vor etwa 10 Millionen Jahren war das Klima des Sylter Raumes mediterran geprägt. In einem Randmeer des Norddeutschen Beckens herrschten Wassertiefen von über 100 m. Damals wurden in diesem Meeresbecken dunkle Tone abgelagert, die als fossilreiche schwarze Glimmertone im Morsum-Kliff zu finden sind. Ein deutlicher Klimawandel machte sich vor etwa 6 Millionen Jahren bemerkbar. An den Polkappen bildeten sich erste Eismassen, wodurch der Meeresspiegel weltweit absank. Im Sylter Raum wurden küstennah bei Wassertiefen von nur noch 10-15 m die ockerfarbenen Limonitsande abgelagert. Eisenhydroxid-haltige Krusten (Limonitsandstein) brachten die frühen Sylter Bürger (Friesen) dazu, dieses „Geschirr der Unterirdischen“ zu der bekanntesten geologischen Formation in der Sylter Sagenwelt zu machen. Vor etwa 3-4 Millionen Jahren war bereits soviel Wasser in den Polkappen und Inlandgletschern gebunden, dass Sylt trocken fiel. Die weißen Kaolinsande haben aufgrund des Fossilgehaltes ihren Ursprung im Baltikum. Die Schrägschichtungen innerhalb dieser Ablagerungen weisen auf ein großes Flussdelta hin, das an der Mündung eines Flusses aus Skandinavien in die Ur-Nordsee entstand.

2) Die weiter fortschreitende Klimaänderung gipfelte vor über 1 Millionen Jahren in den Beginn der Eiszeiten. Die skandinavischen Inlandsgletscher wuchsen auf mehrere km Mächtigkeit an und bedeckten den Sylter Raum mit Eismächtigkeiten von 600-800 m.

3) Die heutige Schrägstellung der Schichten geht auf eine Eisrandlage im Raum Morsum zurück: Ein gewaltiger Gletschervorstoß aus Nordosten führte innerhalb kurzer Zeit dazu, dass der gefrorene Untergrund in vier einzelne Schollen zerbrach. Diese wurden hochgeschuppt und durch die sehr starke Pressung des vorstoßenden Gletschereises übereinander geschoben. Während dieser eistektonischen Prozesse entstand ein weitverzweigtes Kluftsystem im Limonitsand. Durch diese Spalten zirkulierten Eisen- und Manganhaltige Wässer, die u. a. zur Ausbildung von Eisenhydroxid-Krusten, dem Limonitsandstein, führten:
Die Hexenschüsselchen der Sylter Sagenwelt!

4) Zu Ende der Saale-Eiszeit, also vor etwa 200.000 Jahren, war Sylt das letzte Mal von Gletschereis bedeckt. Die Reste dieser Grundmoräne liegen als Geschiebelehm mit Ton, Sand, Kies, Blockschutt und Findlingen eben auf den schräggestellten Tertiärschichten.

5) Die letzte Eiszeit, deren Gletscher Sylt nicht mehr erreichten, ging vor etwa 10.000 Jahren zu Ende. Aufgrund des damals über 100 m niedrigeren Meeresspiegels bildete Sylt mit Dänemark im Norden sowie Helgoland und England im Südwesten eine riesige Landmasse. Erst durch den bis heute anhaltenden nacheiszeitlichen Meeresspiegelanstieg entstand nach dem Ende der Weichsel-Eiszeit das Morsum-Kliff.

(Ekkehard Klatt)

Literatur: Schwarzer, K (1984): *): Das Morsum-Kliff und seine Ausbreitung unter den nördlich vorgelagerten Wattsedimenten. – In: Exkursionsführer, Erdgeschichte des Nordsee- und Ostseeraumes. ISSN: 0072-1115*

Abbildung links:
Dünne Eisenanreicherungen laufen auf eine einzelne Limonitkruste zu (Foto: E. Rohde, Westerland)

Abbildungen links:
1. *Der Rogenstein besteht aus kleinen Kalkkügelchen, sogenannten Ooiden. Da das Gestein, ein Kalkoolith, an Fischeier erinnert, wird es als Rogenstein bezeichnet (Foto: H. Arndt).* **2.** *Stromatholith an der Grenze zwischen Rogenstein und Sand-/Tonsteinfolge (Foto: H. Arndt)*

Abbildung links:
Stromatholith am Heeseberg im Harzvorland.
Die ca. 40 cm breite Struktur besteht aus einzelnen Kalkschichten, die von Algen gebildet wurden.
Darunter liegen Schichten des Rogensteins.
(Foto: H.-G. Röhling)

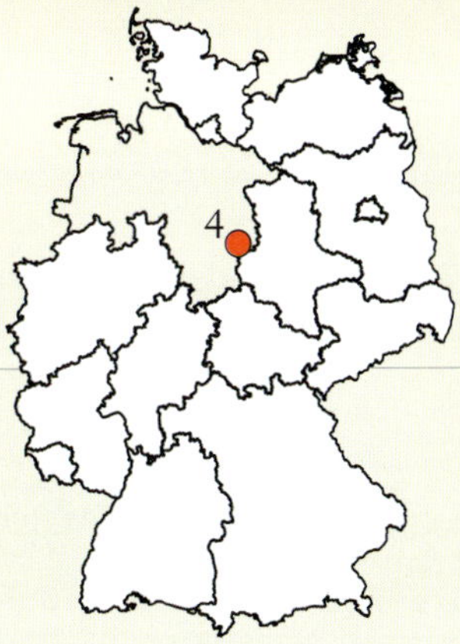

Fossile Algenrasen im nördlichen Harzvorland

„Stromatolithen" am Heeseberg bei Jerxheim

Bei Jerxheim mitten im nördlichen Harzvorland befinden sich die in einem Naturschutzgebiet gelegenen Buntsandsteinbrüche des Heeseberg. Gebildet wurde der parallel zum Harznordrand verlaufende Höhenrücken, als vor etwa 150 bis 90 Millionen Jahren (Jura- und Kreidezeit) die im Untergrund lagernden Zechsteinsalze aufstiegen und die darüber lagernden Schichten aufwölbten.

Dieser Vorgang machte Gesteinsschichten zugänglich, die einen hervorragenden Einblick in die Umweltbedingungen der Buntsandsteinzeit vor etwa 250 Millionen Jahren ermöglichen.

Neben Sandsteinen und Kalksteinen zählen dazu die Stromatolithen, die am Heeseberg im Jahre 1908 von Kalkowski erstmals beschrieben wurden und dem Steinbruch seitdem als Typlokalität eine große internationale wissenschaftliche Bedeutung zukommen lassen. Stromatolithen, im Volksmund auch geschichtete oder lebende Steine genannt, haben blumenkohlartige, kuppenförmige Strukturen und bestehen aus versteinerten, übereinander gewachsenen Matten von Blaugrünalgenrasen. Sie wuchsen in Kolonien in flachen Meeresbereichen in Küstennähe. Die Stromatolithen zählen zu den ältesten Fossilien der Erdgeschichte. Durch ihr damaliges massenhaftes Auftreten kommt ihnen in der Entwicklung der Erdgeschichte eine Schlüsselrolle zu. Seit ihrem Auftreten vor 3,5 Milliarden Jahren (Präkambrium) erhöhten sie durch Fotosynthese den Sauerstoffgehalt der Atmosphäre kontinuierlich und ermöglichten somit erst die Entwicklung von höherem Leben. Gegenwärtig sind Stromatolithen nur noch in Gewässern zu finden, in denen kaum Fraßfeinde leben können. Dies ist in manchen Buchten an der Küste Westaustraliens (Shark Bay) der Fall, da hier das Wasser sehr warm und übersalzen ist.

An versteinerte Fischeier erinnern die „Rogensteine", die ebenfalls in den Steinbrüchen am Heeseberg zu finden sind. Der Rogenstein besteht aus bis zu etwa einem Zentimeter großen Kalkkügelchen, den so genannten Ooiden. Diese haben einen schaligen Aufbau und entstanden durch chemische Reaktionen im Rhythmus des Wellenschlags in Flachwasserbereichen warmer Meere. Die Rekonstruktion der Umweltbedingungen vor rund 250 Millionen Jahren ergibt für das Harzvorland ein trocken-warmes Klima. Das heutige Gebiet des Heesebergs lag am Ufer eines urzeitlichen Binnenmeeres, ähnlich dem heutigen Aralsee. Hierein erstreckte sich die Deltamündung eines langsam aus südöstlicher Richtung strömenden Flusses.

Die Gesteine des Heesebergs wurden seit dem Mittelalter intensiv als Bau- und Werksteine genutzt. Die Steinbrüche am Heeseberg sind Erlebnispunkte des „Geologie-Natur-Erlebnispfad Heeseberg" des Freilicht- und Erlebnismuseums Ostfalen (FEMO) und liegen im Nationalen GeoPark Harz – Braunschweiger Land – Ostfalen. Der Erlebnispfad beginnt am Parkplatz der Heeseberg-Gaststätte und ist etwa 3,5 km lang. Er befindet sich inmitten eines Naturschutzgebietes, das zu den nordwestlichsten Ausläufern eines Gebietes gehört, das auf Grund seiner geringen Niederschläge als mitteldeutsches Trockengebiet bezeichnet wird. Hier haben sich in Niedersachsen einmalige Artengemeinschaften erhalten bzw. weiterentwickelt. Diese Kombination aus geologischer Typlokalität einerseits und schützenswerter Natur andererseits macht den Heeseberg zu einem naturkundlich lohnenswerten Ausflugsziel.

(Stefan Röber, Henning Zellmer, Heinz-Gerd Röhling)

Internet: *www.geopark-braunschweiger-land.de*
Literatur: Geologie-Natur-Erlebnispfad Heeseberg (2000): *Bölscher, Bernd, Schneider, Werner & Bernatzky, Monika; Freilicht- und Erlebnismuseum Ostfalen e.V., ISBN 3933380049*

Abbildung rechts:
Steinbruch am Heeseberg, im unteren Bereich Rogenstein mit Stromatolithen, im oberen Drittel (zum Teil bewachsen) Sand- und Tonsteine
(Foto: H. Arndt)

Abbildung rechts:
Weiße Gipsfelsen wie am Kranichstein und Sachsenstein bestimmen das Landschaftsbild im Zechsteinkarst (Foto: F. Vladi)

Abbildung links:
Die Blaue Grotte ist ein natürlicher Zugang zur Einhornhöhle bei Scharzfeld (Foto: R. Nielbock)

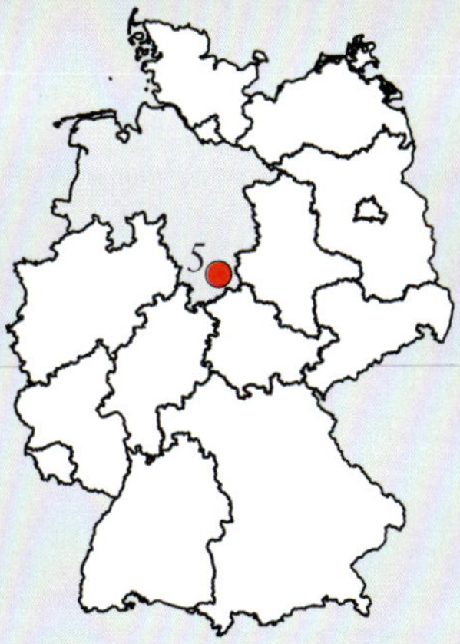

Wege in den Untergrund

Die Zechstein-Karstlandschaft am Südharz

Am Harzrand von Seesen bis Eisleben findet sich eine in Deutschland einmalige Landschaftsform aus weißem Gipsgestein und schroffen Dolomitklippen. Die hohe Löslichkeit des Gipses (Kalziumsulfat) bildet in einem wenige Kilometer breiten Streifen eine Landschaft, in der alle Formen des Karstes auf engstem Raum erwandert werden können. Gips bzw. Anhydrit (kristallwasserfreie Variante) kommen in einer bis zu 200 m mächtigen unteren Schicht und in zwei höheren geringer mächtigen Schichten am westlichen und südlichen Harzrand an die Oberfläche. Die Gesteine sind während der Zechstein-Zeit in einem Meer entstanden, das unter heiß-trockenen Klimabedingungen vor etwa 250 Millionen Jahren weite Teile des heutigen Mitteleuropas bedeckte. Dabei verdunstete in mehrfach sich wiederholender Folge Meerwasser. Die im Wasser gelösten Stoffe fielen chemisch aus und reicherten sich gesteinsbildend am Meeresgrund an. Auf Untiefenzonen wuchsen Riffe aus Kalkalgen und Moostierchen dem Licht entgegen; noch heute überragen sie als harte Kuppen die Umgebung. Mitteleuropa lag damals auf der geographischen Breite der Kanaren und wandert seither infolge der Kontinentalverschiebung nordwärts.

Die heutige Landschaft am Südharz mit ihren steilen Hängen und tiefen Talebenen ist von den letzten Jahrhunderttausenden des Eiszeitalters geprägt. Während der Warmzeiten führten saure Regen- und Grundwässer zur An- oder Auflösung der Gesteine, in den Kaltzeiten verhinderte tiefgründiger Dauerfrostboden diese Verkarstung. Die Lebensdauer von Karstformen im Gips ist kurz, die sichtbaren Gipshöhlen, Erdfälle und Quellen entstammen der gegenwärtigen Warmzeit, sind also jünger als 12.000 Jahre. Die Flüsse haben die früheren Meeresablagerungen Schicht für Schicht frei gelegt und im Laufe des Eiszeitalters diese Schichtstufen der leicht nach Süden abtauchenden Gips- und Dolomitlager zurückverlegt.

„Karst“ ist ein Wort Kroatiens und beschreibt Gebiete mit dem Vorwiegen einer unterirdischen Entwässerung. Regen läuft nicht (mehr) oberirdisch ab und die Flussbetten liegen die meiste Zeit des Jahres trocken. Ursache ist das Vermögen bestimmter Gesteinsarten, sich in Wasser aufzulösen: Kalk, Dolomit, Gips und Steinsalz. In den meisten Karstgebieten ist es Kalk, hier am Südharz jedoch neben Dolomit vor allem der Gips. Dieser vermag sich gegenüber Kalk um das 100-fache leichter aufzulösen: Zwei Gramm Gips werden in einem Liter Regen- oder Grundwasser gelöst. Ausreichende Niederschläge begünstigen die rasche Verkarstung. Typisch für die Karstentwässerung ist die Bildung von leistungsfähigen Quellen. Über Karstquellen wie in Förste (Schüttung 12 Millionen m^3/a) fließt das mit aufgelöstem Gestein beladene Grundwasser oberirdisch ab. Die Rhumequelle südlich von Herzberg ist mit ca. 62 Millionen m^3 pro Jahr Schüttung eine der ergiebigsten Karstquellen Mitteleuropas. Aus dem Hauptquelltopf mit einem Durchmesser von ca. 20 m und den Nebenquellen fließen der Rhume im Mittel 2000 Liter je Sekunde zu. Neben anderen wie dem Salza-Spring bei Nordhausen führen alleine diese beiden großen Quellen so jährlich etwa 50.000 Tonnen Gips sowie 20.000 Tonnen Kalk und Dolomit aus dem Südharz und über die Weser bis in die Nordsee!

Unzählige Hohlräume in Tiefen zwischen 10 und 200 m prägen den Untergrund der Landschaft. Viele davon stürzen ein und hinterlassen Einsturztrichter an der Oberfläche, wo sie den unterirdischen Karst markieren. Im Kreis Osterode konnten 10.000 solcher Erdfälle gezählt werden! Jährlich kommen bis zu zehn neue dazu. Ohne Vegetation würde der Südharz einer Kraterlandschaft gleichen.

Das Karstgrundwasser ist reich an gelösten Stoffen und wird deshalb in Förste als Mineralwasser abgefüllt. Das „Pöhlder Becken“ bei Herzberg, eine große schottergefüllte und von verkarstetem Gips- und Dolomitgestein unterlagerte Talebene, wird für die regionale Trinkwasserversorgung genutzt. Im Untergrund verbinden langgestreckte Karsthohlräume die Versinkungsstellen am Harzrand mit der Rhumequelle. Die meisten Fließgewässer verlieren dort, wo ihr Lauf den Harzrand mit den verkarsteten Gesteinen quert, ihr Wasser in den Untergrund.

Abbildung rechts:
Die Sieber versickert bei Hörden im durchlässigen Untergrund (Sommer 2002, Foto: H.-G. Röhling)

Neben der Rhumequelle ist die sagenumwobene Einhornhöhle auch als GeoPark-Infostelle zentraler touristischer Anlaufpunkt und in den überregionalen Karstwanderweg eingebunden. Die bei Scharzfeld gelegene Höhle ist neben der nahen Steinkirche die einzige begehbare Naturhöhle im Zechsteindolomit, entstanden vor bereits über 5 Millionen Jahren in der ausgehenden Tertiärzeit. Im Eiszeitalter wurde die Höhle mit bis zu 30 m mächtigen Ablagerungen aus Lehm, Ton, Dolomitsand und Schottern angefüllt. Heute sind sie wertvolle konservierte Geo-Archive. Die Einhornhöhle wurde über Jahrzehntausende von Höhlenbären, aber auch von Höhlenlöwen, Hyänen und eiszeitlichen Wölfen, die allesamt auch ihre Beute in die Höhle hineingeschleppt haben, aufgesucht. Die Knochen verendeter Tiere bleiben in einer Dolomithöhle erhalten: ein gigantischer Tierfriedhof. Mit bislang 70 bestimmten Wirbeltierarten bietet sie eine einmalige Gelegenheit, Auskunft über die tierische und menschliche Lebewelt Norddeutschlands während des Eiszeitalters und zu Beginn der Jetztzeit zu erhalten. Jahrhunderte lang wurde hier von berühmten Forschern wie Goethe, Leibniz, Virchow und Löns nicht nur nach dem vermeintlichen Einhorn, sondern auch dem eiszeitlichen Menschen gesucht. Erst vor wenigen Jahren wurde ein großes verfülltes, ehemals von Neandertalern genutztes Höhlenportal mit einer „Steinwerkstatt“ entdeckt.

Das gut erschlossene Hainholz bei Düna ist ein weiteres Highlight dieser Landschaft. Hier zeigt sich der nackte Karst, also nicht mit anderen Bodenarten bedekkter Gips. Auf engstem Raum kommt die Fülle karstgeologischer, hydrologischer, Vegetations- und Nutzungsformen dieses einzigartigen Landschaftstypus vor. Der Hainholz-Rundwanderweg, Teilabschnitt des Karstwanderweges, zeigt Erdfälle, Karstteiche, Schlotten, geht vorbei an einer Karstquelle und am Mundloch der früher viel besuchten Jettenhöhle. Seit der letzten Eiszeit ein nie gerodetes Waldgebiet, hat das Hainholz die Fülle der Pflanzen- und Tierarten Südharzer Kalkbuchenwälder bewahren können. Eine Kuriosität auf dem Karstwanderweg sind die Quellungshöhlen am Sachsenstein zwischen Bad Sachsa und Walkenried, im Volksmund Zwergenlöcher genannt. Sie verdanken ihre Entstehung einer Volumenzunahme durch Umwandlung von Anhydrit in Gipsgestein an der Oberfläche. Es bilden sich kleine Höhlen von bis zu 8 m Länge, die binnen weniger Jahrzehnte auch schon wieder verfallen.

Laubmischwälder mit Dominanz der Buche auf mäßig trockenen bis frischen, karbonatreichen und lehmigen Standorten prägen das bewegte Karstrelief am Südharz. Die Bestände zeichnen sich durch eine besonders hohe Arten- und Strukturvielfalt und eine ökologisch sehr wertvolle Dolomitfelsflur aus. Flachgründige Böden auf Gips und Dolomit wurden seit jeher mit Ziegen oder Schafen abgehütet. Hier breiteten sich Pflanzen- und Tierarten der südosteuropäischen Steppen auf orchideen- und enzianreichem Magerrasen aus. Typische Tiere sind Eidechsen auf den warmen Felsen, Steinkäuze und Uhus an Felswänden, Amphibien wie Kröten und Feuersalamander in den feuchtkühlen Schluchtwäldern und Erdfall-Teichen sowie Dachse und Fledermäuse in den Höhlen.

Vom Kupferschiefer, der ältesten und zugleich metallhaltigen Zechstein-Schicht, zeugen noch viele Bergbaupingen und –halden sowie das Besucherbergwerk Wettelrode. Besonders Dolomit und Gips sind früher wie heute wertvolle Bau- und Industrierohstoffe. Kirchen und viele alte Wohn- und Wirtschaftsgebäude sind mit Werksteinen aus Dolomit und Anhydrit sowie Gipsmörteln und –putzen errichtet. Die Ausstellung in der Gipshöhle Heimkehle bei Uftrungen gibt dazu einen Querschnitt.

Die Gesteine des Zechsteinmeeres sind in dieser Mächtigkeit und Ausprägung in Deutschland sonst nicht weiter erlebbar. Deshalb hat der Südharz in der naturwissenschaftlichen Forschung seit jeher einen hohen Stellenwert als Geotop-Ensemble auf kleinem Raum. Der Karstgürtel bildet als markante geologische Einheit die Südgrenze des Geoparks Harz.

(Ralf Nielbock, Heinz-Gerd Röhling, Firouz Vladi)

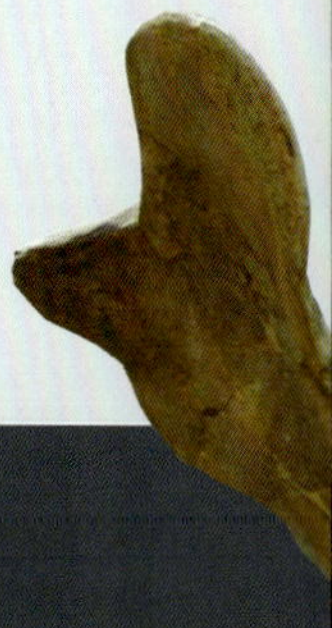

Abbildung links:
Etwa 100.000 Jahre altes Werkzeug des Neandertalers: Schaber (Größe 2 x 5 cm, Fundort Einhornhöhle) (Foto: R. Nielbock)

Abbildung unten:
Die Rhumequelle ist eine der leistungsstärksten Quellen in Mitteleuropa (Foto: O. Jentzsch)

Abbildung links:
Vollständiger Unterkiefer eines Höhlenbären (ca. 30.000 Jahre alt, Länge ca. 30 cm, Fundort Einhornhöhle) (Foto: R. Nielbock)

Abbildung rechts:
Großer Gipskarst-Erdfall nahe der Jettenhöhle im Naturschutzgebiet „Hainholz" bei Düna (Foto: R. Nielbock)

Abbildung links:
Satellitenbild der Deutschen Nordseeküste mit dem vorgelagerten Wattenmeer und den Inseln. Kleine Bilder: Oben links Watt mit Prielen bei Niedrigwasser, unten links Blasentang auf typischen Rippeln, die durch Strömung entstehen, oben rechts Queller und Schlickgras bewachsen die Wattoberfläche, unten rechts Sandklaffmuscheln im Watt (Fotos: NASA WORLD WIND, kleine Fotos A. Bartholomä)

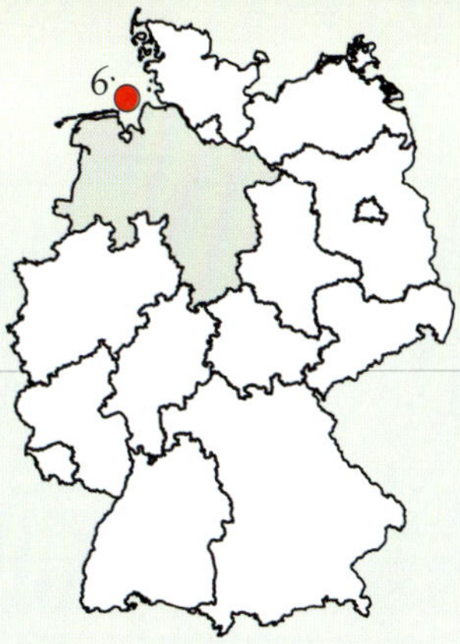

Übergang zwischen Land und Meer

Die Wattenmeerküste an der Nordsee

Das Wattenmeer, ein einzigartiger Ablagerungs- und Lebensraum mit einer Fläche von insgesamt 9300 km^2 erstreckt sich über eine Entfernung von knapp 500 km entlang der südöstlichen Nordseeküste zwischen Den Helder in den Niederlanden und Skallingen in Dänemark. Allein 5215 km^2 oder 56% davon entfallen auf die deutsche Nordseeküste zwischen der Emsmündung und der Insel Sylt. Geschichtlich wurde das Watt bereits im 1. Jh. n. Chr. von dem römischen Historiker Plinius d. Ä. als eine Landschaft beschrieben, die zweimal täglich von starken Strömungen überflutet wird, so dass nicht klar sei, ob es zum Land oder zum Meer gehöre. Bei diesen Überflutungen handelt es sich um die halbtägigen Gezeiten, die das Watt im Rhythmus von 12 Stunden mit Wasser bedecken und wieder trocken fallen lassen. Der Gezeitenhub, die Höhendifferenz zwischen Hoch- und Niedrigwasser, beträgt bei Borkum im Mittel 2,3 m, steigt von hier nach Osten hin an, um im inneren Jadebusen, in der Weser und in der Elbe mit knapp unter 4 m die höchsten Hübe zu erreichen. Nach Norden nimmt er dann wieder ab und beträgt an der Nordspitze von Sylt nur noch 1,7 m. Die höchsten Wasserstände (Springtiden) erreichen die Gezeiten bei Vollmond und Neumond, die niedrigsten (Nipptiden) bei den Halbmondphasen. Die Wasserstände der Gezeiten werden zusätzlich durch Windschubeffekte beeinflusst. Bei ablandigem Wind können die Wasserstände um mehrere Dezimeter niedriger, bei auflandigem Wind entsprechend höher ausfallen. Extremwerte werden bei Sturmfluten erreicht.

Morphologisch fallen insbesondere die Inselketten auf, die dem Watt im westlichen und nördlichen Abschnitt vorgelagert sind, während sie im mittleren Teil fehlen. Der Übergang zu den offenen Watten ist durch einen Gezeitenhub von etwa 3 m gekennzeichnet. Mit Ausnahme der Insel Sylt, die sich um einen eiszeitlich verfrachteten Kern aus älteren Sedimenten gebildet hat, bestehen die übrigen Inseln überwiegend aus Strandablagerungen und Flugsand. Geologisch lässt sich das Watt anhand seiner Sedimente und ihrem Feinkornanteil (dem Schlick) in drei Typen unterteilen: Das gröbste stellt das so genannte Sandwatt dar, das einen Schlickanteil (Korngröße kleiner 0,063 mm) von weniger als 5% aufweist. Feinkörniger ist das Mischwatt mit einem Schlickanteil von 5 bis 95%, und das Schlickwatt mit einem Schlickanteil von mindestens 95% beschreibt die feinkörnigeren Ablagerungen im Watt. Die räumliche Verteilung der einzelnen Watttypen wird von den mittleren Energieverhältnissen von Wind und Wellen gesteuert, wobei die Energie seewärts zunimmt. Dementsprechend ist aufgrund der Landgewinnung und des Deichbaus reines Schlickwatt nur noch in stark geschützten Buchten, z.B. dem Jadebusen zu finden. Das übrige Watt wird am Deichfuß weitestgehend durch schlickiges Sandwatt (weniger als 50% Schlick) charakterisiert. Seewärts wird das Watt, dem Energiegradienten folgend, immer sandiger, wobei sich auch die Inseln in diese Abfolge einfügen. Die Wattflächen werden durch weitverzweigte Rinnensysteme (die Priele) entwässert, die bis in die landwärtigen Salzwiesen hinein reichen. Erdgeschichtlich ist das Watt ein sehr junger Ablagerungsraum, der sich erst im Zuge des Meeresspiegelanstiegs im Verlauf der letzten 8000 Jahre herausgebildet hat. Dabei verlief die Entwicklung regional recht unterschiedlich. So ist das ostfriesische Watt zwischen Ems und Elbe (mit Ausnahme des Jadebusens) ein über Jahrtausende hinweg natürlich gewachsenes Ablagerungssystem. Der Jadebusen sowie große Teile des nordfriesischen Wattenmeeres zwischen Elbmündung und der Insel Sylt sind dagegen erst im Hochmittelalter durch die verheerende Wirkung schwerer Sturmfluten entstanden. Das Watt ist somit ein anschauliches Lehrbuch, in dem durch die Beobachtung heutiger geologischer Abläufe auf die Vergangenheit geschlossen werden kann. Auch zukünftig wird sich das Watt dem weiterhin und möglicherweise beschleunigt ansteigenden Meeresspiegel anpassen müssen. Vor allem die Inseln werden davon betroffen sein, weil sie sich zum Ausgleich des Meeresspiegelanstiegs landwärts verlagern müssen. Aufgrund der starren Deichlinie wird dies zwangsläufig zu einer weiteren Einengung und Versandung des Watts führen. Da das Watt auch ein wichtiges Biotop darstellt, ist in der Folge dieser Entwicklung ein zukünftiger Umweltkonflikt bereits heute absehbar.

(Alexander Bartholomä, Burghard W. Flemming)

Internet: *www.senckenberg.de*

Literatur: Nationalparkverwaltung Niedersächsisches Wattenmeer und Umweltbundesamt (1999):) *Umweltatlas Wattenmeer.- Band 2: Wattenmeer zwischen Elbe- und Emsmündung.- 200 S.; Stuttgart (Ulmer).*

Abbildung links:
Fußabdruck eines Sauropoden mit einem menschlichen Fuß als Größenvergleich (Fotos: A. Broschinski)

Abbildungen rechts:
1. *Einzelner Abdruck eines Hinterfusses von Iguanodon;*
2. *Fährten mehrerer Iguanodontier*
(Fotos: Niedersächsisches Landesmuseum Hannover)

Abbildung links:
Fußabdrücke von dreizehigen Dinosauriern (Iguanodon) in einer Sandsteinplatte mit symmetrischen Wellenrippeln, gefunden 2004/2005
(Foto: Niedersächsisches Landesmuseum Hannover)

Dinos auf Wanderschaft

Die Saurierfährten bei Münchehagen am Steinhuder Meer

Das Naturdenkmal „Saurierfährten Münchehagen" in den Rehburger Bergen bei Loccum umfasst viele spektakuläre Fußabdrücke, sogenannte Trittsiegel, von Dinosauriern aus einer Zeit vor etwa 140 Millionen Jahren (Untere Kreidezeit).

Auf dem Gelände des heutigen Naturdenkmals „Saurierfährten Münchehagen" wurden 1980 zusammenhängende Fährtenabfolgen von Dinosauriern entdeckt. Die Mehrzahl der 256 Fährten ist länglich-oval und sehr groß (durchschnittlich 90 cm lang und 85 cm breit), woraufhin sie den Sauropoden, den größten aller Dinosaurier, zugeordnet werden konnten. Ein typischer Vertreter dieser Gruppe ist beispielsweise *Diplodocus.* Lebensgroße Modelle dieses Dinosauriers sind neben dem Hallengebäude zu sehen. Sie gehören zum umgebenden Dinosaurierfreilichtmuseum, das in Form eines erdgeschichtlich angeordneten Rundweges um die Fährtenhalle herum verläuft und die Evolution der Wirbeltiere darstellt.

Das Naturdenkmal stellt eine Besonderheit dar: Unterkreidezeitliche Sauropoden-Fährten konnten in dieser Vollständigkeit bisher nur in Münchehagen nachgewiesen werden. Daher bekamen sie auch einen eigenen wissenschaftlichen Namen: *Rotundichnus muenchehagensis.* Die meisten der Fährten sind Abdrücke der besonders schweren, säulenförmigen Hinterbeine. Abdrücke der leichteren Vorderbeine sind nur bei einem Fährtenzug erhalten. Die meisten anderen Fährten stellen Abfolgen von Hinterfußabdrücken dar. Dies wird damit erklärt, dass die Dinosaurier eine schlammige Lagune durchquerten und somit durch Wasser waten mussten. Dabei kam es zu einem leichten Auftreiben der leichteren Vorderbeine, die dadurch keine oder nur sehr schwache Abdrücke hinterließen. Die Abdrücke der Hinterfüße dagegen „pausten" sich durch das hohe Gewicht regelrecht auf die unteren Schichten durch. Im westlichen Teil der erhaltenen Schichtfläche sind die Fährtenzüge zweier annähernd parallel nebeneinander laufender Dinosaurier zu erkennen. Etwas östlich davon gibt es eine dritte Spur, die sich an die eine der beiden Nachbarspuren annähert und ab diesem Kontaktpunkt parallel zu den beiden verläuft. Das dritte Tier hatte die ersten beiden gesehen und seine Richtung geändert, um gemeinsam mit den anderen weiterzulaufen.

Die heutigen Sand- und Tonsteine können durch die Dinosaurierfährten, durch Funde fossiler Pflanzen, Rippelmarken u.a. gut gedeutet werden. Daraus ergibt sich, dass der Lebensraum der Dinosaurier eine flache Süßwasserlagune war, die im Binnenland, aber nicht weit entfernt von der nahegelegenen Meeresküste lag. Das tropische, feuchte Klima ließ eine Vielzahl früher Pflanzen gedeihen, so zum Beispiel Gingko-Bäume, Schachtelhalme und Baumfarne. Weitere Fossilfunde beweisen, dass in dieser Landschaft auch zwei Krokodilarten, große Schildkröten und weitere Dinosaurier lebten.

In den Jahren 2004 und 2005 wurden in dem benachbarten, heute noch betriebenen Steinbruch bei Grabungen spektakuläre Neufunde gemacht. Hier fanden sich die anderen beiden, dreizehigen „Charakter-Fährten" der norddeutschen Unterkreide: Zum einen die des pflanzenfressenden Dinosauriers *Iguanodon*, zum anderen die von verschiedenen fleischfressenden Dinosauriern (große Allosaurier, kleine Dromaesaurier). Knapp 200 neue Fährten dieser beiden Dinosaurier wurden freigelegt und abgegossen, um sie langfristig zu erhalten. Interessanterweise sind *Iguanodon*-Spuren von kleinen Jungtieren ebenso erhalten wie die von ausgewachsenen Tieren.

Bei Barkhausen im Wiehengebirge wurde schon 1921 eine ähnlich berühmte Fährtenfundstelle entdeckt, die allerdings in älteren Gesteinen aus dem Oberen Jura liegt. In diesen Schichten ließen sich ebenfalls Fährten von Sauropoden und von Theropoden nachweisen. Die fährtenführende Sandsteinbank ist durch Gebirgsauffaltungen der Oberen Kreidezeit schräg aufgerichtet. Die Barkhausener Fährten sind in einer Freilichtanlage frei zugänglich zu besichtigen. ***(Annette Broschinski)***

Internet: *www.nlmh.de*
Literatur: Fischer, R. (Hrsg.) (1998): *Das Naturdenkmal „Saurierfährten Münchehagen". – Mitt. Geol. Inst. Univ. Hannover, 37:125 S.; Hannover.*

Abbildung rechts:
Lebendbild des dreizehigen Dinosauriers Iguanodon, erwachsenes und junges Tier (Bild: Niedersächsisches Landesmuseum Hannover)

Abbildungen rechts:
1. *Torf ist ein gesuchter Rohstoff, der auf großen Flächen abgebaut wird, hier im Gnarrenburger Moor.*
2. *Im frischen Zustand erscheint der obere Weißtorf hellbraun, der untere Schwarztorf dunkelbraun (Fotos: G. Caspers)*

Abbildung links:
Typisches Moorprofil mit stark zersetztem Schwarztorf unter schwach zersetztem Weißtorf; rechts ist das Alter angegeben (Foto: G. Caspers)

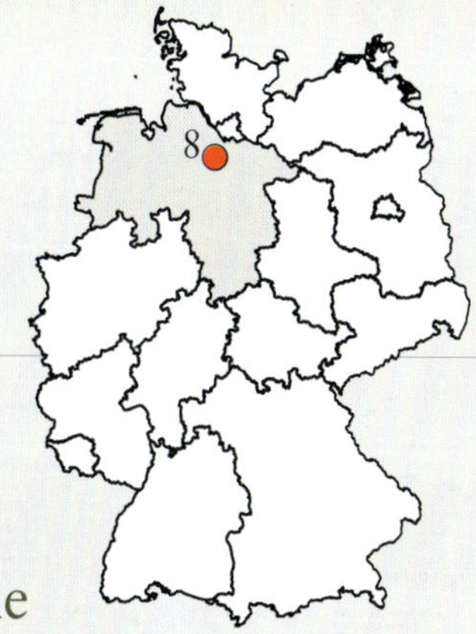

Eine Landschaft ertrinkt

Das Huvenhoopsmoor bei Rotenburg an der Wümme

Das Huvenhoopsmoor ist Teil des großen Teufelsmoores nordöstlich von Bremen. Hinter einem Sandrücken von Schmelzwasserablagerungen aus der vorletzten Kaltzeit hat sich nordöstlichst der Ortschaften Glinstedt, Karlshöfen, Gnarrenburg als Teil des Teufelsmoores das Gnarrenburger Moor gebildet, zu dem auch das Huvenhoopsmoor gehört. Am Ende der Dorfstraße von Augustendorf wird das Huvenhoopsmoor durch öffentliche Verkehrswege berührt. Die fast baumfreie Hochmoorfläche von ca. 4 km x 5 km erschließt keine Straße. Heute ist das Huvenhoopsmoor untergliedert in das nicht abgetorfte Naturschutzgebiet um den Huvenhoopssee, Torfabbauflächen und wiedervernässte Flächen nach Torfabbau. Mittel- bis langfristig entsteht hier auf 21 km^2 eines der größten Naturschutzgebiete Niedersachsens. Der Huvenhoopssee ist der letzte von Hochmoor umgebene See im gesamten Teufelsmoor und umfasst etwa 7,5 ha. An seinem westlichen und südlichen Ufer ist er von ausgedehnten Schwingrasendecken umgeben. Eine Pflanzendecke aus Torfmoosen, Wollgräsern, Moosbeere, Weißem Schnabelried und anderen Hochmoorpflanzen schiebt sich vom Rande her über das Wasser des Sees. Ein Begehen ist nicht ganz ungefährlich. Am nordöstlichen Ufer haben sich wegen des Wellenschlags in der Hauptwindrichtung keine Schwingrasen ausgebildet. Vom Torfabbau sind im Huvenhoopsmoor rund 7,5 km^2 betroffen. Ausgedehnte Flächen mit aufgestapelten Torfsoden oder frisch gestochenen Torfreihen zeugen von der Sodentorfgewinnung. In anderen Bereichen des Huvenhoopsmoors wechseln sich Bagger- und Frästorfflächen streifenförmig mit bereits abgetorften und wiedervernässten, der Natur zurückgegebenen Flächen ab. Im Baggerverfahren wird der Torf in der gesamten Stärke gewonnen, seitlich ausgebreitet und dort im Fräsverfahren geerntet. Vor seiner Weiterverarbeitung muss der Torf getrocknet werden. Insgesamt befinden sich heute noch 1,8 km^2 im Abbau. Der abgebaute Torf wird mit der Feldbahn in das Torf- und Humuswerk nach Gnarrenburg gebracht. Dort entstehen aus dem Rohstoff Torf durch gezielte Zugabe von Pflanzennährstoffen und die Einstellung des pH-Wertes Kultursubstrate, die in Gartenbaubetrieben die Grundlage für die professionelle Anzucht von Pflanzen ist. Für die Renaturierung nach dem Abbau ist gefordert, mindestens 50 cm stark zersetzten Torf auf den Abbaufeldern zu belassen, Gräben mit Torf aufzufüllen und mittels kleiner Torfwälle das Niederschlagswasser in den ehemaligen Abbauflächen zu sammeln. Nach wenigen Jahren kehren die ersten Torfmoose und Wollgräser zurück und bilden eine moortypische Pflanzendecke. Im Huvenhoopsmoor werden alle Abbauflächen in dieser Form hergerichtet und in eine ungestörte Entwicklung entlassen. Neue Abbauflächen können nur auf landwirtschaftlich genutztem Hochmoorgrünland ohne die typischen Moorpflanzen in Angriff genommen werden, weil die wenigen naturnahen Hochmoorreste in ganz Niedersachsen nach dem Naturschutzgesetz seit vielen Jahren generell geschützt sind.

Die Entwicklung des gesamten Teufelsmoores ist eng mit dem Anstieg des Meeresspiegels nach der letzten Kaltzeit verbunden, der durch steigende Grundwasserstände zu einer Vernässung der gesamten Niederung zwischen Bremen und Bremervörde führte. Vielfach bildeten sich im Teufelsmoor unter Grundwassereinfluss ausgedehnte Niedermoore seit 6500 v. Chr. Mit dem Aufwachsen des Torfes stellten sich zunehmend nährstoffärmere Bedingungen ein, und abseits von Bächen und Flüssen entwickelten sich auf den Niedermooren vom Regenwasser gespeiste Hochmoore. Im höher gelegenen Teil am Ende der Niederung, der heute durch das Huvenhoopsmoor bedeckt ist, setzte die Vermoorung erst gegen 2000 v. Chr. ein. Dort siedelten sich die hochmoortypischen Pflanzen auf nährstoffarmen Sanden direkt an, ohne dass vorher ein Niedermoor entstanden war. Solche Moore werden als „wurzelechte" Hochmoore bezeichnet. Das Huvenhoopsmoor zeigt die für Norddeutschland typische Abfolge von schwach zersetztem Weiß- über stark zersetztem Schwarztorf. Der Schwarztorf ist meist 0,5 m bis 1 m mächtig, der Weißtorf bis zu 2 m mächtig. Im Zentrum des Huvenhoopsmoores um den Huvenhoopssee bildeten sich auf 5 km^2 mehr als 3 m mächtige Bleichmoostorfe aus.

(Gerfried Caspers)

Internet: *www.kulturlandschaft.de/heimatverein_gnarrenburg.htlm*
Literatur: Schneekloth, H. & Tüxen, J. (1978): *Die Moore in Niedersachsen.* - *Veröffentlichungen des Niedersächsischen Instituts für Landeskunde und Landesentwicklung der Universität Göttingen, Reihe A, Forschungen zur Landes- und Volkskunde, I, Natur, Wissenschaft und Planung, 96, Heft 5: 220 S., 1 Karte; Göttingen (Kommissionsverlag Göttinger Tageblatt).*

Abbildungen links:
1. Im Zentrum des Moores liegt das sogenannte Moorauge, der Große Huvenhoopssee. 2. Moorfläche 5 Jahre nach dem Abbau und der Wiedervernässung: Die Moorvegetation (links Wollgras, rechts Torfmoos Sphagnum) hat die Fläche wieder besiedelt (Fotos: G. Caspers)

Abbildung rechts:
Blick auf die Tagesanlagen des ehemaligen Erzbergwerks Rammelsberg. Links die Aufbereitung und der Förderturm des 1936/37 abgeteuften Rammelsberg-Schachts, rechts die Schiefermühle, ein Steinbruch, in dem Schiefer zum Verfüllen der untertägigen Abbauhohlräume gewonnen wurde. (Foto: K. Stedingk)

Abbildung links:
Das ehemalige Erzbergwerk Rammelsberg in Goslar mit Erzaufbereitung und Blick in den Versatz-Tagebau der Schiefermühle (Foto: H.-J. Franzke)

Tausend Jahre der deutschen Kaiser Schatzkästlein

Das Bergwerk Rammelsberg in Goslar

Mit einem geschätzten Potenzial von fast 8 Millionen Tonnen Zink, Blei und Kupfer, über 4000 t Silber und rund 30 t Gold befand sich unmittelbar vor den Toren der Stadt Goslar eine der weltgrößten und hochwertigsten Buntmetall-Lagerstätten. Der Erzvorrat von beinahe 30 Millionen Tonnen ermöglichte einen ununterbrochenen Bergbau über mehr als ein Jahrtausend. Schon im Mittelalter bedeutete der Besitz an dieser Lagerstätte Reichtum und Macht. Streitigkeiten um die Nutzung der Erze des Rammelsberges hatten Auswirkungen auf die Geschichte des Abendlandes, wie uns der Konflikt zwischen Kaiser Barbarossa und Heinrich dem Löwen im 12. Jahrhundert beispielhaft zeigt. Das heute noch weitgehend erhaltene mittelalterlich/frühneuzeitliche Ensemble der Goslarer Altstadt und das Weltkulturerbe des Rammelsberges verdanken dem Metallreichtum des Berges ihre Existenz.

Die Erzbildung erfolgte vor ca. 400 Millionen Jahren durch Ablagerung metallhaltiger Schlämme am Meeresboden. Hierbei drangen aus tiefreichenden Spalten metallhaltige Lösungen auf, die hochkonzentrierte Metallschlämme in Senken am Meeresboden ablagerten. Durch Einbettung in tonige Sedimente blieben die linsigen Sulfidkörper in Form der typischen Zink-, Blei- und Kupfererze erhalten. Wegen seiner gründlichen wissenschaftlichen Dokumentation gilt der Rammelsberg als klassische Typlagerstätte für diese weltweit verbreiteten Buntmetall-Erze.

Die komplizierten geologischen Verhältnisse erschließen sich erst auf den zweiten Blick. Von einem geeigneten Standort aus sind an der Nordwestflanke des Berges drei stockwerksartige Ebenen deutlich zu unterscheiden, die der intensive Bergbau über die Jahrhunderte entstehen ließ.

Das oberste Stockwerk - etwa auf halber Höhe unter dem Gipfel - bilden Abbauwand, Planum und Haldensturz eines großen Steinbruchs. Von hier kamen Bruchsteine für Mauerung und Versatz. Der bis zum Top des Berges anstehende quarzitische Sandstein ist das älteste Gestein am Rammelsberg. Am Fuß der Steinbruch-Halde entdecken wir den runden mit Schiefer gedeckten Maltermeister Turm aus dem 14. Jahrhundert - der älteste erhaltene Industriebau Deutschlands. Turm und eine flache Rinne markieren das mittlere Bergbau-Stockwerk. In diesem Bereich wurde das Erz sehr wahrscheinlich schon zur späten Römischen Kaiserzeit - also seit der Antike - im Tagebau gewonnen. Ab dem hohen Mittelalter erfolgte der Abbau durch zahlreiche Schächte, deren Halden z.T. noch sichtbar sind.

Hangabwärts führen die Bergbau-Spuren zu den Anlagen des modernen Betriebs. Wie der Fußabdruck eines Riesens erstreckt sich zwischen dem Maltermeister Turm und dem Förderturm des Rammelberg-Schachts die so genannte Schiefermühle. Der um 1910 angelegte Steinbruch versorgte die Grube mit taubem Füllmaterial. Dieser Aufschluss bietet die Möglichkeit, heute noch die Lagerstättenverhältnisse im Anstehenden zu studieren. Danach befindet sich die Lagerstätte innerhalb einer mit ca. 60° nach Südosten einfallenden Mulde. Durch die intensive Faltung der Schichten liegt der oberhalb am Berg anstehende ältere Sandstein über dem jüngerem Schiefer, der ursprünglich die Erzlager umhüllte.

Hervorragend sind in der Südost-Ecke des Tagebaus Abbaue des Alten Lagers, schwerspatreiches Grauerz und das Begleitgestein der Vererzung aufgeschlossen.

Nach Entdeckung des Neuen Lagers im Jahre 1859 wurden die heute museal genutzten Anlagen des modernen Bergbaus am Fuß des Rammelsberges errichtet. Um die große Erzmenge mit ihrer hervorragenden Qualität vollständig zu erschließen, erfolgten in den 1930er Jahren umfangreiche Baumaßnahmen. In dieser Ausbauphase verlieh eine gelungene Industriearchitektur dem Bergwerk das heutige Gesicht. 1988 war die Rammelsberger Lagerstätte nach über 1000 Jahren erschöpft.

Buchstäblich in letzter Minute gelang es 1992, aus der originalen Substanz eine international anerkannte montanhistorische Einrichtung zu schaffen, die der überregionalen Bedeutung des Rammelsberges gerecht wird.

(Klaus Stedingk)

Internet: *www.rammelsberg.de*
Literatur: Roseneck, R. (Hrsg.) (2001): *Der Rammmelsberg - Tausend Jahre Mensch-Natur-Technik. - Rammelsberger Schriften 1, Band 1, 559 S. (ISBN 3-9804749-3-3), Band 2, 552 S. (ISBN 3-9804749-4-1), Goslar.*

Abbildung links:
Übertageanlagen des Bergwerks Rammelsberg bei Goslar (Foto: H.-J. Franzke)

Abbildung rechts:
Kreideküste Jasmund mit Ernst-Moritz-Arndt-Sicht (Bildmitte).
Kreide mit eingeschuppten eiszeitlichen Schichten, in denen Gesteine bis zur Findlingsgröße aus dem skandinavisch-baltischen Raum eingelagert sind. Nach der Abtragung blieben diese am Strand zurück (Foto: H. Schnick)

Abbildung links:
Die Kreideküste von Jasmund 1 km nördlich von Sassnitz. In der Bildmitte (Graubraun) der „Pleistozänstreifen 4“, eine Scholle aus eiszeitlichen Sedimenten, die durch Gletscherdruck zusammen mit der Kreide verstellt wurde (Foto: Werner Schulz)

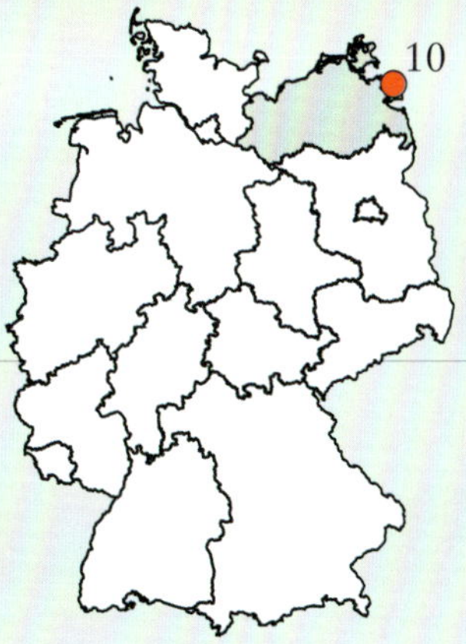

Aufgebaut aus kleinen Kalkschalen

Die Kreideküste von Jasmund auf Rügen

Die Rügener Kreideküste mit ihrem weiß leuchtenden, bis über 100 m aufragenden Steilufer ist das Wahrzeichen des Nationalparks Jasmund. Ihre beeindruckende landschaftliche Schönheit wurde vor 200 Jahren durch Künstler der Romantik wie Caspar David Friedrich in ganz Europa bekannt gemacht. Gegenwärtig wird sie von mehr als einer Millionen Menschen im Jahr besucht.

Das ständig der Abtragung ausgesetzte Kliff zwischen Sassnitz und dem Stubbenhörn ist mit 9 km eines der längsten und mit 118 m am Königstuhl das höchste Steilufer in Deutschland. Darüber hinaus ist es der größte geologische Aufschluss in Norddeutschland mit bedeutenden Schichtenfolgen aus der Oberkreide und dem Quartär.

Die Rügener Kreide entstand vor etwa 70 Millionen Jahren in einem Schelfmeer mit Wassertiefen von mehr als 100 m. Das Gestein ist überwiegend aus mikroskopisch kleinen Fossilresten aufgebaut, deren feine Kalkschalen nur locker miteinander verkittet sind. Es handelt sich vor allem um Plättchen von Kalkalgen (Coccolithen) sowie Gehäusereste von Kammerlingen (Foraminiferen) und Muschelkrebsen (Ostrakoden). Auffälliger sind die Reste größerer Organismen, deren Schalen und Skelette - z.B. von Muscheln, Korallen, Moostierchen, Schwämmen und Belemniten - bzw. Steinkerne (z.B. von Seeigeln) gern am Strand aufgesammelt werden. Bisher sind aus der Kreide etwa 1400 fossile Arten bekannt. Gesteinskundlich ist die Kreide ein „schwach zementierter, hochreiner Kalkstein“. Ein auffälliges Merkmal sind die in gesetzmäßigen Abständen auftretenden Feuersteinlagen.

Charakteristisch für das Jasmunder Kliff ist der ständige Wechsel von mächtigen Kreide-Komplexen und zwischengeschalteten eiszeitlichen Schichten. In diesen graubraun erscheinenden sogenannten „Pleistozän-Streifen“ tritt stets die gleiche Schichtenfolge aus Geschiebemergel-, Sand- und Tonbänken auf, welche während der vorletzten und letzten Eiszeit (Saale bzw. Weichsel) abgelagert wurden. Die Kreide und die eiszeitlichen Ablagerungen weisen starke Lagerungsstörungen auf. Diese werden besonders an den Feuersteinlagen in der Kreide deutlich, die unterschiedlich steil nach Süden geneigt erscheinen, teilweise Faltenstrukturen zeigen und an Störungen plötzlich versetzt sind, wobei sie häufig ihre Neigung ändern.

Die Entstehung Jasmunds mit seinen riesigen Kreide-Schollen geht auf den jüngsten Gletschervorstoß der letzten Vereisung vor etwa 15.000 Jahren zurück. Das Gebiet von Jasmund wurde zu dieser Zeit von aus dem Ostsee-Becken vorrückenden gewaltigen Gletschern zunächst wie ein Strompfeiler umflossen. Durch den Druck der Eismassen wurde die Kreide mitsamt den darüber liegenden eiszeitlichen Schichten um bis zu 200 m aufgepresst, verfaltet und schließlich zu Stapeln von Großschollen zusammen geschoben. Zuletzt überfuhr der Gletscher das Stauchgebiet und hinterließ dabei eine Decke von Geschiebemergel, die heute die oberste Schicht im Kliff bildet.

An der Kreideküste können Abtragung, Erosion, Sedimenttransport, Travertin (Quellkalk)- und Torfbildung in ihrer Dynamik und ihren Auswirkungen unmittelbar beobachtet werden.

Neben den Feuersteinen und Kreidefossilien finden sich am Strand unzählige, aus den Geschiebemergelschichten des Kliffs stammende und durch Wellenbewegung zu Geröllen aufbereitete Geschiebe. Sie repräsentieren die Gesteinswelt fast des gesamten skandinavisch-baltischen Raumes.

Die Lokalität Stubbenhörn wurde Anfang des 20. Jahrhunderts wegen der dort befindlichen Travertin-Kaskade bekannt. Als Mitte des vergangenen Jahrhunderts die Quellen versiegten, kam die Travertinbildung zum Erliegen. Heute bilden Moos- und Blatt-Travertine im Hang noch eine örtlich mehr als zwei Meter mächtige klippenförmige Platte. Einzelne Travertinblöcke sind bis auf das Strandniveau hinuntergerutscht und bereits durch die Meeresbrandung leicht abradiert. Es handelt sich hier um das jüngste Festgestein im Norddeutschen Flachland.

Im Nationalpark-Zentrum Königsstuhl und im Kreidemuseum Gummanz befinden sich umfangreiche Ausstellungen zur Rügener Kreide.

(Hans-Dieter Krienke, Hilmar Schnick)

Internet: *www.nationalpark-jasmund.de*
Literatur: Reinicke, Rolf (1993): *Nationalpark Jasmund Insel Rügen. - 144 S.; Rostock (Konrad Reich Verlag).*

Abbildung links:
Luftbild der Feldberger Seenlandschaft mit Feldberg (rechts) aus Südwesten (Foto: K. Granitzki)

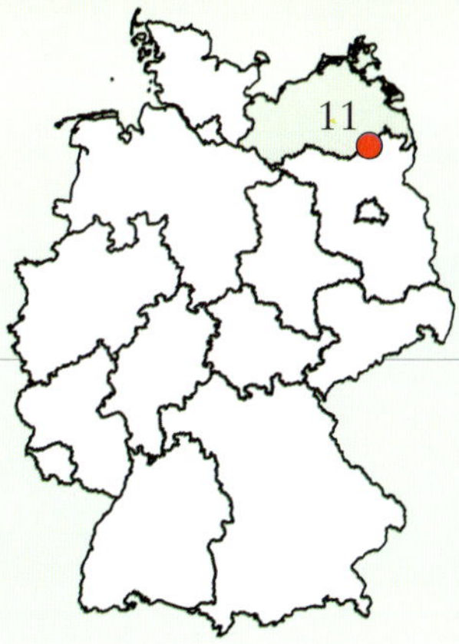

Eiszeit erleben

Die Feldberger Seenlandschaft in Mecklenburg-Vorpommern

Am Ende der letzten Vereisung vor rd. 15 000 Jahren hat der Pommersche Eisvorstoß der letzten Eiszeit, die als Weichsel-Kaltzeit bezeichnet wird, den Feldberger Raum landschaftlich geprägt. Viele Formen und Ablagerungen sind zu dieser Zeit entstanden. In einem Gebiet von rund 56 km^2 entstand eine Landschaft, die den gesamten eiszeitlichen Formenschatz in geradezu lehrbuchhafter Ausbildung und zugleich herausragender landschaftlicher Attraktivität aufweist.

Bei Feldberg stoßen zwei Loben (Endmoränenbögen) der Pommerschen Haupteisrandlage fast rechtwinklig aufeinander und bilden die markante „Feldberger Endmoränengabel". Es handelt sich dabei um den westlichen Strelitzer Lobus mit den „Heiligen Hallen" bei Lüttenhagen – auf ihm wächst der älteste Buchenwald Deutschlands – und den Rosenbergen (mit 146,1 m NN höchste Erhebung) sowie um den östlichen 1. Uckermärkischen Endmoränenbogen mit dem Hullerbusch und dem Endmoränenzug bei Wittenhagen. Im Verlauf beider Endmoränenbögen, die den ehemaligen Gletscherrand markieren, sind besonders eindrucksvolle Blockpackungen – Ansammlungen von Findlingen und Blöcken – ausgebildet (Heilige Hallen, Hünenwall). Sie sind gesetzlich geschützt.

Die Vielfalt der die Feldberger Landschaft charakterisierenden Seen ist das Ergebnis von Schmelzwassererosion und Toteis. Vorrückendes Gletschereis bildete tiefgreifende Rinnen und Mulden, die zunächst mit Eis ausgefüllt und später mit Gletscherschutt überdeckt wurden. Das beim späteren Eisabbau in Spaltensystemen z. T. unter dem Eis (subglazial) abfließende Schmelzwasser schnitt in den Untergrund Rinnen ein, die z. T. in Kombination mit Toteis zur Bildung typischer Rinnenseen (Schmaler Luzin, Zansen) führten. Aus ehemals mit Toteis gefüllten Mulden entstanden nach dem Tieftauen des Toteises morphologisch reich gegliederte Seen, wie zum Beispiel Haussee, Breiter Luzin und Carwitzer See.

Das Schmelzwasser trat aus Gletschertoren am Eisrand aus und transportierte große Mengen von Sanden und Kiesen, die sich im Vorland der Endmoräne als Sander ablagerten. Im Gebiet Carwitz-Rosenhof wurden in diesem vorgelagerten Sander Kiessande geologisch nachgewiesen. Ein kleiner Aufschluss bei Carwitz ermöglicht den Einblick in diese Ablagerungen.

Im Rückland der Endmoräne steht Geschiebemergel als typisches Sediment der Grundmoräne an und bildet vorwiegend die stark kuppigen Gebiete bei Lüttenhagen, Laeven und Conow. An den Stellen, an denen ehemals Toteis von Sedimenten bedeckt wurde und dieses Toteis nachträglich abgeschmolzen ist, haben sich Toteislöcher, sogenannte Sölle, gebildet. Dieses sind Hohlformen, die die Landschaft gliedern und häufig wassererfüllt sind.

Die durch das Gletschereis und den nacheiszeitlichen Vorgängen geformte Landschaft setzt sich somit zusammen aus:

- Endmoränen mit Gletschertoren, Blockpackungen, Findlingen und Kesselmooren
- Grundmoränengebiete mit Söllen und Erosionsrinnen
- Sanderablagerungen mit Demonstrationsaufschluss
- Rinnen- und Toteisseen, Seen mit geologisch bedingten Seespiegelschwankungen

Von den Anhöhen Reiherberg, Hauptmannsberg, Schlossberg, Hüttenberg und von den Rosenbergen lässt sich die Landschaft mit all ihren Formen und Seen sehr gut überblicken.

Im Aktionszentrum „Eiszeit- und Naturerlebnis Feldberger Seenlandschaft" des „Nationalen Geoparks Mecklenburgische Eiszeitlandschaft" und auf dem thematischen Radwanderweg „Eiszeitroute" sind landschaftliche Vielfalt und geologische Entstehung dieser Region nachhaltig erlebbar. ***(Klaus Granitzki)***

Internet: *www.eiszeitlandschaft.de*

Zacke, A., Niedermeyer, R.-O. & Reincke, J. (2003): *Neue Ergebnisse zur Genese oberflächennaher Sedimente einer Weichselglazialen Moränenlandschaft im Gebiet Carwitz (Gemeinde Feldberger Seenlandschaft). - Neubrandenburger Geologische Beiträge, 3: 63-71; Neubrandenburg (Geowiss. Verein Neubrandenburg).*

Abbildung rechts:
Natürliche Blockpackung im Hullerbusch bei Feldberg, eine Ansammlung von großen Blöcken im Bereich des ehemaligen Eisrandes (Foto: K. Granitzki)

Abbildung unten:
Anlandungszone am Darßer Ort – Hier an seiner Nordspitze wächst der Neudarß beständig weiter in die Ostsee hinein (Bild: Rolf Reinicke)

Ein Bauwerk des Meeres

Der Neudarß in der Vorpommerschen Boddenlandschaft

Der nördliche Teil der flachen, waldbedeckten Halbinsel Darß wird als Neudarß bezeichnet. Dieses Bauwerk des Meeres zählt zu den dynamischsten Ufern rings um die über 7.000 Kilometer lange Küste der Ostsee.

Der Neudarß ist ein Abschnitt der deutschen Ostseeküste, an der Zerstörung und Aufbau durch die Kräfte des Meeres offensichtlich und vom Menschen ungestört wirken. Der Nationalpark Vorpommersche Boddenlandschaft, zu dem dieses Geotop gehört, soll auch diesen ursprünglichen Naturraum vor einer Zerstörung durch den Menschen bewahren.

Der Darß ist ein Teilstück der vorpommerschen Boddenlandschaft. Diese erhält ihren besonderen Reiz durch eine kontrastreiche Doppelküste. Während die Außenküste mit ihren weiten Sandstränden durchweg geglättet erscheint, gibt es an den schilfreichen Boddenufern zahlreiche Halbinseln, Buchten und Inseln. Besonders interessant ist die Entstehung dieses für Vorpommern charakteristischen Küstentyps.

Eiszeitliche Schmelzwässer schütteten vor etwa 12.000 Jahren im heutigen Darßgebiet ein riesiges, flaches Sanderareal auf – ein Teil davon bildet den heutigen Altdarß. Mit dem Anstieg des Meeresspiegels ab 7.500 Jahre vor heute, der als „Litorina-Transgression“ bezeichnet wird, entstand hier eine Insel, an deren sandigen Steilufern die Ostsee ebenso arbeitete wie an der

Abbildung links:
Luftbild des Neudarß – Dieser Blick von Norden zeigt deutlich die durch Strandwälle bedingte Streifenstruktur des Anlandungsgebietes (Foto: Rolf Reinicke)

benachbarten Moräneninsel des Fischlandes. Das von beiden weggespülte Lockermaterial wird seit etwa 2.000 Jahren dem Altdarß im Norden vorgelagert – als Neudarß.

Der Neudarß stellt eines der größten marinen Anlandungsgebiete Mitteleuropas dar. Schmale, aber oft viele Kilometer lange, bogenförmig verlaufende Strandwälle sind das Ergebnis schwerer Sturmfluten. Jeder dieser über 50 Strandwälle steht für ein solches Ereignis. Zwischen diesen als „Reff" bezeichneten, aus Sand und Kies aufgeschütteten Strandwällen, die oft später noch mit Dünen bedeckt wurden, liegen feuchte Senken. Diese „Riegen" waren früher vom Meer durch die Strandwälle abgeschnürte Strandseen, die – ebenso schmal und lang gestreckt – heute fast alle verlandet sind. Das daraus resultierende markante Streifenmuster auf dem fast durchweg bewaldeten Neudarß ist besonders gut aus der Luft erkennbar: Auf den Reffen wächst im Süden Buchen-, im Norden Kiefernwald, in den Riegen überall Erlenbruchwald.

Fast sieben Kilometer hat die Ostsee in den vergangenen 2.000 Jahren die Landspitze nach Norden wachsen lassen. Und noch immer wächst der Neudarß weiter. Denn Abtragung, Transport und Anlandung – diese grundlegenden Mechanismen des Küstenversatzes – wirken auch in der Gegenwart ungestört fort. Keine Buhne, kein Deich hindern am Ufer vor dem Neudarß die Wellen daran, fortwährend Lockermaterial zu bewegen. So wird heute das einst vom Meer aufgeschüttete Areal am Darßer Weststrand bereits wieder abgetragen. Bei schweren Stürmen im Winterhalbjahr spült die Ostsee hier innerhalb weniger Stunden oft viele Meter vom Ufer weg. Das abgetragene Material – Sand und Kies – wird zur Nordspitze des Neudarß transportiert. Dieser Darßer Ort ist der jüngste Bereich des Neudarß. Er wuchs in den letzten 300 Jahren etwa 2,5 Kilometer in Richtung Norden, in die Ostsee hinein und bildet damit ein beeindruckendes Beispiel aktueller Küstendynamik. Der Neudarß ist heute ein wichtiger Naturraum innerhalb des Nationalparks Vorpommersche Boddenlandschaft, der insgesamt als eines der wenigen Gebiete Europas mit noch sehr ursprünglicher Küste gilt. Zu dem 1990 geschaffenen Nationalpark gehören auch die Halbinsel Zingst, die Insel Hiddensee und Teile Westrügens sowie die großen Wasserflächen der Bodden und das Flachwassergebiet vor der Außenküste. Damit soll Natur und Landschaft dieser überaus reizvollen Doppelküste auf Dauer bewahrt werden. Völlig ungestört darf also heute hier das Meer an der Küste arbeiten. Der Naturfreund kann dabei zusehen. Bei Strandwanderungen im Winterhalbjahr erlebt man am Darßer Weststrand die Küstendynamik – die Gewalt von Meer und Wind – ganz hautnah. Wer bereit ist, hier im Herbst oder Winter zu wandern, sich gegen den Sturm zu stemmen und nasse Füße nicht scheut, der kann sogar erleben, wie das sandige Ufer nachrutscht oder neue Dünen entstehen.

Der Darßer Ort scheint eine magische Anziehungskraft zu besitzen. Obwohl die Wege dorthin weit sind und ohne Auto – also nur zu Fuß, per Fahrrad oder Pferdekutsche – zurückgelegt werden müssen, pilgern Jahr für Jahr Hunderttausende zu dieser Landspitze. Hier in der Kernzone des Nationalparks Vorpommersche Boddenlandschaft kann man nicht nur einen der schönsten deutschen Strände erleben, sondern auch Landschaft in Bewegung sehen.

In den naturkundlichen Ausstellungen im „NATUREUM Darßer Ort", einer viel besuchten Außenstelle des Deutschen Meeresmuseums Stralsund in den Gebäuden am Leuchtturm Darßer Ort, wird der Besucher umfassend über die beeindruckende Küstendynamik informiert. Und vom Turm des 150 Jahre alten Leuchtturms aus schweift der Blick weit über die allein vom Meer aufgebaute Landschaft. ***(Rolf Reinicke)***

Internet: *www.meeresmuseum.de*
Literatur: Duphorn, K. (1995): *Die deutsche Ostseeküste. - Sammlung Geol. Führer, 88: 281 S.; Stuttgart (Borntraeger).*

Abbildung rechts:
Strand vor dem Neudarß – Hier trägt die Ostsee heute von Ufer jenes Material ab, das sie im Laufe der vergangenen 2.000 Jahr selbst aufgeschüttete (Foto: Rolf Reinicke)

Abbildung links:
Typische Bergbaurestgewässerlandschaft nördlich von Weißwasser im Muskauer Faltenbogen, Gebiet der ehemaligen Braunkohlengrube Hermann, nach 1945 Frieden Mitte, aufgenommen am 06.08.2003 (Foto: Peter Radke)

Fußabdruck eines Gletschers

Der eiszeitliche „Muskauer Faltenbogen“

Bei einem Flug von Berlin nach Süden erscheint kurz hinter den Braunkohletagebauen Jänschwalde und Cottbus-Nord ein ausgedehntes Waldgebiet. Es ist von Dutzenden schmalen Seen durchzogen. Die Gewässer verlaufen in geringem Abstand parallel zueinander, setzen ab und werden durch neue abgelöst. Sie bilden das Muster eines großen in nördlicher Richtung geöffneten Hufeisens. Ein breiter Fluss zerschneidet es der Länge nach in etwa gleich große Teile.

Besser noch als aus einem Flugzeug ist die Hufeisenform des Muskauer Faltenbogens in Satellitenbildern zu erkennen. Das Bild, von einem Hubschrauber aus aufgenommen, zeigt in einem kleinen Ausschnitt die schnürsenkelartige Anordnung der Seen.

In den letzten 2,5 Millionen Jahren gab es in Mitteleuropa etwa 50 Kaltzeiten. Die letzten drei von ihnen waren „Eiszeiten“. Das heißt, während der langen Winter fiel mehr Schnee als im Sommer abschmolz. Das Ergebnis war eine riesige Inlandeismasse, wie sie heute noch z. B. in Grönland erhalten ist. Im Gebiet von Bad Muskau brach aus dieser Inlandeismasse während der ältesten Vereisung, der Elstereiszeit vor etwa 450.000 Jahren, eine „kleine“ Eiszunge von etwa 20 km Länge, 20 km Breite und einer Mächtigkeit von 400 bis 500 m hervor. Ähnlich dem „Fußabdruck eines Riesen“ zerdrückte dieser Muskauer Gletscher vor allem durch sein enormes Gewicht den Untergrund. Vor seinem Rand presste er Lockergesteinsschichten als halbkreisförmige Stauchendmoräne empor. Dabei wurden Sande, Tone, Braunkohle und andere Lockersedimente gefaltet und übereinander geschoben. Die Wirkung des Eises reichte bis in eine Tiefe von 200 bis 300 m, so dass sich vor dem Gletscherrand eine gewaltige Stauchendmoräne bildete. Spätere Gletschervorstöße haben den etwa 150 bis 180 m hohen Wall zum größten Teil wieder eingeebnet. Allerdings gelangten auf diese Weise die verschiedensten Lockergesteine an die Erdoberfläche und waren Grundlage für mannigfaltige wirtschaftliche Nutzungen. Heute ist der Muskauer Faltenbogen eine sehr gewässerreiche Altbergbaulandschaft und ein Naturraum mit einer bedeutenden ökologischen Vielfalt. Die zahlreichen, stehenden Gewässer sind überwiegend ehemalige Braunkohlentagebaue oder Bruchfelder über früheren Tiefbaugruben. Sie zeichnen die geologische Struktur der Stauchendmoräne nach.

Von 1843 bis 1973 ging auf mehr als 80 Gruben Braunkohlenbergbau im Unter- und Übertagebetrieb um. Die dabei gewonnenen Kenntnisse über den Schichtenaufbau bilden die Grundlage dafür, dass der Faltenbogen nicht nur in morphologischer Hinsicht ein lehrbuchhaft schöner Endmoränenbogen, sondern auch die bezüglich ihres geologischen Aufbaus und ihrer Entstehung am besten untersuchte Stauchendmoräne weltweit ist.

Die Faltenbogenlandschaft bietet beim Wandern, Radfahren oder Skaten auf einem gut ausgebauten Netz asphaltierter Wege einen repräsentativen Überblick über die Formen einer Glaziallandschaft. Dazu gehören der 30 m tiefe Neißedurchbruch mit seinen alten Flussschlingen und treppenartigen Flussterrassen, Geschiebemergelfelder, auf denen die Steine beim Pflügen stets aufs Neue „wachsen“, Niederungen mit Mooren getrennt durch trockene Hochflächen, Trockentäler, die auf die Neiße zulaufen, Sölle, Findlinge, eine Vielzahl von Quellen und anderes mehr. Im Badepark von Bad Muskau werden die eisenreichen Mineralquellen noch heute zu Kurzwecken genutzt. Hier befindet sich auch der seit 2004 zum Weltkulturerbe gehörende Fürst-Pückler-Park Bad Muskau. Ein Informationszentrum im Schullandheim Jerischke, ein 36 m hoher Aussichtsturm am Felixsee bei Bohsdorf, „der Laden“ des Schriftstellers Erwin Strittmatter, der unmittelbar im Süden anschließende Lausitzer Findlingspark Nochten, die Muskauer Waldeisenbahn (600 mm Schmalspurbahn) und vieles mehr sind Erlebnispunkte, die den Besucher in einer einzigartigen Natur-, Kultur- und Bergbaufolgelandschaft erwarten.

Der Muskauer Faltenbogens befindet sich im fortgeschrittenen Stadium des Aufbaus eines staatsübergreifenden deutsch-polnischen Geoparks.

(Almut Kupetz, Manfred Kupetz)

Internet: *www.muskauer-faltenbogen.de*

Literatur: Kupetz, A., Kupetz, M. & Rascher, J. (2004): *Der Muskauer Faltenbogen – ein geologisches Phänomen, Grundlage einer 130jährigen standortgebundenen Wirtschaftsentwicklung und Geopark in Brandenburg, Sachsen und der Wojewodschaft Lebuser Land.- 36 S.; Berlin (Gesellschaft für Geowissenschaften).*

Abbildung links:
Granitschale aus dem Großen Markgrafenstein vor dem Alten Museum in Berlin (Foto: D. Göllnitz)

Abbildung links:
Kleiner Markgrafenstein.
Im Hintergrund am Waldrand Reste des Großen Markgrafenstein
(Foto: D. Göllnitz)

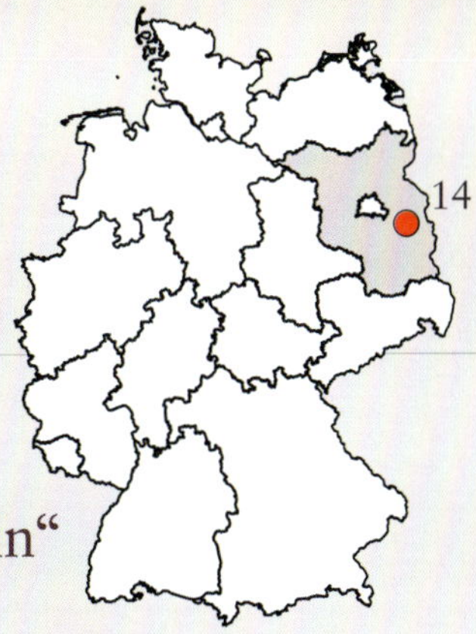

Ein märkisches Weltwunder

Der Findling „Kleine Markgrafenstein" bei Fürstenwalde / Spree

Findlinge sind in Brandenburg weit verbreitet. Ihre Anzahl hat sich jedoch durch die Verwendung als Baumaterial im Laufe der Jahrhunderte ständig verringert. Die Bemühungen um den Erhalt der noch nicht zerstörten Findlinge führten schließlich zu deren Unterschutzstellung als Naturdenkmale durch die Naturschutzgesetze. Eine Karte der Findlinge des Landes Brandenburg des Landesamtes für Bergbau, Geologie und Rohstoffe (2005) enthält 460 Findlinge, die größer als 1 m^3 sind. Findlinge haben damit den größten Anteil unter den geologischen Naturdenkmalen in der überwiegend eiszeitlich geprägten Landschaft Brandenburgs.

Die bekanntesten Findlinge in Brandenburg sind die Markgrafensteine auf dem Kamm der Rauenschen Berge südwestlich von Fürstenwalde. Goethe hat sich mehrfach für die Markgrafensteine interessiert. Fontane nannte sie eines der sieben märkischen Weltwunder. Die Rauenschen Berge erreichen eine Höhe von 153,8 m. Sie entstanden als Stauchendmoräne bereits in der vorletzten Eiszeit, der Saaleeiszeit, die vor etwa 300.000 Jahren begann und vor etwa 130.000 Jahren endete. In der jüngeren Weichselkaltzeit, etwa 20.000 Jahre vor heute, erfolgte eine nochmalige Bedeckung und Überprägung mit Inlandeis. Gletschervorstöße stauchten und falteten die Ablagerungen des Tertiärs und der älteren Eiszeiten, wodurch diese zum Teil in Oberflächennähe gelangten, darunter auch tertiäre Braunkohleflöze. Die zwei Markgrafensteine bestehen aus grobkörnigem Granit. Sie stammen aus dem Gebiet von Karlshamn im Süden Schwedens und wurden als glaziale Geschiebe wahrscheinlich mit dem Saaleeis über ca. 450 km bis hierher transportiert.

Der Kleine Markgrafenstein ist unzerstört vollständig erhalten. Bis vor ca. 10 Jahren erfolgte seine Größenangabe mit ca. 100 m^3. Neue Messungen, bei denen der Findling auch „untergraben" wurde, ergaben ein Volumen von 180 m^3. Damit ist der Kleine Markgrafenstein eindeutig der größte landliegende Findling in Deutschland.

Den Kleinen Markgrafenstein zu beschreiben ist nicht möglich, ohne auch den 60 m entfernten Großen Markgrafenstein zu erwähnen, der er auch bis zum August 1827 war. Durch Zunahme der Bautätigkeit in Berlin nach 1820 waren Findlinge ein sehr gefragtes Baumaterial für kunstreiche Erzeugnisse. Hierzu zählten auch Schalen aus Naturstein, für die es sogar Interessenten aus dem Ausland gab. Für den Neubau des Alten Museums in Berlin durch Schinkel erhielt der Baumeister Cantian den Auftrag für eine Schale. Cantian kannte den Findling "Großer Stein" in Neuendorf bei Oderberg, aus dem er eine 17 Fuß große Schale machen könnte, die nach Schinkels Meinung gut in das Museum passte (der Rest des Findlings mit 47 m^3 steht noch). König Friedrich Wilhelm III. erfuhr von einem Auftrag aus dem Ausland, weshalb er Cantian wissen ließ, dass das größte Produkt dieser Art "im Lande bleiben soll".

Voller Eifer fand Cantian Anfang 1827 einen noch größeren Stein - er wählte den größeren der beiden Markgrafensteine. Nach dem Spalten des Großen Markgrafensteines am 24. August 1827 stellte er fest, dass aus dem abgespaltenen Stück eine Schale von 22 Fuß (6,90 m) möglich wäre, der Stein fehlerfrei und es bedauernswürdig sei, diesen auf 17 Fuß zu verkleinern. Eine solche Schale passte nicht mehr in das Museum, sondern nur noch davor. Schließlich erhielt er die Genehmigung des Königs. Nach schwierigem Transport, Schleifen und Polieren wurde die Schale im Sommer 1831 vorerst provisorisch aufgestellt. Sie ist heute noch die weltweit größte Schale aus Naturstein. Der vorhandene Rest des Großen Markgrafenstens ist mit 83,5 m^3 noch der drittgrößte Stein in Brandenburg. Vom Großen Markgrafenstein gibt es keine genauen Angaben zu seinen ursprünglichen Ausmaßen. Unter Zugrundelegung der von Cantian überlieferten Maße für das abgeteilte Stück und den Maßen des vorhandenen Restes kann man für die Länge ca.7,60 m, für die Breite ca. 7,30 m und für die Höhe ca. 6,60 m annehmen, was ein Volumen von etwa 200 m^3 ergäbe.

Der Markgrafenstein ist von der Gemeinde Rauen aus ab dem Parkplatz an der Autobahnbrücke auf einem ausgeschilderten Weg zu Fuß in ca. 20 Minuten zu erreichen.

(Dieter Göllnitz)

Literatur: Schulz, W. (1972): *Zur Inventur der Findlinge als Naturdenkmale in den Bezirken Potsdam, Frankfurt (Oder) und Cottbus. - Naturschutzarbeit in Berlin und Brandenburg 8,2,S. 44-48, Kleinmachnow*

Abbildung rechts:
Blick von der Teufelsmauer im Vordergrund nach Nordwesten zum Quedlinburger Sattel (Foto: H.-J. Franzke, Clausthal)

Abbildung links:
Ausschnitt der Teufelsmauer am Königstein bei Neinstedt. Sie besteht aus besonders stark zementierten Sandsteinen (Foto: Irene Joß, Clausthal)

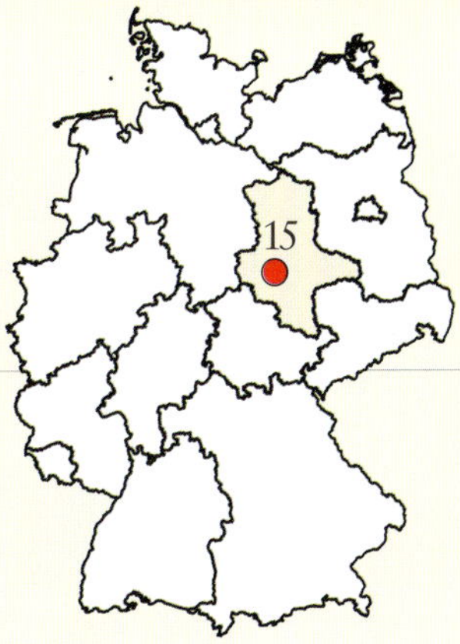

Klassische Quadratmeile der Geologie

Der Harznordrand und die Teufelsmauer

Am Harznordrand ist auf ca. 100 km Länge eine der wichtigsten Schollengrenzen der Erdkruste in Mitteleuropa aufgeschlossen, die Nordrandstörung des Harzes. An ihr ist in den letzten 85 Millionen Jahren (seit der Oberkreide) die heutige, ca. 30 km breite Pultscholle des Harzes um bis zu 7 km herausgehoben und gleichzeitig so weit abgetragen worden, dass heute kein Hochgebirge vorliegt, sondern nur ein Mittelgebirge mit maximal tausend Metern Höhenunterschied zu seinen Vorländern. Da die Hebung des Harzblockes asymmetrisch verlief und am Nordrand der Harzscholle am größten war, hat dort auch die Abtragung am tiefsten gegriffen und die aus Gesteinsschmelzen hervorgegangenen magmatischen Gesteine des Brockenmassivs, des Okergranits und des Ramberges sowie das Grundgebirge des Eckergneises freigelegt.

Zeitgleich mit der Hebung des Harzes haben sich die Vorländer, besonders intensiv sein nördliches Vorland, das Subherzyne Becken, eingesenkt. Es ist dabei als Meeresarm des Niedersächsischen Beckens in der Oberkreide (95-70 Millionen Jahre) mit bis zu 2 km mächtigen Meeressedimenten gefüllt worden. Diese sind von der aufsteigenden Harzscholle her und aus nördlicher Richtung in das Subherzyne Becken geschüttet worden. Erst in den jüngsten, etwa 70 Millionen Jahre alten Sedimentgesteinen des Harzvorlandes treten Gerölle auf, deren Liefergebiet eindeutig die Hochscholle des Harzes ist. Erst zu dieser Zeit war der Harz bis auf das Grundgebirge abgetragen, vorher war er von Gesteinen des Deckgenbirges verhüllt.

Mit der Hebung der Harzscholle wurden die Gesteine an der Nordrandstörung hochgebogen. Da die Schichten zum Teil noch nicht verfestigt waren, hat sich eine bis zu 2 km breite Zone gebildet, an der die jüngeren Schichten des nördlichen Vorlandes heute steil gestellt oder sogar überkippt sind. Die Aufrichtung der Schichtfolge durch die Hebung des Harzes brachte Gesteine des Vorlandes, die noch wenig verfestigt waren, in Kontakt mit Gesteinen der Harzscholle, die stärker verfestigt waren. Auslöser dafür waren von Süden her aus dem Alpen-Karpathenraum wirkende Bewegungsimpulse, die durch Plattenkollisionen ausgelöst wurden.

Das führte zur teilweisen Ausquetschung des aufgerichteten Schichtverbandes und auch zum Austrieb der in den noch wenig verfestigten Sedimenten enthaltenen Wässer. Diese sammelten sich zum Teil zwischen den einzelnen Gesteinskörnern (Porenwässer) und zum Teil in Kluft- und Störungszonen. Entweichende Wässer, sogenannte „Fluide“, wurden in kanalartigen Bereichen, die gut für Wasser wegsam waren, zur Erdoberfläche ausgetrieben. Das geschah auch im Bereich der Teufelsmauer, in der im Endstadium dieses Wasseraustriebes sowohl die Porenräume der Sandsteine, die steil nach Nordosten einfallen, als auch deren Klüfte in einer Zone von etwa 10 Meter Breite vollständig mit Quarz zementiert sind. Durch die nachträgliche Abtragung der umgebenden weicheren Gesteine blieb dieser gegen Verwitterung resistente schmale Härtlingszug stehen. Spuren der Aufrichtung entlang der Nordrandstörung des Harzes und auch die durch die Verquarzung verhärtete Zone enden abrupt nördlich der Teufelsmauer.
In nur 400 Meter Entfernung liegt bei Warnstedt eine Sandgrube, in der die gleichen Schichten wie die der Teufelsmauer als lockerer Sand für Bauzwecke abgebaut werden. Die Schichten fallen hier bereits mit 5-10° nach Südwesten ein, also auf den Harz zu.

(Hans Joachim Franzke)

Internet: *http://home.tu-clausthal.de/~gpij/Goethe/Teufelsmauer_neu.html*
Literatur: Patzelt, Gerald (2003): *Nördliches Harzvorland (Subherzyn), östlicher Teil. – Sammlung geologischer Führer, 96: 182 S.; Berlin (Borntraeger).*

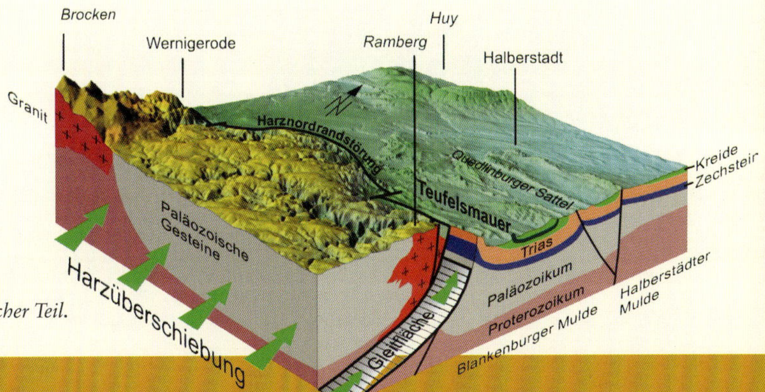

Abbildung oben:
Blockbild des Harzes, der sich auf sein Vorland aufgeschoben und die jüngeren Schichten am Harzrand hochgebogen hat (Zeichnung: H.-J. Franzke, Clausthal, Design I. Rappsilber, Halle/Saale)

Abbildungen rechts:

Das Bodetal im Winter. Die Bode hat sich tief in die umgebenden Gesteine eingeschnitten
Die Gewitterklippe erhebt sich als markante Felsformation über dem Bodetal. Sie besteht aus Hornfels und Diabas (Fotos: M. Thomae, Halle)
Grenze zwischen dem Ramberg-Granit (links) und den umgebenden Gesteinen (Foto: H.-J. Franzke)

Abbildung links:
Das Bodetal im Sommer.
Am Horizont als flache Kuppe der Brocken
(Foto: R. Müller, Clausthal)

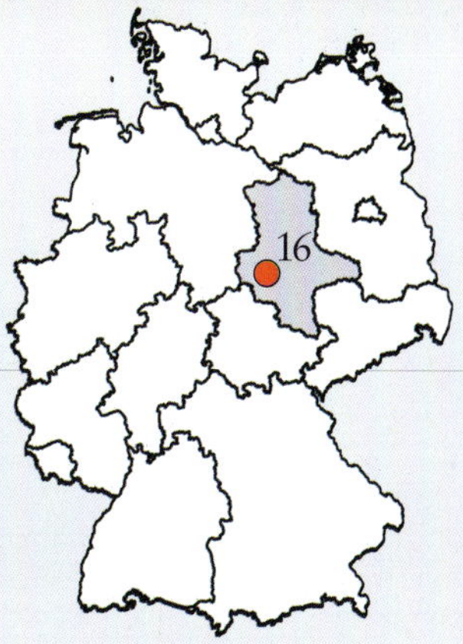

Hexentanzplatz und Rosstrappe

Das Bodetal im Harz

»Alles Menschenwerk, wie alle Vegetation, erscheint klein gegen die ungeheuren Felsmassen und Höhen.« Goethe (1749 - 1832)

Das wildromantische Bodetal zwischen Thale und Treseburg hatte J.W. Goethe vor Augen, als er die Walpurgisnacht in seinem Lebenswerk „Faust" beschrieb. Die schroffen, wild aufragenden Felsformen, zwischen denen sich die Bode windet, ziehen seit langer Zeit die Harzbesucher an. Dem feurigen Magma aus dem Erdinnern und der gewaltigen Kraft des fließenden Wassers verdankt diese Gegend ihren Formenschatz. Es ist das bedeutendste Felsental nördlich der Alpen.

Das schmale klammartige Tal mit steilen Wänden zwischen Hexentanzplatz und Roßtrappe läuft nach Norden im Harzvorland aus. Der Lauf der Bode wird durch eine Vielzahl von Gesteinsblöcken im Flussbett gestört. Auch an den steilen Hängen gibt es zahlreiche Blöcke, die eine Größe von bis zu 3 m erreichen. An Hand der Blockhalden kann das Granitgebiet gut abgegrenzt werden, denn das teilweise gut gerundete helle Gestein ist der Granit des Ramberges. Granite sind auch im Anstehenden leicht an ihrer Klüftung, der so genannten Wollsackverwitterung erkennbar. Ein Spaziergang auf der Roßtrappe oder auf dem Hexentanzplatz zeigt in augenfälliger Weise diese Verwitterungsform. Der Ramberg-Granit ist neben dem Brocken-Granit das zweitgrößte Tiefengesteinsmassiv im Harz. Kieselsäurereiches Magma drang vor etwa 290 Mio. Jahren in die ca. 100 Mio. Jahre älteren Schiefergesteine ein. Am Kontakt des Granits wurden durch die große Hitze von über 500° C die Schiefer in dichte, dunkle Hornfelse umgewandelt. Sie gehören zum inneren Kontakthof eines Grantmassivs. Weiter entfernt blieb die Schieferung weitgehend erhalten, nur einzelne Minerale wurden durch die Hitze verändert. Die Schie-fer haben einen seidigen Glanz, die veränderten Mine-rale zeigen sich als einzelne „Knoten" im Gestein. Deshalb heißen die Gesteine des äußeren Kontakthofes Knotenschiefer.

Sichtbarer Beweis für die Erstarrung des Magmas in der Tiefe ist der Bodekessel. Noch erreicht der Granit eine Höhe von ungefähr 100 m über der Talsohle. Doch talaufwärts verschwindet der Granit schnell unter der Erdoberfläche, und durch Hitze zu Hornfelsen veränderte Schiefer liegen über ihm.

Der Lauf der Bode wird in dem durch die weicheren Schiefer geprägten weiten Tal ruhiger. Im schroffen Granit dagegen windet sich die Bode durch das enge, steile Tal. An den Wänden sind Schürfungen, Auswaschungen und Strudeltöpfe sichtbar. Der mystische Eindruck prägt die Namen, wie z. B. die Teufelsbrücke.

Unterhalb des Kästentals durchschlägt die dunklen Schiefer ein 3 – 8 m breites, senkrecht stehendes helles Gestein. Es ist der Quarzprophyr des Bodegangs, eine mit kieselsäurereichem Magma gefüllte jüngere Gesteinsspalte. Dass die ca. 400 Mio. alten Tonschiefer, in die der Granit eingedrungen ist, marinen Ursprungs sind, ist bei Treseburg zu beobachten. Die grünlichen, dichten Diabase zwische Thale und Treseburg entstammen einem kieselsäurearmen Magma. Sie entstanden durch einen untermeerischen Vulkanismus, wie er heute noch vor Hawaii zu finden ist.

Diese älteren Diabaskörper sind in den Millionen Jahre jüngeren Tonschiefern eingeschlossen. Es handelt sich um große untermeerische Rutschungen. Große Schlammströme glitten von den Meeresschwellen in die Tiefseebecken und nahmen älteres Gesteinsmaterial auf. Einen solchen Schlammstrom gab es vor über 360 Mio. Jahren auch im heutigen Bodetal.

Das Bodetal ist mit dem „Führer durch das Bodetal" (Stadt Thale) zu erkunden. *(M. Thomae)*

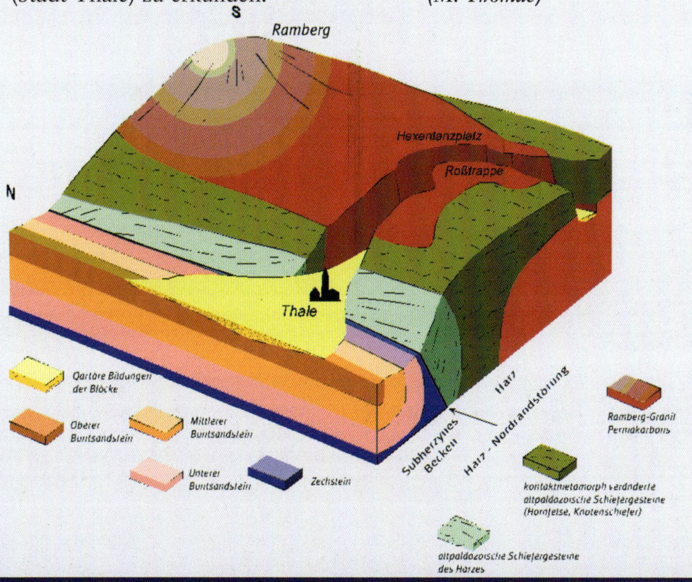

Abbildung oben:
Blockbild des Harzrandes
mit dem eingeschnittenen Bodetal bei Thale
(Zeichnung: U. Herold)

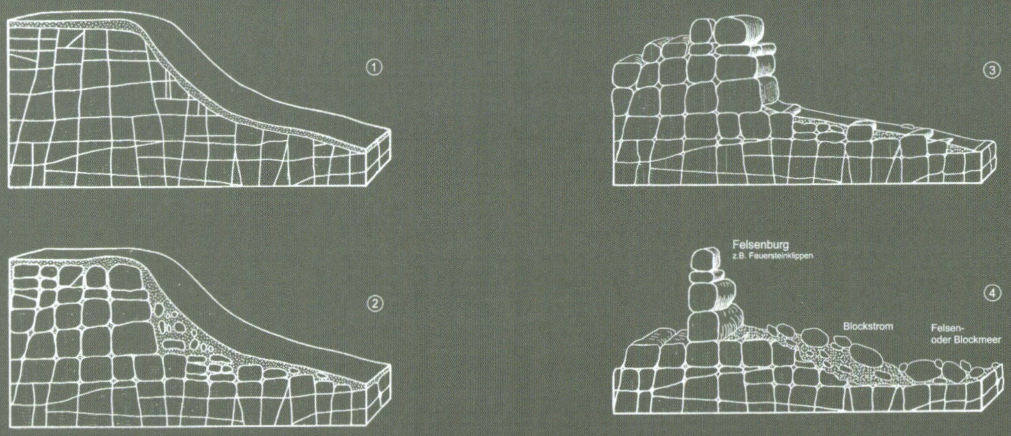

Entstehung der Granitfelsen und Blockmeere durch „Wollsackverwitterung"

① Granit, geklüftet und durch Abtragung freigelegt
② Granitblöcke durch Verwitterung von den Klüften aus kantengerundet
③ Verwitterungsgrus weggespült, „Granitwollsäcke"felsbildend an ursprünglicher Stelle
④ Entstehung von Felsenbergen (Klippen) Blockströmen und Blockmeeren durch Transport und Akkumulationsprozesse am Hang
(verändert nach WAGENBRETH/STEINER 1982)

Abbildung oben:
Die Entstehung von Klippen, Blockströmen und Blockmeeren aus einem geklüfteten Granit durch Verwitterung (Zeichnung: M. Frühauf)

Abbildungen rechts:
Blockhalde aus eckigen Blocken auf dem Achtermann (Foto: Ole Anders)
Die Klippen der Schierker Feuersteine (Foto: M. Frühauf)

Abbildung links:
Blick über die Blockhalden auf dem Achtermann (Foto: Ole Anders)

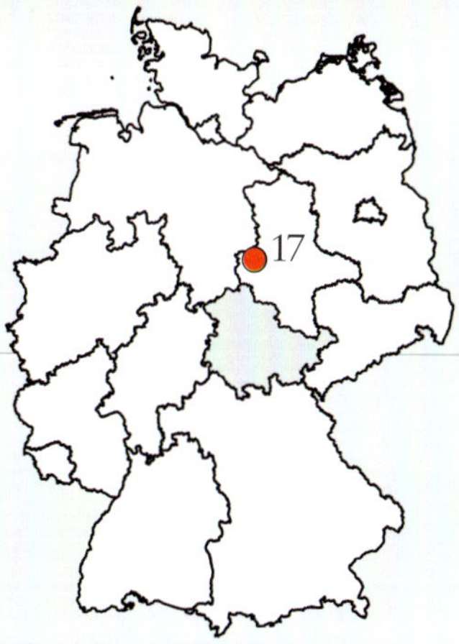

Mit Goethe und Heine um den Brocken

Die Harzer Blockhalden

Durch die Bäume schimmern schon riesige Felsblöcke hindurch. Ein ausgetretener, steiniger Pfad führt das letzte Stück bergauf. Dann führt der Weg aus den Fichten heraus und nach wenigen Metern schweift der Blick weit über den Harz. Doch nicht nur die kahle Kuppe des Brockens oder des Wurmbergs, sondern auch die Achtermannskuppe, deren Aufstieg gerade beschrieben wurde, wird von einem riesigen Felsenmeer bedeckt.

Felsformationen sind typisch für den Harz und es gibt sie in ganz unterschiedlichen Ausprägungen. Schon frühzeitig fanden auch Dichter den Weg hierher, um sich Anregungen für ihr Schaffen zu holen. Neben H. Heine („Harzreise") war es vor allem J. W. v. Goethe. Er „verewigte" diese Region nicht nur in seinem „Faust", sondern beschäftige sich auch wissenschaftlich mit den hier vorkommenden „Felsbildungen", die meistens als Klippen oder Köpfe eine besondere Rolle spielen. Die Schnarcherklippen (671 m ü. NN) bei Schierke, bei denen bei Südostwind ein dem „Schnarchen" ähnliches Geräusch zu hören ist, haben es Goethe dabei in doppelter Hinsicht angetan: Zum einen verarbeitete er auch diesen Ort literarisch in seinem „Faust". Zum anderen fiel ihm auch auf, dass eine Kompassnadel hier eine deutliche Abweichung aufweist. Als Ursachen hierfür wurden Magneteisenstein-Einschlüsse im Granit erkannt.

Neben den Klippen sind es die oben beschriebenen Meere aus Stein, auch Blockhalden genannt, die im Harz weit verbreitet sind.

Die Entstehung der Klippen erfolgte durch Hebung des Harzes bei gleichzeitiger Abtragung vor 100 bis 25 Millionen Jahren in der Kreidezeit und im Tertiär. Unter den damals herrschenden subtropisch warm-feuchten Klimabedingungen wurden die Tiefengesteine an der Oberfläche freigelegt. Dadurch griff die Verwitterung auf den Granit selbst über und löste diesen vielfach in Blöcke bis hin zu Grus auf. In Steinbrüchen können solche teilweise bis 15 m mächtigen Grusdecken beobachtet werden. Vielfach „schwimmen" darin noch große Granitblöcke. Neben diesen kommen aber auch ganze Blockkomplexe vor, die in ihrer Anordnung die ehemalige Klüftung des Granits nachzeichnen. Die Zersetzung geht hier meistens von den Gesteinsfugen aus. Teilweise ragen klippenartig kaum zersetzte feste Gesteinspartien in die mächtigen Grusdecken hinein. Diese Art der Granitauflösung wird als „Wollsackverwitterung" bezeichnet. Die Blockhalden sind schließlich teilweise aus dieser Wollsackverwitterung und den dabei entstandenen Granitblöcken hervorgegangen. Ihre Entstehung erfolgte überwiegend unter eiszeitlichen Bedingungen. Die heutigen Blockhalden sind daher mindestens 10.000 Jahre alt. Der Boden war tiefgründig das ganze Jahr über gefroren und taute nur in den Sommermonaten oberflächlich auf. Die Auftauschicht rutschte langsam bergab und nahm dabei auch die großen Blöcke mit, die Größen von wenigen Dezimetern bis zum Format eines Kleinwagens aufweisen. Sie blieben schließlich in einer chaotischen Lagerung liegen. Das Feinmaterial zwischen den Blöcken, der Grus, wurde durch fließendes Wasser abgetragen. Viele Blockhalden wie zum Beispiel auf der Achtermann-Kuppe oder am Fuß der Hahnenkleeklippen im Odertal haben hingegen eine andere Entstehung: Sie sind ebenfalls im Eiszeitalter entstanden, aber durch Frostsprengung: Wenn Wasser gefriert, dehnt sich sein Volumen um 9% aus. Wasser, das sich in feinen Gesteinsrissen befindet, kann dabei den Felsen auseinander sprengen. Blockhalden, die auf diese Weise entstanden sind, weisen im Gegensatz zu den Wollsäcken eckige Felsbrocken auf.

Blockhalden verfügen über ein eigenes Mikroklima. An der Haldenoberfläche herrscht ein trocken-warmes Klima mit starken Schwankungen vor, im Innern der Halde ist es kühler und ausgeglichener. In den Hohlräumen der Blockhalde herrschen Bedingungen wie in Höhlen. Das ganze Jahr über ist es kühl und feucht und natürlich dunkel. Durch die extremen Lebensbedingungen in und auf der Blockhalde kommen nur gut angepasste Tier- und Pflanzenarten hier vor.

Blockhalden sind ein hochgradig schützenswerter Lebensraum! Die Steinfelder sollten, wenn nicht für Besucher extra zugänglich gemacht, nicht betreten werden. *(Manfred Frühauf, Katja Hagen)*

Internet: : *www.nationalpark-harz.de*
Literatur: Hanle, A. (1992) (Hrsg.): *Meyers Naturführer Harz. – Mannheim (Meyers Lexikonverlag).*
Knolle, F. & Hagen, K. (2004): *KartoGuide der Harz mit Kyffhäuser. – Wernigerode (Schmidt-Buch-Verlag).*

Abbildung links:
Blick vom Südwesten auf die Externsteine – fast senkrecht stehende ehemalige Strandsande (Foto: Geologischer Dienst Nordrhein-Westfalen)

Ein senkrecht stehender fossiler Strand

Die Externsteine im Teutoburger Wald

Die Externsteine sind sicherlich eines der spektakulärsten erdgeschichtlichen Denkmäler des Teutoburger Waldes. Von Holzhausen über den Kamm des Bärensteins kommend taucht plötzlich am Ende des Bergrückens ein bis zu 38 m steil aufragender Felskomplex auf. Er besteht aus einem Sandstein, der vor über 100 Millionen Jahren in der Zeit der so genannten Unterkreide entstanden ist. Da der Sandstein einen Teil des Osning aufbaut, wird er von den Geologen als „Osning-Sandstein“ bezeichnet. Der Osning-Sandstein dokumentiert ehemalige Strand-, Watt- und Flachwassergebiete des kreidezeitlichen Meeres. Durch Flüsse herantransportiert, wurde das Verwitterungsmaterial des südwestlich gelegenen Kontinents von Meeresströmungen erfasst und gleichmäßig entlang der Küste verteilt. Diese Küstenlinie lässt sich heute im gesamten Teutoburger Wald und im Eggegebirge verfolgen.

In den folgenden Jahrmillionen wurde der Sand von jüngeren Ablagerungen überdeckt. Durch den Druck der Deckschichten wurde er zu Sandstein verfestigt – horizontal liegende Gesteinsschichten entstanden. Bei genauerer Untersuchung zeigt sich aber heute, dass die Schichten nahezu senkrecht stehen. Der ehemals untere Teil des Sandsteins ist nach Nordosten der Stadt Horn zugekehrt. Von dorther die Felsmauer querend werden die Schichten immer jünger. Die flach liegenden Elemente des Felsens sind somit keine Grenzen zwischen einzelnen Schichten, sondern Trennfugen. Ebenso verhält es sich mit den senkrechten Brüchen, welche die Felsmauer quer zerschneiden und von denen aus sich die Auflösung in einzelne Türme und Pfeiler vollzog.

Ausgelöst durch Erdkrustenbewegungen mit einer südwestlich gerichteten Einengung, wurden die ursprünglich horizontal gelagerten Schichten vor ca. 65 Millionen Jahren aufgefaltet und senkrecht gestellt. Es war die Faltung der Alpen, die sich bis in das Norddeutsche Tiefland auswirkte. An einer großen geologischen Störungszone, dem so genannten Osning-Lineament, wurden die Gesteinsschichten aufgeschoben, steilgestellt und an deckenartigen Überschiebungen zum Teil über 1000 m weit nach Süden transportiert. Hohe Niederschläge und tropische Temperaturen bewirkten in der Folgezeit eine hochgradige Verwitterung und Auswaschung der Gesteine. Auch der Osning-Sandstein ist tiefgründig verwittert. Dennoch ist er erhalten geblieben – er wurde durch die Verwitterungsprozesse sogar noch widerstandsfähiger. Quarz- und eisenhaltige Sickerwässer hinterließen ihre Fracht in Fugen und Poren des Sandsteins, bildeten harte Krusten und versiegelten sie. Ihre endgültige Form erhielten die Externsteine durch die Abtragungsprozesse im Eiszeitalter, als die Felsen von dem sie umgebenden Verwitterungsschutt freigestellt worden sind.

Im ausgehenden Eiszeitalter wurde auch der Mensch auf die Felsen aufmerksam. Nachgewiesen ist, dass bereits in der späten Altsteinzeit (um 10.000 v. Chr.) Rentierjäger die Sandsteinfelsen zum Schutz aufgesucht haben, wie es zahlreiche Gerätefunde aus Feuerstein beweisen. Im Naturschutzgebiet Externsteine stehen insgesamt 13 einzelne Felspfeiler, von denen die drei im äußersten Nordwesten gelegenen von menschlicher Hand zu einem einzigartigen Kulturdenkmal ausgestaltet wurden. Einer der Sandsteinfelsen trägt ein in seine Außenwand gehauenes, 3,6 x 5 m großes Relief mit der Kreuzabnahme Christi, entstanden um das Jahr 1145. Im Inneren befindet sich ein System von drei miteinander verbundenen Grotten. Vor dem Felsen wurde in anstehendes Gestein ein Trogbogengrab hineingearbeitet.

Die Externsteine sind heute Teil des Naturparks Eggegebirge und südlicher Teutoburger Wald. Sie sind durch Verkehrs- und Wanderwege, wie zum Beispiel den Hermannsweg oder den Eggeweg, gut erschlossen und können zum Teil auch bestiegen werden. Einige Felsen sind hierzu mit Treppenaufgängen versehen, die man in das Gestein hineingeschlagen hat. Freies Klettern ist hingegen verboten. Ein Teil der Felsen ist dem Naturschutz vorbehalten. Bis zu einer Million Menschen besuchen jährlich die Externsteine.

(Jochen Farrenschon, Arnold Gawlik)

Internet: *: www.holzhausen-externsteine.de*

Literatur: Geologischer Dienst Nordrhein-Westfalen [Hrsg.] (2003): *Geologie im Weser- und Osnabrücker Bergland: 219 S., 57 Abb., 18 Tab., 6. Taf.; Krefeld.*

Abbildung rechts:
Die Externsteine: ein aufgerichteter Strand (Foto: Geologischer Dienst Nordrhein-Westfalen)

Abbildungen unten:

1. *Urnetzflügler mit 8 cm langer Flügelspannweite (Homoioptera vorhallensis BRAUCKMANN & KOCH, 1982), nicht verwandt mit den heutigen Netzflüglern. Art lebte nur vom Karbon bis zur Unter-Trias*

2. *Ein anderes Exemplar des Urnetzflüglers*

3. *Älteste bekannte Riesenlibelle mit einer Flügelspannweite von ca. 32 cm (Namurotypus sippeli BRAUCKMANN & ZESSIN, 1989)*

(Alle Fotos: Lutz Koch)

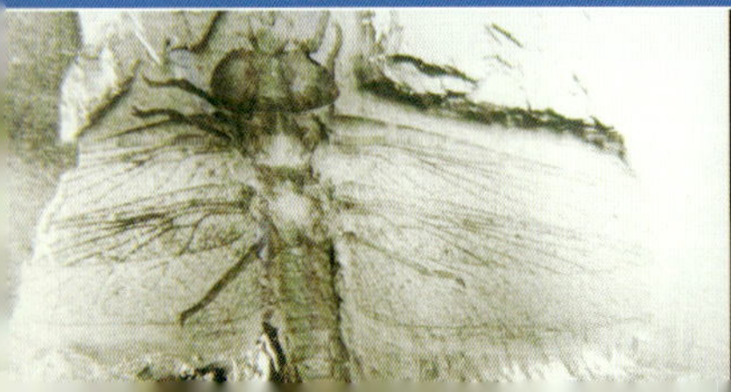

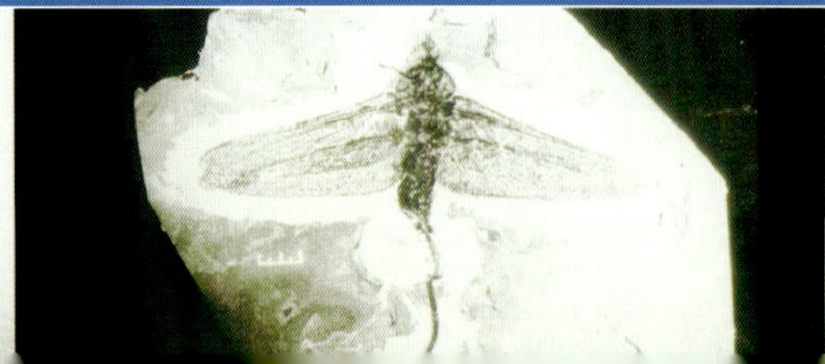

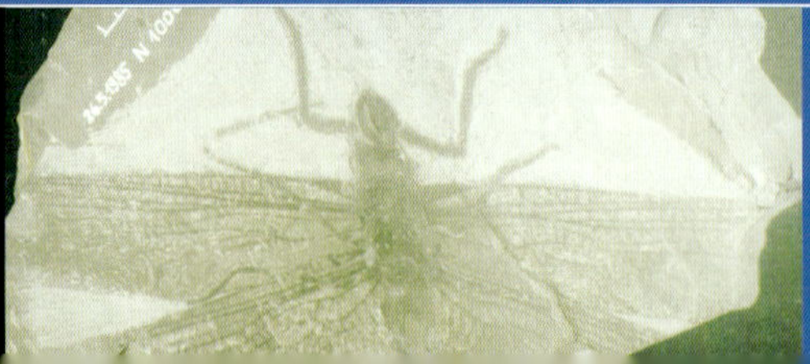

Abbildung links:
Intensiv gefaltete Gesteine im Steinbruch Hagen-Vorhalle (Foto: V. Wrede)

Gesteinsfalten und Insekten von Weltruf

Der Ziegeleisteinbruch Hagen-Vorhalle im Sauerland

Der ehemalige Ziegeleisteinbruch von Hagen-Vorhalle schließt eine Gesteinsfolge aus Ton- und Siltsteinen mit eingeschalteten Sandsteinbänken auf. Sie gehört zum „flözleeren" Oberkarbon, das der Steinkohlenformation angehört, aber keine Kohleflöze enthält. Die Schichten sind ca. 319 Millionen Jahre alt. Die Tonsteine wurden bis 1989 abgebaut und zu keramischen Erzeugnissen verarbeitet. Die Gesteinsabfolge trägt den geologischen Namen „Ziegelschiefer-Formation".

Die Schichten im Steinbruch sind in spektakulärer Weise zu mehreren Sätteln und Mulden aufgefaltet, die zusätzlich zerbrochen und von Störungen durchsetzt sind.

Besonders gut lässt sich erkennen, wie die Ton- und Sandsteine auf den Faltungsdruck reagiert haben und je nach Härte eher spröde oder plastisch verformt wurden. Hinweise, die sich aus den Sedimentstrukturen ergeben, vor allem aber der Fossilinhalt der Schichten zeigt, dass die Gesteine im Meer, sehr wahrscheinlich in einer Bucht zwischen den Verteilerarmen eines Flussdeltas abgelagert wurden. So treten hier auf den selben Schichtflächen nebeneinander eindeutig marine Lebewesen auf wie z.B. Goniatiten (tintenfischartige Tiere mit spiralig geformten Gehäusen) und Fossilien von Landlebewesen, vor allem Pflanzenreste, die offenbar in die Bucht eingeschwemmt wurden. Neben den Goniatiten fanden sich als ehemalige Meeresbewohner auch Muscheln und Brachiopoden sowie Seelilien, Krebsrelikte und andere Tierreste.

Die Pflanzenreste umfassen eine Vielzahl von Formen und reichen beispielsweise von metergroßen Stammresten von Schuppenbäumen und Siegelbäumen über Blätter und Wedelreste von Samenfarnen bis zu unbestimmbarem, fein zerriebenen Pflanzenhäcksel, das manche Schichtflächen bedeckt.

Was den Fundpunkt Hagen-Vorhalle weltweit einzigartig macht, sind die in großer Artenvielfalt (etwa 20 verschiedene Arten) und Individuenzahl (über 300 Einzelexemplare) gefundenen Arthropodenreste, das heißt fossil erhaltene Insekten, Spinnentiere und „Tausendfüßler" („Myriapoden"). Die meisten der Arten gehören zu noch relativ primitiven Formen der Fluginsekten, es kommen aber auch schon Verwandte der heutigen Libellen vor. Viele der Fossilien sind hervorragend erhalten und lassen durch symmetrische Muster teilweise noch die ursprüngliche Flügelzeichnung erkennen. Die große Bedeutung der Vorhaller Funde liegt darin, dass es sich hierbei – von wenigen Ausnahmen abgesehen – weltweit um die ältesten Funde von Fluginsekten handelt, die somit einen einzigartigen Einblick in die frühe Entwicklung dieser heute größten Gruppe des Tierreiches geben. Bemerkenswert ist die Größe, die einige dieser frühen Insektenformen erreichten: So erreichte der „Urnetzflügler" *Homoioptera vorhallensis* eine Körperlänge von gut 10 cm, wozu noch 20 cm lange Schwanzfäden kamen. Die Libelle *Namurotypus sippeli* besaß sogar eine Flügelspannweite von über 30 cm, wie mehrere annähernd vollständig erhaltene Funde zeigen.

Durch systematische Grabungen insbesondere des Westfälischen Museums für Naturkunde in Münster konnte in den achtziger und neunziger Jahren ein umfangreiches Fundmaterial geborgen werden, das bis heute noch nicht vollständig ausgewertet ist und immer wieder überraschende Entdeckungen bereithält. Nicht eindeutig geklärt ist die Frage, wie es zur Ansammlung der doch recht großen Zahl von Insekten in den marinen Ablagerungen der Ziegelschiefer-Formation kam. Am wahrscheinlichsten ist, dass die Tiere bei Sturm vom Land her über das Wasser geweht wurden und dort zu Grunde gingen. Spinnen und ähnliche Tiere dagegen dürften mit Treibholz in die „Vorhaller Lagune" geraten sein.

Mehrere Museen besitzen Funde der fossilen Insektenfauna von Hagen-Vorhalle. Dem Fundort am nächsten liegt das Museum für Ur- und Frühgeschichte „Schloss Werdringen" in Hagen-Vorhalle, das einige schöne Beispiele präsentiert. Die Fundstelle steht unter Natur- und Denkmalschutz, so dass ihr nicht mehr das Schicksal der Verfüllung durch eine Deponie droht.

(Volker Wrede)

Internet: : *www.schloss-werdringen.de*
Literatur: Hendricks, A. (Hsg.) (2005): *Als Hagen am Äquator lag. Die Fossilien der Ziegeleigrube Hagen-Vorhalle. 222 S.; Münster (Mus. f. Naturkunde).*

Abbildung rechts:
Falten im Steinbruch Hagen-Vorhalle (Foto: V. Wrede)

Abbildung links:
Blick vom Rodderberg auf das Siebengebirge mit dem Drachenfels im Zentrum (Foto: Geologischer Dienst Nordrhein-Westfalen)

Ältestes Naturschutzgebiet in Mitteleuropa

Das Siebengebirge bei Bonn

Die Erdgeschichte des größten Vulkangebiets auf nordrhein-westfälischem Boden begann in der Tertiär-Zeit vor 25 Millionen Jahren. Damals drangen basaltische Gesteinsschmelzen aus dem Erdmantel in die höheren Teile der Erdkruste ein. Sie benutzten dabei tief reichende Spaltensysteme, die das Rheinische Schiefergebirge in bestimmten Richtungen durchziehen und die auch an der Bildung der Niederrheinischen Bucht beteiligt gewesen sind. Beim Magmenaufstieg kam es zu einer Entmischung: Quarzreichere Schmelzen entstanden, aus denen sich später das Gestein Trachyt bildete. In einer ersten vulkanischen Phase waren die Magmen gasreich und explosiv. Große Mengen Aschen und Schlacken wurden ausgeworfen. Sie bildeten den im heutigen Siebengebirge und darüber hinaus verbreiteten Trachyttuff. In die mächtigen Tuffmassen drängte sich in einer zweiten Phase das trachytische Magma selbst hinein und erkaltete in Form von rundlichen Quellkuppen oder auch von Gesteinsgängen, die knapp unter der damaligen Erdoberfläche stecken blieben.

Der Drachenfels ist einer der „Trachyt-Vulkane", welche die markante Bergkette von Drachenfels – Schallenberg – Geisberg – Jungfernhardt – Lohrberg – Perlenhardt bilden. Die heutige Gestalt des Drachenfelses ist aber erst viel später (vor rund 2,5 Mio. Jahren) entstanden, als das Rheinische Schiefergebirge sich zu heben begann. Der Rheinstrom schnitt sich infolgedessen in den Untergrund ein und präparierte dabei die Kuppe aus ihrem Tuffmantel heraus. Auch die anderen vulkanischen Kuppen des Siebengebirges, deren Magmen in einer dritten Eruptionsphase aufstiegen, sind auf diese Weise entstanden. Es sind dies die Wolkenburg und der Stenzelberg, die aus dem quarzärmeren Gestein Latit bestehen, und schließlich der Petersberg, der Nonnenstromberg sowie der Kleine und Große Ölberg, die aus dem quarzärmsten Gestein des Siebengebirges, dem Basalt, aufgebaut sind.

Die tiefen Spaltensysteme haben in geologisch jüngster Zeit auf der gegenüberliegenden Rheinseite die Bildung eines Vulkans begünstigt. Es ist der Rodderberg bei Bonn-Mehlem. Der Rodderberg lässt noch deutlich seine vulkanische Struktur mit einer kraterartigen Vertiefung und einem Wall aus basaltischen Schlacken und Tuffen erkennen. Aus erdgeschichtlicher Sicht ereigneten sich seine Ausbrüche vor nicht allzu langer Zeit. Sie begannen vor rund 500 000 Jahren mit heftigen Explosionen, als die über 1000 °C heiße Gesteinsschmelze mit Grundwasser zusammentraf. Dabei entstand ein kreisrunder Sprengtrichter, ein Maar.
Später ereigneten sich Ascheneruptionen. Entlang einer Spalte stieg schließlich Basaltschmelze auf und blieb im Aschenwall stecken. Zuletzt war der Rodderberg-Vulkan in der vorletzten Eiszeit, vor vielleicht 300 000 Jahren, aktiv.

Alle vulkanischen Festgesteine des Siebengebirges sind seit Jahrhunderten für Bauzwecke genutzt worden. Die Anlage eines germanischen oder keltischen Ringwalls auf dem Petersberg geht auf das erste Jahrhundert vor Christus zurück. Die Römer nutzten den Drachenfels-Trachyt, ebenso die Kölner Dombauhütte. An zahlreichen Kirchen im Köln-Bonner Raum und sogar in Xanten oder Limburg ist das Gestein zu finden.

Durch die Rohstoffgewinnung sind zahlreiche geologische Aufschlüsse entstanden, die tiefe Einblicke in den Untergrund ermöglichen. Die Aufschlusswände am Drachenfels, an der Wolkenburg oder am Großen Weilberg zählen zu den klassischen Stellen geologischer Forschung. Die Wolkenburg ist ein typisches Beispiel für eine „Staukuppe": Die Schmelze staute sich dort lange unter der Geländeoberfläche, um sie schließlich doch aus eigener Kraft zu durchstoßen. Die Aufschlüsse am Weilberg zeigen exemplarisch die Abfolge verschieden alter Vulkanite: In ältere helle Tuffe drang jüngerer dunkler Basalt ein.

Der Rohstoffabbau schlug aber auch Wunden in die Siebengebirgslandschaft. Mitte des 18. Jahrhunderts setzten erste Schutzbestrebungen für das von den Naturgelehrten und Reisenden der damaligen Zeit hoch gelobte Vulkangebiet ein. 1836 konnte der völlige Abbau der Drachenfels-Kuppe gerade noch verhindert werden. Der Drachenfels wurde zum ersten staatlich geschützten Geotop in Mitteleuropa.

(Arnold Gawlik, Karl-Heinz Ribbert)

Internet: : *www.naturpark-siebengebirge.de*

Literatur: Burre, O. (1995), mit Beitr. von Knapp, G. & Vieten, K: *Erläuterungen zu Blatt 5309 Königswinter. – Geol. Kt. Nordrh.-Westf. 1 : 25.000, Erl., 5309, 3. Aufl.: 62 S., 5 Abb., 3 Tab.; Krefeld*

Abbildungen links:
1. *Durch seine Härte widersteht das Lavagestein länger der Abtragung als die umgebenden Sand- und Tonsteine*
2. *Von den Bruchhauser Steinen geht der Blick weit ins Sauerland (Fotos: Geologischer Dienst NRW)*

Abbildung links:
Die Bruchauser Steine
aus hartem Lavagestein
erheben sich wie Wachtürme aus dem Wald
(Foto: Geologischer Dienst NRW)

Versteinerte Glut, erloschenes Feuer

Die „Bruchhauser Steine“ bei Olsberg-Bruchhausen im Sauerland

Südlich von Brilon erhebt sich im Herzen des Sauerlandes bei Olsberg-Bruchhausen der 727 m hohe Istenberg. Auf seinem Nordwesthang überragen markante Felsen die Kronen des Hainbuchenwaldes: die Bruchhauser Steine. Zwischen den vier Hauptfelsen bezeugt die älteste Wallanlage im Sauerland die Anziehungskraft des heutigen Boden- und Naturdenkmals auf die Menschen.

Mit fast 92 m Höhe über Gelände ist der Bornstein der imposanteste Felsen der Bruchhauser Steine. Namengebend ist seine natürliche Wasseransammlung auf dem Gipfelplateau. Auf der Nordseite des 72 m hohen Ravensteins sind verfestigte Aschen und Bomben eines explosiven Vulkanausbruchs erhalten, wie auch an dem kleinen im Wald versteckten Felsen, dem Ziegenstein. Der Goldstein erreicht eine Höhe von 60 m über Gelände. Weiße und goldgelb schimmernde Quarzadern im Gestein gaben dem Felsen den Namen. Die Vorfahren glaubten, dass dort Gold verborgen wäre. Der Feldstein stellt den höchsten Punkt des Istenberg dar, ist aber mit nur 45 m Höhe der niedrigste Felsen. An seinem Fuß liegen viele Gesteinsblöcke so verteilt, als hätten Zyklopenhände mit Bauklötzen gespielt. Der Feldstein ist über gesicherte Felsstufen zu ersteigen. Von dort ergibt sich ein Rundblick über die Sauerländer Berge bis in das Münsterland. Bei guter Fernsicht ist nicht nur der Teutoburger Wald, sondern auch der Langenberg, die höchste Erhebung Nordrhein-Westfalens, zu erkennen.

Die Bruchhauser Steine bestehen aus mehr als 360 Millionen Jahre altem Lavagestein. Die Geowissenschaftler bezeichnen das Gestein als Rhyolit (alter Begriff: Quarzporphyr). Der Vulkanismus, der auf dem Grund des Devonmeeres über eine längere Zeit periodisch aktiv war, wurde durch tiefreichende Schwächezonen in der Erdkruste begünstigt. Glutflüssiges Magma und vulkanische Förderprodukte drangen über Spalten aus dem Erdinneren empor. Bei Berührung mit dem Meerwasser kam es zu gewaltigen Explosionen. Hierbei wurden Gesteinsfragmente und Aschen auch über die damalige Meeresoberfläche geschleudert. Die kieselsäurereiche Lava drang als zähflüssige Schmelze empor und erstarrte domartig über der Ausbruchsstelle. Eingeregelte Minerale sowie helle und dunkle Gesteinslagen geben heute noch Hinweise auf Fließbewegungen der zähflüssigen Lava.

Danach versank die Vulkanregion im Devonmeer und wurde durch Meeressand und -schlick zugedeckt. Vor etwa 300 Millionen Jahren wurde auch dieser Bereich von einer Gebirgsbildung erfasst. Unter großem Druck wurden die Gesteine zusammengeschoben, verfaltet und zerbrochen. Es entstand das Rheinische Schiefergebirge, dessen Gipfel anfangs weitaus höher emporragten als heute.

Im Laufe der Jahrmillionen verlor das Rheinische Schiefergebirge durch Zusammenspiel von Verwitterung und Abtragung wieder an Höhe bis auf das heutige Niveau. Das harte Gestein der Bruchhauser Steine widerstand stärker der Abtragung, als die weichen Ton- und Sandsteine der Umgebung. So wurden die Bruchhauser Steine nach und nach aus ihrer Umhüllung herausmodelliert.

Die bis heute andauernde Abtragung erreichte Ihren Höhepunkt in den Kaltzeiten des Eiszeitalters. In dieser Zeit mit extremen Frostbedingungen, aber auch mit sommerlichen Auftauphasen, wurden Blöcke von den turmartigen Felsen abgesprengt und bildeten ein ausgeprägtes Felsen-Blockfeld im Hangfußbereich des Istenberg.

Neben der prähistorischen Wallanlage und den geowissenschaftlichen Phänomenen bildet der Istenberg eine landschaftstypische Kleinklimaregion mit botanischen Besonderheiten. Höhere Pflanzen, Moose und Flechten, die als Relikte des Eiszeitalters gelten, haben hier noch ihre Heimat, wie die Alpengänsekresse, das Geldbeutelmoos, das Lebermoos und die Laubflechte. Bemerkenswert ist auch der geschützte Brutplatz von Wanderfalken auf den Bruchhauser Steinen.

Die Bruchhauser Steine sind über Olsberg zu erreichen.

(Klaus Steuerwald)

Internet: *www.stiftung-bruchhauser-steine.de*

Literatur: Steuerwald, K. (1996): *Die Bruchhauser Steine - ein Denkmal mit Vergangenheit. - Geol. Jb., A144: 43-53; Hannover.*

Abbildungen links:
1. *Fast senkrecht stehende Rinnen werden durch fließendes Wasser erzeugt;* **2.** *Im Felsenmeer gibt es manche unwegsame Stelle, in der auch Hohlräume vorkommen;* **3.** *Seit dem Ende des Bergbaus hat sich ein Buchenwald entwickelt, der die Klippen zunehmend überwächst. (Fotos: V. Wrede)*

Abbildung links:
Wie kleine Zuckerhüte ragen die Kalkfelsen in die Höhe. Die Formen sind durch langsame Auflösung des Kalksteins entstanden (Foto: V. Wrede)

Bizarre Landschaft voller Rätsel

Das Felsenmeer bei Hemer im Sauerland

Im nördlichen Sauerland öffnet sich mitten in der Deilinghofener Hochfläche bei Hemer unvermittelt eine tiefe Schlucht voll bizarrer Felsen, das „Felsenmeer“. Die Entstehung dieser geologischen Landschaft steckt bis heute voller Rätsel. Das Felsenmeer ist Teil eines Zuges aus 400 Millionen Jahre altem Riffkalkstein, der sich am Südrand des Ruhrgebietes von Wuppertal über Hagen bis östlich Iserlohn erstreckt. Im Bereich von Hemer wurde der Kalk bereichsweise intensiv mit Roteisenstein ver-erzt, wahrscheinlich ausgehend von Störungszonen, durch die mineralhaltige Wässer in das Gestein eindrangen. Vor 30 bis 20 Millionen Jahren, im Tertiär, entstand unter warm-feuchten Klimabedingungen durch Auflösung des Kalksteins an der Erdoberfläche eine bizarre Kegelkarstlandschaft mit schroffen Felsen, die durch tiefe „Löcher“, sogenannte „Schlotten“ voneinander getrennt wurden. Dadurch, dass sich bei der damaligen Heraushebung des Sauerlandes die Täler allmählich eintieften, sank der Grundwasserspiegel ab und im Untergrund bildeten sich ausgedehnte Höhlensysteme. Die unlöslichen Gesteinsbestandteile, darunter auch das Eisenerz, wurden als Lehm in die Höhlen geschwemmt. Während des Eiszeitalters wurde diese Karstlandschaft dann durch die Aufwehung von Löss, der der damaligen Kältesteppe entstammte, vollständig verschüttet. Dieser Löss bildet heute den Untergrund der relativ flachen Hochfläche, in der das Felsenmeer liegt.

Die Eisenerze wurden bis zum Jahre 1871 abgebaut, wobei die Bergleute oftmals natürliche Höhlen ausräumten, erweiterten oder als Transportwege benutzten. Archäologische Funde bezeugen einen Beginn des Bergbaus schon im frühen Mittelalter. Oberirdisch hinterließ der Bergbau Schachtöffnungen, Stollenmundlöcher und Halden, unterirdisch sind bis heute zahlreiche Naturhöhlen und Bergbauhohlräume zugänglich. Unmittelbar nordwestlich des Felsenmeers liegt die öffentlich zugängliche „Heinrichshöhle“. Die rund 310 m langen Gänge der Besucherhöhle sind nur ein Teilbereich des rund 3,1 km langen Perick-Höhlensystems, das sich unter der Nordflanke des von Deilinghofen nach Hemer ziehenden Sundwiger Tals erstreckt. Im Höhlensediment fanden sich zahllose Knochen eiszeitlicher Wirbeltiere.

Ungeklärt ist die Entstehung des ca. 3 km^2 großen, talartigen Einschnitts, in dem heute das alte Relief der tertiärzeitlichen Kegelkarstlandschaft wieder freigelegt wurde und der die bizarre Felslandschaft des eigentlichen „Felsenmeers“ bildet. Gegen eine Ausräumung durch fließendes Wasser spricht die völlig unregelmäßige Talform, die keinen gerichteten Wasserablauf erkennen lässt. Einer Deutung als riesiger Bergbaupinge steht die Frage nach dem Verbleib des Materials entgegen, das Haldenschüttungen beträchtlichen Ausmaßes erwarten ließe. Das Felsenmeer kann aber auch nicht durch den Einsturz einer riesigen Höhle entstanden sein, wie es früher angenommen wurde, da die meisten der Felsen sich noch in ihrer ursprünglichen Lage befinden und nicht verstürzt sind.

Nach der Einstellung des Bergbaues entwickelte sich in dem Klippengebiet ein farnreicher Buchenwald mit zahlreichen botanischen Besonderheiten. Das heutige Felsenmeer ist also über Tage wie unter Tage ein kompliziertes Gemisch aus Geotop, Biotop und bergbaugeschichtlichem Bodendenkmal, dessen Entstehung bis heute nicht in allen Einzelheiten geklärt werden konnte. Das Felsenmeer steht seit 1968 unter Naturschutz. Um die Vegetation zu schützen und der beträchtlichen Unfallgefahr durch verborgene Karstspalten und Bergbauschächte vorzubeugen, wurde das Gebiet eingezäunt; es ist über einen Rundweg jedoch gut erschlossen.

Durch ein besonderes Pflegekonzept soll den teilweise gegensätzlichen Ansprüchen von Geotopschutz und Biotopschutz gleichermaßen Rechnung getragen werden. ***(Volker Wrede)***

Internet: *www.hiz-hemer.de*

Literatur: Rosendahl, W. & Wrede, V. (2001): *Karsterscheinungen und Geotopschutz im nördlichen Sauerland. – scriptum, 8: 85 – 98, 12 Abb.; Krefeld.*

Abbildung rechts:
Ein Rundweg erschließt das Felsenmeer und schützt so vor Unfällen in dem unwegsamen Gelände und gleichzeitig die Natur (Foto: V. Wrede)

Abbildung links:
In Ton- und Sandsteinen eingelagertes Kohleflöz im Steinbruch „Am Kleff" in Witten-Heven: Flöz „Mentor" mit überlagerndem Sandstein (Foto: V. Wrede)

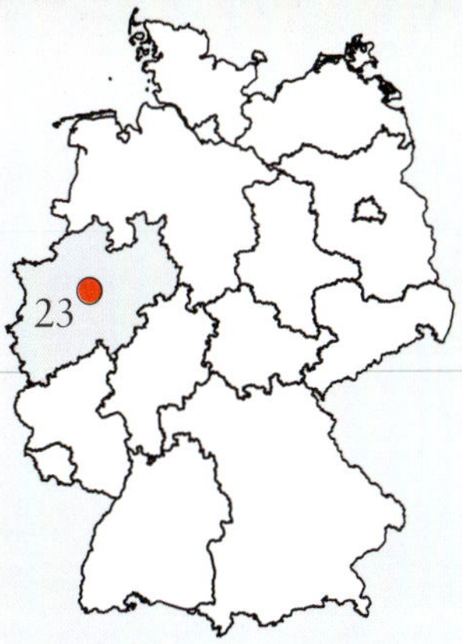

Seit 450 Jahren Steinkohlenbergbau an der Ruhr

Im Muttental bei Witten

Das Muttental liegt in Witten-Bommern südlich der Ruhr. Die geologischen Aufschlüsse sind Teil eines rund 9 km langen Bergbaurundweges mit zahlreichen Objekten der über 450-jährigen Bergbaugeschichte. Diese reichen vom mittelalterlichen, einfachen Kohlengraben der Bauern über den Stollenbau bis hin zum Tiefbau der Zeche Nachtigall, die bis 1892 in Betrieb war und heute das Kernstück des Westfälischen Industriemuseums bildet, und dem Notzeitenbergbau nach dem 2. Weltkrieg. Neben zahlreichen Bergbauzeugen wie Halden, Stollenmundlöchern oder historischen Bergwerksgebäuden sind entlang des gut beschilderten Wanderweges auch Rekonstruktionen ehemaliger Schachtanlagen zu finden. Die ehemalige Muttentalbahn, deren Trasse begangen werden kann, war einer der ältesten Schienenwege Europas.

Die kohleführenden Schichten im Muttental entstanden vor ca. 317 Mio. Jahren und werden als „Untere Witten-Schichten des Oberkarbons" bezeichnet. Sechs Kohleflöze mit insgesamt 5 m Kohle wurden in diesem Abschnitt angetroffen. Die vom Abbau bevorzugten dickeren Kohleflöze Geitling 1, Kreftenscheer und Mausegatt treten hier in einem nur 50 m mächtigen Schichtenabschnitt auf. Dieser Kohlenreichtum bot gute Voraussetzungen für den frühen Steinkohlenbergbau.

Auffälligster Aufschluss im Gebiet ist der ehemalige Ziegeleisteinbruch Dünkelberg. Die etwa 50 m hohe Abbauwand am Ausgang des Muttentals zeigt uns einen typischen Ausschnitt aus der Abfolge des flözführenden Oberkarbons. Hier wurden tonige Gesteine gewonnen und in der Ziegelei Dünkelberg verwertet. Diese lag auf der gegenüberliegenden Seite des Berges auf dem Gelände der ehemaligen Zeche Nachtigall. Die Verbindung zwischen dem Steinbruch und der Ziegelei stellte der 130 m lange Nachtigall-Stollen her, von dem aus auch in kleinerem Maßstab Kohle abgebaut wurde. Er kann vom Westfälisches Industriemuseum her im Rahmen einer Führung besichtigt werden. Dabei lässt sich die im Steinbruch aufgeschlossene Schichtenfolge aus der Nähe studieren, und es werden verschiedene Bergbautechniken präsentiert.

Die Schichtenfolge des Oberkarbons, wie wir sie in der steilen Steinbruchwand sehen, ist von einem stetigen Wechsel zwischen Ton- und Schluffsteinen, Sandsteinen und Kohleflözen bestimmt. Er spiegelt die raschen Veränderungen im damaligen Landschaftsbild wieder, das wir uns als flache, von Flüssen durchströmte Küstenebene eines tropischen Meeres vorstellen müssen. Der Grundwasserspiegel lag dicht unter der Oberfläche, so dass sich ausgedehnte Moorwälder bilden konnten. Da sich der Untergrund allmählich absenkte, sammelte sich viel von dem abgestobenen Pflanzenmaterial an und bildete mächtige Torfschichten, aus denen später die Kohleflöze entstanden. Sank der Untergrund schneller ab, als das Moor wachsen konnte, so ertranken die Pflanzen und wurden von den schlammigen Ablagerungen eines Binnensees oder gar des vordringenden Meeres überflutet. So erkennen wir unten im Steinbruch etwa 10 m mächtige tonige Schichten über Flöz Geitling 1 (das direkt unter der Steinbruchsohle liegt). Es folgt eine dünne, gelb verwitternde Sandsteinlage, die vermutlich in einer Lagune abgelagert wurde. Rasche Wechsel der Schüttungsrichtung lassen auf einen Einfluss von Ebbe und Flut schließen. Diese Sandlage wurde kurzzeitig von Pflanzen besiedelt, wie sich an einem Wurzelhorizont erkennen lässt. Den darüber folgenden Abschnitt bildet eine rund 20 m mächtige tonige Schichtenfolge, die im Grenzbereich von Meer- und Süßwasser entstanden ist, wie die Überreste von Muscheln und Grabgänge von schlickbewohnenden Würmern anzeigen. Das Gewässer verlandete erneut und wurde vom Moorwald überwuchert, wie das rund 0,3 m mächtige Flöz Mentor im oberen Teil der Steinbruchwand anzeigt. Dieses Moor wurde dann durch große Sandmassen verschüttet, die ein bedeutendes Flusssystem herantransportierte. Der dadurch entstandene Finefrau-Sandstein (so genannt nach dem darüber liegenden Kohleflöz) bildet den obersten Abschnitt der Steinbruchwand. Er enthält Gerölle, große Treibhölzer und die typischen Sedimentmerkmale eines Flusssystems. Auf der gegenüberliegenden Bergseite, beim Museum, wurde dieser Sandstein auch als Werkstein abgebaut.

(Günter Drozdzewski, Volker Wrede)

Internet: *:www.zeche-nachtigall.de, www.muttental.de*

Literatur: Koetter, G. (1998): *Bergbauwanderweg Muttental: Ein Wanderführer durch die Anfänge des Steinkohlenbergbaus an der Ruhr. – 83 S., 53 Abb.,1 Kt.; Witten (Förderver. Bergbauhist. Stätten Ruhrrevier e. V.).*

Abbildung rechts:
Im Ziegeleisteinbruch Dünkelberg sind deutlich die untere Wechselfolge von Ton- und Sandsteinen, das schwarze Kohleflöz und der hell verwitternde Sandstein zu erkennen (Foto: Geologischer Dienst NRW)

Abbildungen rechts:

1. *Ausschnitt aus einem fossilen Korallenstock. Deutlich sichtbar sind die "gelochten" Au_enstrukturen und einzelne Trichterkelche der Korallen ;*
2. *Der so genannte Eulenkopf - ein Brachiopode - ist wohl der prominenteste Vertreter der ehemaligen Riffbewohner im Bergischen Land. Brachiopoden gibt es auch heute noch, sie leben aber im Gegensatz zu ihren fossilen Vertretern in tieferen Meeresbereichen ;*
3. *Durch die nachtr_gliche Umwandlung des Kalksteins in Dolomit haben sich die darin enthaltenen Fossilien teilweise aufgel_st, wie hier am Beispiel der Amphipora ramosa aus dem Aufschluss _Am KohlenbuschÅg gut zu erkennen ist . (Alle Fotos: H. Frater)*

Abbildung links:
Im Aufschluss Neue Dombach sind die markanten schräg gestellten Schichten eines ehemaligen Meeresbodens aufgeschlossen, der teilweise deutlich sichtbare Rippelmarken aufweist. (Foto: H. Frater)

Leben in einem Riff vor 380.000.000 Jahren

Das Tal der Schlade im Bergischen Land

Sanft schlägt die Meeresbrandung gegen das Riff. Hier, im flachen Licht durchfluteten Bereich unweit der Küste, umspült das Wasser die über dem Meeresspiegel liegenden Riffbereiche. Unter der Wasseroberfläche präsentiert sich eine schier unendliche Vielfalt an farbenprächtigen Korallen und allerlei anderer Meeresbewohner. Hinter dem Riff, in Richtung des von einer heute längst vergangenen Pflanzenwelt bewachsenen Ufers geht es sehr viel ruhiger zu. Der flache, weitgehend vom offenen Meer abgeschlossene Lagunenbereich mit seinem warmen Wasser bietet ideale Voraussetzungen für einen herrlichen Tag am Meer.

So oder ähnlich mag es vor vielen Millionen Jahren in Bergisch Gladbach vor den Toren Kölns zugegangen sein. Hier, im Tal der Schlade, wurde durch den vor allem im 19. Jahrhundert erfolgten industriellen Abbau von Kalk ein fossiles Korallenriff freigelegt. Heute versetzen die an ausgewählten Stationen leicht verständlichen Hinweistafeln den Besucher in eine Welt vor unserer Zeit.

Doch wie kommen die Korallen bis nach Köln? Vor rund 380 Millionen Jahren zog sich ein breiter, lediglich von einigen Inseln durchsetzter Meeresarm quer durch Deutschland - ein Vorläufer des heutigen Mittelmeeres. Mitteleuropa und damit auch der Kölner Raum lag zu dieser Zeit südlich des Äquators. Das hier vorherrschende subtropische Klima sowie die im Vorfeld des Festlands liegenden sonnendurchfluteten Flachwasserbereiche boten ideale Bedingungen für das Wachstum von Korallen. Eine ganz ähnliche Situation findet man heute im Great Barrier Reef vor der Ostküste Australiens. Die Kalksteinvorkommen im Gebiet um Bergisch Gladbach bestehen aus den kalkhaltigen Resten abgestorbener Meeresbewohner. So finden sich neben zahlreichen Korallenarten auch Muschen, Brachiopoden und Stromatoporen – eine Art fossiler Schwämme – die in einer Ausstellung im Bürgerhaus von Bergisch-Gladbach besichtigt werden können. So wie viele der heutigen Riffe war auch das Riff von Bergisch Gladbach in unterschiedliche Zonen gegliedert: der Brandungszone, dem zentralen Riffkomplex und dem zwischen dem Riff und dem Festland gelegenen flachen Lagunenbereich. Diese Zonen lassen sich heute entlang der verschiedenen Stationen des Lehrpfads durchwandern.

Im Steinbruch Grubenfeld liegt der ehemalige Brandungsbereich im Vorfeld des Riffs. Hier, wo die rauschenden Wellen des urzeitlichen Meeres unablässig gegen den Riffkomplex prallten, bildete sich aus den abgebrochenen und zerriebenen Resten der Riffbewohner ein mächtiger Schuttkegel. In Millionen von Jahren verfestigte sich der Schutt zu einem massigen, grauen Kalkstein – dem Massenkalk. Im weiteren Verlauf des Steinbruchs sind an den Wänden versteinerte Korallen, Muscheln und Stromatoporen zu erkennen. Diese finden sich auch in den zahlreichen Bruchstücken auf dem Boden wieder. Hier, im ehemaligen Zentrum des Riffs, war die Zone des höchsten Korallenwachstums.
Der Übergang vom Riffkomplex zum flachen Lagunenbereich, der sich bis zur Küste des ehemaligen Kontinents erstreckte, findet sich an der Station Am Kohlenbusch. An der ehemaligen Abbauwand des Steinbruchs sind die zur Lagune hin gerichteten, so genannten Riffrasenbereiche zu erkennen. Diese sind gekennzeichnet unter anderem durch das flächenhafte Vorkommen von Stromatoporen, die hier an den Wänden ein in sich verwobenes Muster aus dünnen, nur wenige Zentimeter langen Formen bilden, im Volksmund schlicht Nudelsalat genannt.

Weiter im Tal der Schlade, in südwestlicher Richtung, nimmt die Mächtigkeit der Schichten immer weiter ab. Die jetzt teilweise sehr dünnen Platten bildeten sich im ehemaligen zentralen Lagunenbereich, dort wo das nur wenig bewegte Wasser eine ungestörte Ablagerung auch feinster Teilchen zuließ. Der ehemalige, teilweise mit Rippelmarken besetzte Lagunenboden schließt sich an der rückwärtigen Wand des ehemaligen Steinbruchs Neue Dombach an.
Doch die Schlade hat nicht nur für Meeresliebhaber ihren Reiz. Aufgrund der Wasserlöslichkeit des Kalks hat sich in und rund um die Schlade ein interessanter Formenchatz aus Trockentälern, Einbruchstrichtern und Hohlformen gebildet, der allgemein als Karst bezeichnet wird.

(Harald Frater)

Literatur: Frater, H. (2004): *Geologische Streifzüge Köln, Bergisch Gladbach und Umgebung – Reihe Geoguide Rheinland. J.P. Bachem Verlag, Köln*

Abbildung links:
Stufenweise graben sich die Bagger in die Tiefe, der Kohle entgegen (Foto: RWE Power AG)

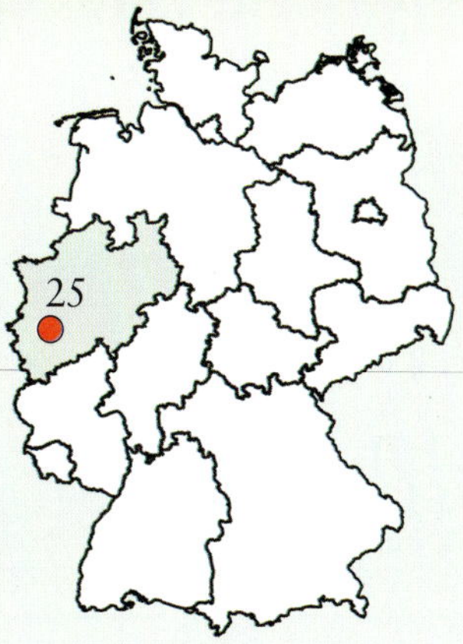

Europas größtes Loch

Der Braunkohlentagebau Hambach westlich von Köln

Im Städtedreieck Köln – Aachen – Mönchengladbach künden die Dampffahnen etlicher Kraftwerke davon, dass hier im größten Maßstab elektrische Energie gewonnen wird. Grundlage dafür sind die Braunkohlevorkommen der Niederrheinischen Bucht. Auf der Suche nach diesem Rohstoff gestaltet der Mensch die Landschaft völlig um: In der Ebene der Niederrheinischen Landschaft klaffen riesige Tagebaue, dazwischen erheben sich, aufgeschüttet aus dem Abraum, bis zu 200 m hohe künstliche Hügel und Berge. Ganze Ortschaften müssen umgesiedelt werden und neue Landschaften mit Ackerbauflächen, Wäldern und Gewässern entstehen. Es ist unausweichlich, dass mit diesen massiven Eingriffen in die Natur viele Probleme verbunden sind, deren möglichst sozial- und umweltverträgliche Lösung eine große Herausforderung für alle Betroffenen darstellt. Gleichzeitig ist die Herstellung von mehreren Hundert Metern tiefen Tagebauen auch eine schwierige bergbautechnische Aufgabe.

Der Tagebau Hambach erschließt ein zusammenhängendes Profil von ca. 5 km Länge und bis zu annähernd 400 m Tiefe, das lückenlos die gesamte Schichtenfolge präsentiert, die während der letzten gut 20 Mio. Jahre in der Niederrheinischen Bucht abgelagert wurde. Es umfasst die geologischen Einheiten des Quartärs, des Pliozäns und den größten Teils des Miozäns (Tertiär). In dieser detailliert zu gliedernden Abfolge treten neben der bis zu fast 70 m mächtigen Braunkohle, die in sumpfigen Wäldern entstand, vor allem die Ablagerungen von großen Flüssen auf, die von Süden her in die heutige Niederrheinische Bucht strömten. Von Norden her stieß immer wieder die damalige Nordsee in diesen Raum vor und hinterließ Meeressande. An Hand der teilweise ganz hervorragend erhalten Versteinerungen in den verschiedenartigen Ablagerungen erhalten wir Einblick in die damalige Lebewelt: Die Wälder, aus denen die Braunkohle entstand, ähnelten denen, die heute beispielsweise an der Nordküste des Golfs von Mexico wachsen, und auch das Tierleben im Meer deutet ein wärmeres Klima als heute an.

In den Schichten des Quartärs fehlen marine Ablagerungen. Es finden sich ausschließlich von Flüssen heran transportierter Sand und Kies oder Tone, die in Binnenseen abgelagert wurden. Die Gletscher der Eiszeiten haben diesen Teil der Niederrheinischen Bucht nicht mehr erreicht. Vielmehr häuften die riesigen, verwilderten Flusssysteme von Maas und Rhein große Kiesmassen an. Mächtige Lössaufwehungen zeugen von der damaligen Kältesteppe, aus der starke Winde den feinen Staub herausbliesen und weitflächig umlagerten. Ursache für die Anhäufung der großen Sedimentmengen ist das über lange Zeit anhaltende Einsinken der in einzelne Schollen gegliederten Niederrheinischen Bucht. Die verschiedenen Schollen werden durch große Brüche in der Erdkruste voneinander abgegrenzt, an denen bis heute Bewegungen stattfinden, wie die verhältnismäßig häufigen Erdbeben in diesem Gebiet anzeigen.

Neben dem Einblick, den die Tagebaue in den Untergrund geben, lassen sich hier die vielfältigen geotechnischen Probleme studieren, die mit solchen Objekten verbunden sind: Ein umfangreiches Grundwassermanagement ist nötig, um die Tagebaue trocken zu halten, gleichzeitig aber so wenig wie möglich in den natürlichen Wasserhaushalt einzugreifen. Die Stabilität der hohen Böschungen muss gewährleistet bleiben, die Rekultivierung von Acker- und Waldböden auf den wieder verfüllten Tagebauflächen setzt langjährige bodenkundliche Erfahrungen voraus.

Durch den Bergbau wird die Grube noch Jahrzehnte offen sein. Der Tagebau steht der wissenschaftlichen Forschung offen und ist über frei zugängliche und mit Informationstafeln versehene Aussichtspunkte, ein Besucherzentrum und regelmäßig angebotene Tagebaubefahrungen auch der Öffentlichkeit zugänglich.

(Volker Wrede)

Führungen:
RWE Power
Informationszentrum Schloss Paffendorf
Burggasse
50126 Bergheim / Erft
Tel. 02271-75120043

Internet: *:www.rwe.com >rwe power > infotainment*
Literatur: Geologisches Landesamt Nordrhein-Westfalen (1988): *Geologie am Niederrhein. 142 S., 39 Abb.,4 Tab.; Krefeld.*

Abbildung rechts:
Zwei riesige Bagger an der Sohle des Tagebaus Hambach. Im Hintergrund ein Braunkohleflöz (Foto: RWE Power AG)

Abbildung links:
Besuchergruppe vor Förderanlage im Besucherbergwerk Kleinenbremen (Foto: MKB-Touristik, Minden)

Abbildung links:
Bergmann mit Presslufthammer im Besucherbergwerk Kleinenbremen (Foto: MKB-Touristik, Minden)

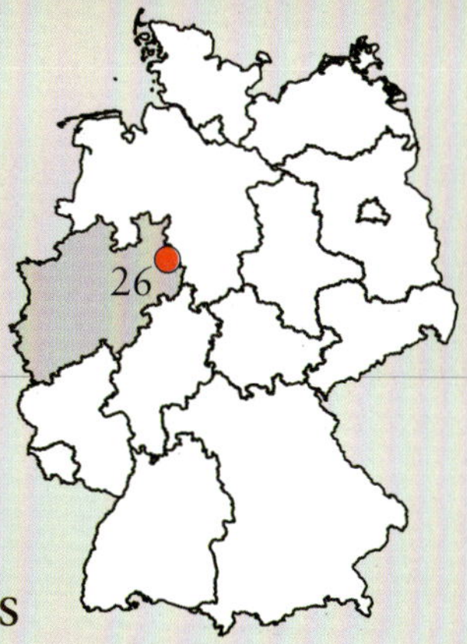

Deutschlands letzte Eisenerzgrube

Im Korallenoolith des Wesergebirges

Im Norden des Landes Nordrhein-Westfalen kommt ein Gestein vor, das so ungewöhnlich ist wie sein Name: der Korallenoolith. Von besonderer Bedeutung sind Eisenerzflöze, die den Korallenoolith begleiten. Das Erz führende Gestein ist bei Kleinenbremen in einem Besucherbergwerk und auch über Tage an Steinbruchwänden zugänglich.

Der Korallenoolith ist das landschaftlich markanteste Schichtglied der jüngeren Jurazeit, des Malms. Mit seinen Klippenzügen bildet er den obersten Steilhang im Wesergebirge. Die fast senkrechten Schichtköpfe treten im Raum Kleinenbremen als Felsbastionen hervor. Die widerstandsfähigen kalkigen Gesteine des Malms erreichen dort eine Gesamtmächtigkeit von bis zu 40 m. Hin und wieder fallen am Gipfelweg ziegelrote Böden auf, die auf das Vorkommen eines Roteisenflözes hinweisen. Maximal sind es sieben Eisenerzflöze, die im Korallenoolith eingelagert sind. Das abbauwürdige Erzvorkommen und die Gesteinszusammensetzung des Korallenooliths sind jedoch auf den Raum östlich der Weser begrenzt. Bereits an der westlich gelegenen Porta ist der Korallenoolith im engeren Sinne nicht mehr vorhanden. Er wird dort durch mehr oder weniger sandige, häufig eisenoolithreiche Kalkmergelsteine vertreten, die durch Ton- und Sandsteinlagen getrennt sind.

Der Name Korallenoolith bezeichnet ein helles Kalkgestein, das aus sogenannten Kalkooiden und stellenweise häufigen Korallen aufgebaut ist. Bei den Ooiden handelt es sich um wenige Millimeter große, Kalk-umkrustete Kügelchen, die sich im Meerwasser ausgeschieden haben. Wesentlich am Aufbau des Korallenooliths beteiligt waren gerade noch mit dem bloßen Auge erkennbare, kugelige bis ellipsoidische "Nadeln" eines bestimmten Kieselschwammes. Die Kalksteine sind in dicke Schichtbänke, manchmal auch in dünnere, plattige Schichtpakete gegliedert. Sowohl die Kalkooide als auch das Auftreten der Korallen deuten auf Ablagerungsbedingungen in einem gut durchlichteten und durchlüfteten Flachmeer mit starker Wellenbewegung hin. Zwischen den Kalksteinen sind dünne Ton- bis Tonmergelsteinlagen sowie auch Sandsteinbänkchen eingelagert. Die Eisenerzflöze sprechen für ein nahes Festland als Lieferant der Eisenlösungen. Der Meeresboden war durch kleine Tröge, die durch Schwellen getrennt waren, gekennzeichnet. Dort wurde das Eisenerz zu lokal begrenzten Linsen zusammengeschwemmt, den „Flözen".

Im Wesergebirge gibt es drei Eisenerzflöze, die seit 1883 auch eine bergmännische Bedeutung haben: Das „Victoriaflöz" und das „Wohlverwahrtflöz" im mittleren Teil des Korallenooliths sowie das „Klippenflöz" im unteren Teil. Die beiden höheren Vorkommen haben einen Eisengehalt von 30 - 40%, werden aber heute aufgrund ihres hohen, für die Verhüttung ungünstigen Quarzgehaltes nicht mehr abgebaut. Das kalkreiche „Klippenflöz" wird dagegen als eisenhaltiger Hüttenzuschlag in der Grube Wohlverwahrt-Nammen noch immer gewonnen. Die harten Nebengesteine des Korallenooliths finden vor allem als Straßenschotter und Straßensplitt Verwendung.

In den schon länger stillgelegten Abbaufeldern I und II waren die Eisenerzlager bis zu 12 m mächtig. Dort wurde 1988 das Besucherbergwerk Kleinenbremen/ Eisenerzgrube Wohlverwahrt eingerichtet. Die unterirdischen Anlagen werden mit einer Grubenbahn befahren. Die Fahrt führt in das Innere des Gebirges zum ehemaligen Abbaufeld I, wo das Eisenerz in den 30er Jahren des vergangenen Jahrhunderts abgebaut wurde. Dort werden verschiedene Abbautechniken gezeigt. Der Blick geht in gespenstischem Licht in riesige Hohlräume. Nur auf den mächtigen Steinsäulen, die die Bergleute stehen ließen, ruht das darüber liegende Gebirge. Mühsal und Gefahren, von denen das Leben der Bergleute bestimmt war, lassen sich gut nachempfinden. In der Grube herrscht eine konstante Temperatur von nur 10° C.
Im ehemaligen Zechengebäude ist die Erdgeschichte der Region sowie die Geschichte des Erzbergbaus im Wesergebirge dokumentiert. *(Jochen Farrenschon)*

Internet: *:www.bergwerk-kleinenbremen.de*

Literatur: Hofmeister, E. & Simon, P. (1970): *Eisenerzlagerstätten und Bergbau im Wesergebirge und Gifhorner Trog. – Z. Bergbau, 21: 134-144, 5 Abb., 1 Tab.; Herne.*

Abbildung links unten:
Alter Bagger im Besucherbergwerk Kleinenbremen (Foto: MKB-

Abbildung links:
Der Durchbruch der Weser durch das Wiehen-Wesergebirge bei Porta Westfalica (Foto: Stuttgarter Luftbild Elsässer)

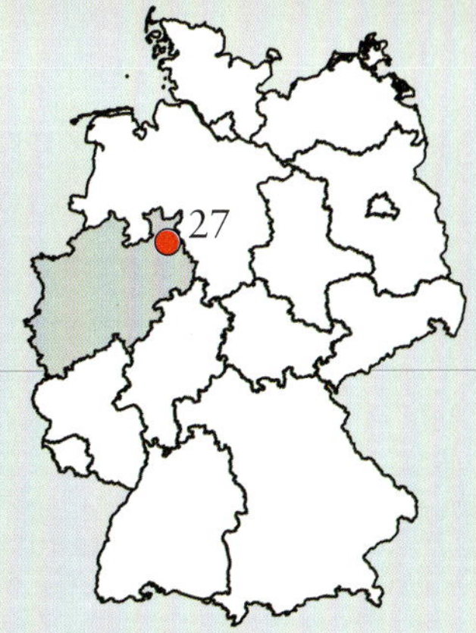

Die Weser durchbricht ein Gebirge

Die Porta Westfalica bei Minden

Der Blick vom Kaiser-Wilhelm-Denkmal am östlichsten Punkt des Wiehengebirges über die Westfälische Pforte richtet sich auf das Tal der Weser und das gegenüberliegende Wesergebirge. Er lässt erkennen, wie der Fluss mit einer tiefen Kerbe den Gebirgszug durchbrochen hat, um anschließend ungehindert über die Norddeutsche Tiefebene dem Meer zuzufließen. Es stellt sich die Frage, wieso gerade an dieser Stelle und zu welcher Zeit die Weser den Durchbruch durch diesen Gebirgsriegel geschaffen hat.

Während des Eiszeitalters, in der frühen Elsterzeit vor rund 500 000 Jahren, nahm der Fluss einen ganz anderen Verlauf. Damals floss die Weser bei Hameln nicht wie heute nach Nordwesten, sondern bog von dort aus in nordöstliche Richtung ab, um zwischen Deister und Hildesheimer Wald einen Hindernis freien Weg nach Norden zu finden. Davon zeugen die Vorkommen von Sanden und Kiesen, die dort von der Weser abgelagert worden sind.

Nach dem Vordringen des Elster-Eises bis nach Hameln wurde der Abfluss der Weser nach Nordosten jedoch versperrt. Infolge der vorhandenen hohen Erosionskraft des Flusses wurde er nach Nordwesten in das Längstal zwischen Rinteln, Veltheim, Möllbergen und Holzhausen in Richtung Porta Westfalica abgelenkt. Die Weser war zu jener Zeit ein wilderes, strömungsreicheres Gewässer als heute und schuf ein unterschiedlich breites, kastenförmiges Tal. Flussablagerungen aus dieser Zeit und der folgenden Saale-Kaltzeit, Sande und Kiese des so genannten Mittelterrassenkomplexes, finden sich noch 20 m über dem Niveau der heutigen Talaue der Weser. Gegen Ende der Elsterzeit muss der Durchbruch der Weser durch den Gebirgszug an der Porta schließlich erfolgt sein.

Während der Saale-Kaltzeit war der Weserabfluss durch die Porta-Westfalica jedoch komplett durch die nordischen Gletscher versperrt. Das Wasser wurde im so genannten Rintelner Eisstausee gesammelt, der sich sukzessive aufhöhte und bis in das Werretal zwischen Bad Oeynhausen, Löhne und Herford reichte. Vermutlich floss das Wasser deshalb sowohl nach Süden über das Werra-Fulda-System zur Lahn als auch nach Westen über einzelne Durchlässe des Teutoburger Waldes in das Münsterland ab. Nach dem Abschmelzen des Saale-Eises schuf sich die Weser über das Vlothoer Tal und die Porta wiederum ihren Weg nach Norden.

Einer der Gründe für den Gebirgsdurchbruch an der Porta Westfalica ist vermutlich eine Süd – Nord gerichtete Störungs- und damit Schwächezone, die sich vom Eggegebirge kommend durch das Lipper Bergland bis in den Raum Minden erstreckt. Eine weitere Schwächung des Gebirges bei Minden ist durch die unterirdische Auslaugung an Salzgesteinen beim Kontakt mit Grundwasser bedingt. Die seit der Tertiär-Zeit im tiefen Untergrund entstandenen Hohlräume brachen in der Folgezeit nach. Zuletzt bildeten sich auch an der Geländeoberfläche Einsenkungen, die kontinuierlich durch Lockergesteine aufgefüllt wurden. Mehr als 55 m mächtige Sand- und Kiesvorkommen finden sich im Bereich des Weserdurchbruchs und lassen somit auf die Lösung von Salzen im tieferen Untergrund schließen.

Zurück zum Blick vom Denkmal auf das Wesergebirge. Auffällig ist die Asymmetrie seiner beiden Hänge. Der Nordhang des Gebirgszuges passt sich mit ca. 30° recht gleichmäßig den nach Norden einfallenden jurazeitlichen Schichten an. Der Südhang fällt dagegen viel steiler ab. Unten bewirken härtere Sandsteinschichten eine rasche Versteilung des Hanges. Zwischendurch nimmt die Hangneigung etwas ab. Dort sind weiche Tonsteine des mittleren Jura verbreitet. Beim Übergang in Kalksteine der jüngeren Jurazeit findet schließlich eine Versteilung statt, bis hin zur Klippenbildung (Nammer Klippen). Die Form des Südhangs ist durch steil stehende Trennflächen im Gestein vorgezeichnet, wobei die härteren Gesteine die markanten Stufen bilden. Es ist das typische Bild einer Schichtstufenlandschaft. *(Jochen Farrenschon)*

Internet: *www.portawestfalica.de*

Literatur: Geologischer Dienst Nordrhein-Westfalen [Hrsg.] (2003): *Geologie im Weser- und Osnabrücker Bergland: 219 S., 59 Abb., 18 Tab., 6. Taf.; Krefeld.*

Abbildung rechts:
Skelette der Radiolarien Entactinia vulgaris vulgaris (rechts) und Belowea variabilis (links) (Foto: A. Braun, Bonn)

Abbildung links:
Gefaltete Kieselschiefer
im Steinbruch Beddelhausen
(Foto: Geologischer Dienst NRW)

Fossiler Meeresgrund in Falten

Der Kieselschiefer im Wittgensteiner Land

Am oberen Flusslauf der Eder, nahe der Grenze zu Hessen, liegt die Ortschaft Beddelhausen. Sie gehört zur Stadt Bad Berleburg im Wittgensteiner Land (Nordrhein-Westfalen). Hier befindet sich am südwestlich gelegenen Ederufer der ehemalige Gemeindesteinbruch des Ortes, der sofort durch seinen beeindruckenden Faltenbau auffällt. Die gefalteten Gesteine sind dunkle Kieselschiefer, häufig auch als Lydite oder Radiolarite bezeichnet. Die sehr harten kieseligen Gesteine verdanken ihre Härte einem hohen Anteil an Siliziumdioxid, in anderer Form als Quarz bekannt. Sie sind meist gleichmäßig gebankt, wobei die Stärke der Bänke im Durchschnitt bei 10 cm liegt. Geografisch gehört diese Region zum Rheinischen Schiefergebirge.

Vor etwa 340 Millionen Jahren, während der Unterkarbon-Zeit, begann die Entstehungsgeschichte dieser Gesteine. Damals erstreckte sich dort, wo heute der Ort Beddelhausen liegt, ein ausgedehntes Meer, das weite Teile des heutigen Europa bedeckte. Am Grunde dieses Meeres setzte sich nach und nach feine Tontrübe ab, die vom entfernt gelegenen Festland über Flüsse eingeschwemmt wurde. Im Meer lebten damals vor allem Radiolarien (Strahlentierchen) in sehr großer Zahl. Diese fielen nach ihrem Absterben in den Tonschlamm und wurden dort mit eingebettet. Zeugen vulkanischer Aktivitäten in der weiteren Umgebung sind Vulkanaschen, die weit durch die Luft transportiert und ebenfalls am Meeresboden abgelagert wurden. Diese findet man heute als dünne Aschenlagen (Tuffe) zwischen den Kieselschiefern.

So lagerte sich Schicht auf Schicht am Meeresboden ab, und durch die enorme Auflast der Ablagerungen (Sedimente) wurden die lockeren Tone immer stärker zusammengepresst, verfestigt und schließlich zu Tonstein umgewandelt. Dieser lang andauernde Vorgang wird von den Geowissenschaftlern als Diagenese bezeichnet. Radiolarien sind einzellige Lebewesen mit einem Skelett aus (amorpher) Kieselsäure (Siliziumdioxid), die in den unterschiedlichsten Formen vorkommen. Ihre Größe beträgt im Durchschnitt weniger als 1 mm, so dass sie mit bloßem Auge kaum erkennbar sind. Die Reste solcher Kleinstlebewesen werden deshalb als Mikrofossilien bezeichnet. Die Radiolarien lebten schwebend (als Plankton) im Meer und sanken nach ihrem Absterben auf den Meeresboden. Ihr Kieselskelett blieb dann als Mikrofossil im Gestein erhalten. Sie kommen oft in so großer Zahl in den Gesteinen vor, dass man diese auch als Radiolarite bezeichnet.

Gegen Ende der Karbon-Zeit (etwa 300 Millionen Jahre vor heute) begann die Entstehung des Rheinischen Schiefergebirges. Die ursprünglich waagerecht abgelagerten Schichten wurden – verursacht durch die Kollision zweier Kontinentalplatten – bei hohen Drücken und Temperaturen zusammengepresst, dabei verfaltet und auch herausgehoben. Wenn der Druck zu hoch wurde, rissen auch größere Gesteinspakete ab und wurden übereinander geschoben. Diese Störungen in den Gesteinsschichten werden Verwerfungen genannt. Durch die herausgehobenen Gesteinsschichten entstand ein Gebirge. Dieses Gebirge wurde aber rasch wieder zu einem Rumpfgebirge eingeebnet und blieb seit jener Zeit bis heute Festland. Ab der späten Tertiär-Zeit (ca. 3 Millionen Jahre vor heute) wurde nach einer erneuten Hebung des Gebirges dann das heutige Landschaftsbild geprägt.

Im Steinbruch Beddelhausen wurde der Kieselschiefer früher gebrochen, um damit vor allem die Straßen und Wege der näheren Ortsumgebung zu beschottern. Das widerstandsfähige Kieselgestein war dafür bestens geeignet. In der Region sind viele Steinbrüche zu finden, die speziell zu diesem Zwecke angelegt wurden. So besaß annähernd jeder Ort, je nach Gesteinsvorkommen im Untergrund, seinen eigenen Gemeindesteinbruch.

Somit gibt uns der offengelassene Steinbruch von Beddelhausen heute einen hervorragenden Einblick in den Untergrund und zeigt uns in beeindruckender Weise den Aufbau und die Struktur des Rheinischen Schiefergebirges, eines sehr alten Faltengebirges.

Der Steinbruch ist heute als Naturdenkmal geschützt. *(Matthias Piecha)*

Internet: *www.bad-berleburg.de*

Literatur: Piecha, M. (2004)*: Erläuterungen zur Geologischen Karte von Nordrhein-Westfalen 1:25.000, Bl. 4916 Bad Berleburg.- 71 S., 15 Abb., 3 Tab., 2 Taf.; Krefeld.*

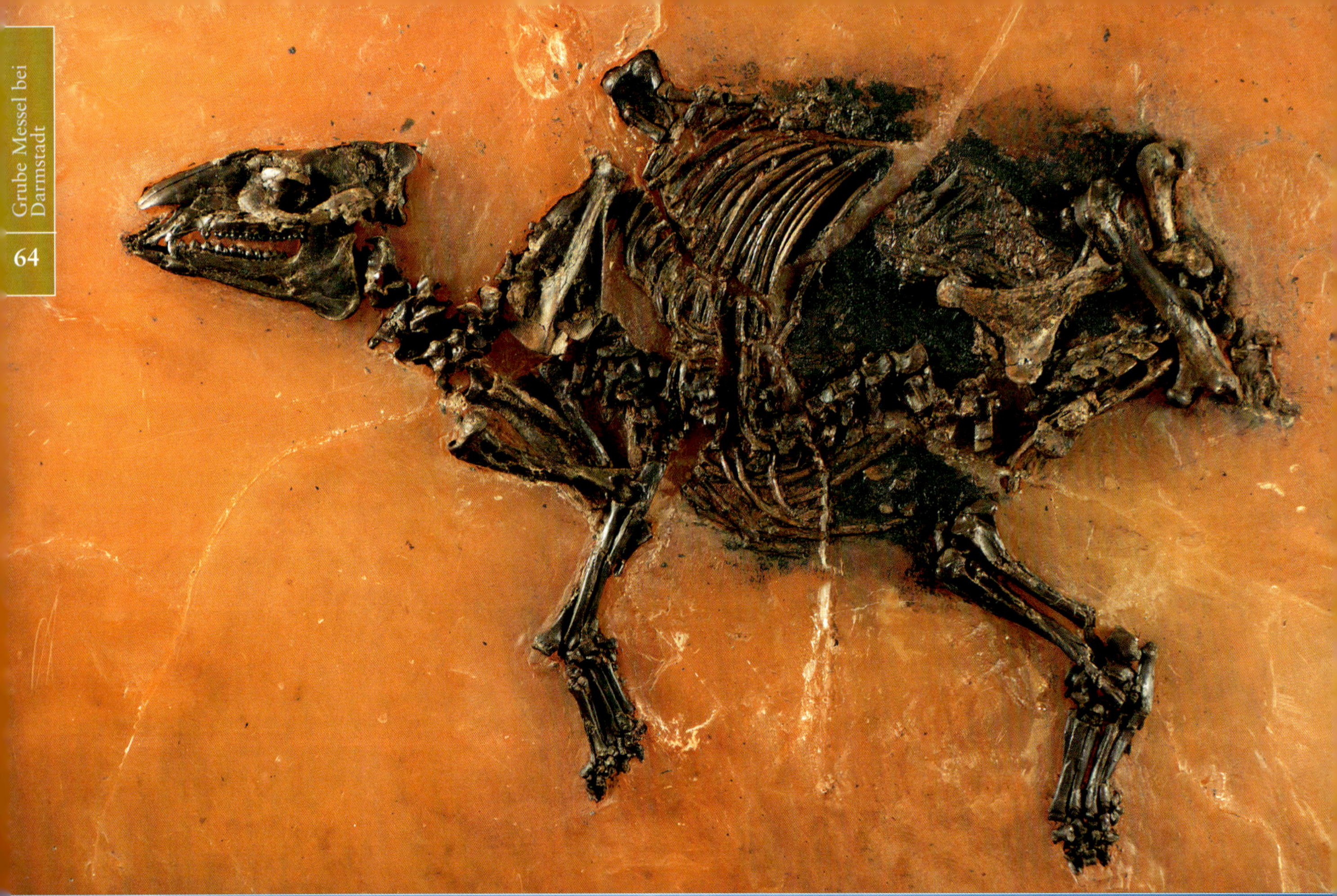

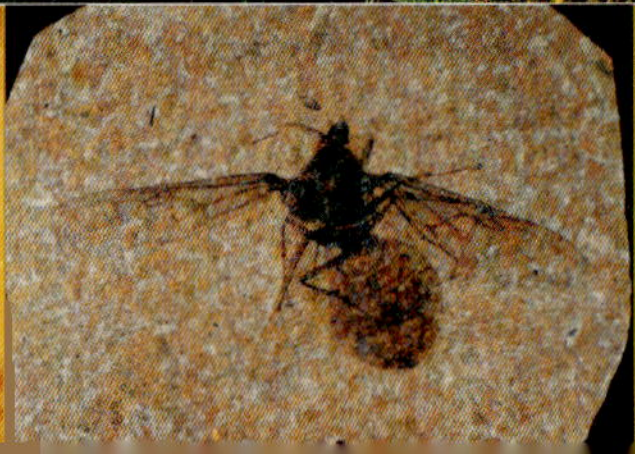

Abbildung links:
Urpferd mit Fötus (Propalaeotherium parvulum)
Abbildung unten:
Grube Messel, eine unscheinbare, verwachsene Tongrube, eine Fossillagerstätte von Weltruhm
(Fotos: Forschungsinstitut Senckenberg)

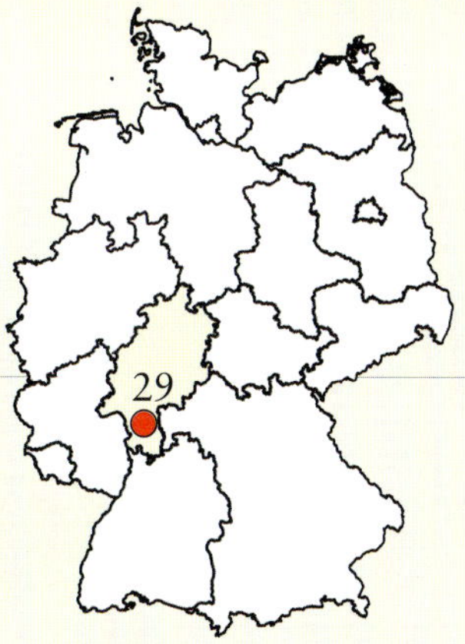

Weltweit einzigartige Ausgrabungsstätte und der Besucher ist dabei

Die Grube Messel bei Darmstadt

Auf den ersten Blick scheint die Grube Messel nicht mehr zu sein als eine grauschwarze umzäunte Senke von rund 60 Meter Tiefe und etwa 800 Meter Durchmesser, in der ein paar Birken, Sumpfgräser und Haselnusssträucher wachsen. Hingen da nicht einige Informationstafeln am Zugangsweg, kaum jemand käme auf die Idee, dass es sich bei dem geschützten Geotop südlich des Industriegebiets von Messel um eine Schatztruhe der Erdgeschichte handelt. Die außergewöhnliche Bedeutung dieses Fleckchens Erde zwischen Frankfurt und Darmstadt erschließt sich daher am besten bei einer fachkundigen Führung.

Dabei entsteht vor dem geistigen Auge die Vorstellung, wie es hier vor zirka 47 Millionen Jahren ausgesehen haben mag: Damals befand sich an dieser Stelle ein See, der sich nach einer Vulkanexplosion in dessen Krater gebildet hatte. Das Gebiet um Messel lag zu dieser Zeit bedingt durch die Drift der Kontinente viel weiter südlich, etwa auf Höhe des heutigen Mittelmeerraumes. Aufgrund der Verschiebung der Kontinentplatten wanderte die Ölschieferlagerstätte Messel im Laufe der Zeit nach Norden, bis zu ihrer heutigen Position. In dem See schwammen Schlammfische, Krokodile, Frösche und Schildkröten. Das Ufer war von einem subtropischen lianenverhangenen Urwald umgeben, in dem Eidechsen, Fledermäuse, Halbaffen, Schlangen, Vögel, Urpferde und unzählige Insekten lebten. Am Boden des Sees setzten sich feinste Partikel und Algen als Faulschlamm ab. Übliche Zersetzungs- und Verwesungsprozesse fanden dort wegen des fehlenden Sauerstoffs nicht statt. So wurden die toten Tiere und Pflanzen in dem weichen Faulschlamm konserviert, aus dem nach der Verlandung des Sees im Laufe der Zeit Ölschiefer wurde. Aus diesem Grund zählen die Überreste der Lebewesen, die in diesem See starben oder von seinen steilen Hängen hineinfielen und ertranken, zu den besterhaltenen der Welt. Viele urzeitliche Tiere sind inklusive Haut und Haaren konserviert. Bei einer Urpferdchenstute ist sogar noch ein Fötus im Leib zu sehen, bei einer Schildkröte die noch nicht abgelegten Eier, bei einer Schlange ihre letzte Malzeit, ein kleines Krokodil. Neben den Skeletten von Säugetieren, insgesamt 45 Arten, gruben die Forscher hier bereits mehr als 100 Pflanzenfamilien, 43 Vogel-, 31 Reptilien-, 8 Fisch- und 5 Amphibienarten aus. Insgesamt mehrere 10.000 Funde, von denen die eindrucksvollsten im Hessischen Landesmuseum in Darmstadt, im Naturmuseum Senkkenberg in Frankfurt am Main und im Fossilien- und Heimatmuseum in Messel besichtigt werden können. Ausgegraben werden diese Funde von Mitarbeitern des Forschungsinstituts Senckenberg und des Hessischen Landesmuseums. Mit großen breiten Messern trennen sie kiloschwere Ölschieferbrocken vorsichtig in millimeterdünne Schichten auf. Fast im Minutentakt tauchen Fossilienreste unter den abgehobenen Platten auf. Unmittelbar nach ihrer Entdeckung werden diese behutsam in einen Wasserbottich gelegt. Ein schmaler Grat zwischen Ewigkeit und Vergänglichkeit: Auch wenn die Fossilien in dem feuchten Ölschiefer viele Jahrmillionen überstanden haben, an der frischen Luft und unter der warmen Sonne würden sie innerhalb weniger Stunden zerfallen.

Dass in der Grube Messel Fossilien ausgegraben werden können, war bis 1990 keine Selbstverständlichkeit: Denn beinahe wäre aus der Grube Messel eine Mülldeponie geworden. Nachdem 1971 der Ölschiefertagebau eingestellt worden war, plante der Zweckverband Abfallverwertung Südhessen, sie mit Abfall aus Frankfurt am Main, Darmstadt und Offenbach wieder aufzufüllen. Annähernd zwei Jahrzehnte kämpften die Gemeinde Messel, eine Bürgerinitiative und Wissenschaftler gegen die geplante Mülldeponie. In dem zähen Rechtsstreit gab die Deponielobby im Jahr 1990 endgültig auf.

So können die Wissenschaftler weiter paläontologische Schätze heben – und es werden mit Sicherheit noch mehr. Denn während der industriellen Nutzung zwischen 1875 und 1971 wurde noch nicht einmal die Hälfte des vorhandenen Ölschiefers abgetragen. Im Jahr 1995 wurde der einzigartige Ölschiefer von Messel als „Messel Pit Fossil Site" auf die World Heritage List der UNESCO gesetzt. ***(Volker Wartmann, Stephan Schaal)***

Internet: *www.senckenberg.de*

Abbildungen links:
1. *Frosch (Eopelobates wagneri);* 2. *Jungtier eines Alligators (Diplocynodon darwini);* 3. *Riesenameise (Formicidae);* 4. *Blatt eines Wallnussgewächses (Juglandaceae)*
(Fotos: Forschungsinstitut Senckenberg)

Abbildungen rechts:
1. *Fledermaus (Hassianycteris messelensis);*
2. *Riesenschlange (Palaeopython fischeri n. sp.)*

Abbildung links:
Mächtige Quarzdiorit-Blöcke in typisch ausgeprägter Wollsackverwitterung laden zu vielfältigen Entdeckungsreisen ein (Foto: Jutta Weber)

Abbildung links:
Das Felsenmeer – ein faszinierendes Fenster in die ehemalige Nahtstelle zweier im Erdaltertum kollidierter Urkontinente (Foto: Jutta Weber)

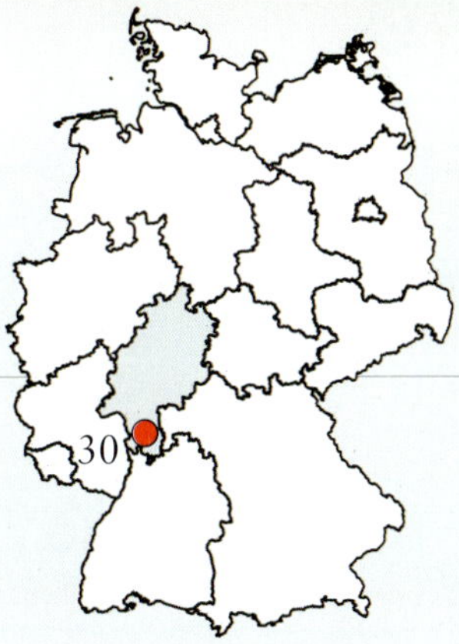

Schon die Römer haben es genutzt

Das Felsenmeer bei Lautertal im Odenwald

Das Felsenmeer im Lautertal, ein gleich in mehrfacher Hinsicht geschichtsträchtiger Ort im Kristallinen Odenwald, fasziniert die Menschen seit Jahrtausenden.

Auf einer Länge von mehr als 2 km und einer Breite von etwa 50 bis 100 m zieht sich die mit wohl gerundeten Felsblöcken angefüllte Rinne an der Ostflanke des Felsberges bis hinab ins Tal.

Um die Entstehungsgeschichte des Felsenmeers ranken sich seit früheren Zeiten Mythen und Sagen, die den Menschen dieses spektakuläre Naturphänomen begreifbar zu machen suchten.

Nicht weniger spannend ist jedoch der erdgeschichtliche Hintergrund, der eine viele Millionen Jahre andauernde, mehrphasige Entwicklungs- und Formungsgeschichte offenbart. So entstand das Gestein des Felsenmeers im Erdaltertum vor etwa 340 Millionen Jahren bei der Kollision zweier Urkontinente, bei der es im Oberen Erdmantel zur Bildung von Gesteinsschmelzen kam. Diese stiegen in die Erdkruste auf und erkalteten langsam. In etwa 12 bis 15 km Tiefe unter dem heutigen Felsberg bildete sich ein mächtiger Gesteinskörper aus Quarzdiorit. Dabei handelt es sich um ein dem Granit ähnliches kristallines Tiefengestein, das im Wesentlichen aus den Mineralen Feldspat, Pyroxen, Hornblende und wenig Quarz besteht. Die vorherrschend dunkelgraue Farbe stammt von dem Eisengehalt der Minerale Pyroxen und Hornblende, während Quarz als hellgraue und Feldspat als weiße Mineralbestandteile hervortreten. Durch Schrumpfung beim Erkalten bildeten sich in dem Gesteinskörper erste Risse und Klüfte. Im Verlauf der Jahrmillionen stieg das Gebirge auf und wurde gleichzeitig an der Erdoberfläche abgetragen, so dass der ehemals in mehreren Kilometern Tiefe befindliche Gesteinskörper immer näher an die Oberfläche gelangte. Die fehlende Gesteinslast bewirkte eine Druckentlastung, wodurch sich die ursprünglich angelegten Klüfte und Risse in dem massiven Gesteinskörper vertieften und diesen durch rechtwinklig verlaufende Kluftflächen in quaderförmige Blöcke zerteilten.

In der frühen Erdneuzeit (Tertiär) war das überdeckende Gebirge schließlich komplett abgetragen und der Quarzdiorit-Gesteinskörper an der Erdoberfläche der intensiven Verwitterung in dem zu jener Zeit herrschenden subtropischen Klima ausgesetzt. Diese reichte bis in mehrere Zehnermeter Tiefe und führte zur randlichen Zersetzung der Gesteinsblöcke, die nun in einer Mischung aus Quarzdiorit-Kies und Tonmineralen (verwittertem Feldspat), so genanntem „Grus" eingebettet waren. Seine heutige Gestalt erhielt das Felsenmeer jedoch erst in relativ junger geologischer Zeit: Während der Eiszeiten (Pleistozän) befand sich der Odenwald im gletscherfreien Permafrostgebiet. Infolge der seit der Tertiärzeit andauernden Hebung des Odenwaldes, die ursächlich mit dem Einbruch des Oberrheingrabens in Zusammenhang steht, schnitten sich die Gewässer immer tiefer in den Untergrund ein. Im Bereich der hierdurch immer steiler werdenden Hänge kam es im Sommer, wenn der Permafrostboden oberflächlich auftaute, zu Bodenfließen. Dabei wurde das Lockermaterial zu Tal gespült und die in Grus eingebetteten Quarzdioritblöcke frei gelegt. Diese glitten und rollten die Talflanken hinab und bildeten so im Verlauf der Jahrtausende ein Blockmeer – das heutige Felsenmeer. Der Verwitterungsprozess, der den Gesteinen ihr typisches Aussehen verleiht, wird auch als „Wollsackverwitterung" bezeichnet.

Das Felsenmeer wurde im Jahr 2002 vom Geopark Bergstraße-Odenwald als „Geotop des Jahres" ausgezeichnet.

Neben seiner besonderen Funktion als „Fenster in die Erdgeschichte" ist das Felsenmeer auch ein europaweit einzigartiges Relikt spätrömischer Steinmetztätigkeit. Anhand von mehr als 300 Werkstücken aus dem 2. bis 4. Jahrhundert können die für jene Zeit typischen Steinbearbeitungstechniken nachvollzogen werden.

Hierzu verwendeten die Römer die Keilspaltung entlang natürlicher Kluftsysteme sowie die Steinsägetechnik. Das bekannteste Werkstück ist die Reisensäule, die vermutlich für den Bau des Trierer Doms bestimmt war.

(Jutta Weber)

Internet: *www.geo-naturpark.de*

Literatur: Nickel, E. & Fettel, M. (1985): *Odenwald: Vorderer Odenwald zwischen Darmstadt und Heidelberg. - Sammlung Geologischer Führer, 65: 234 S., 2. Aufl., Berlin (Borntraeger).*

Abbildungen rechts:
1. *Riffschutt mit Schalen- und Stromatoporen-Resten im Unica-Steinbruch in Villmar an der Lahn – Bildbreite 75 cm;* **2.** *Große Stromatopore (schwammähnliches Lebewesen) im Riffschutt. Unica-Steinbruch in Villmar an der Lahn – Bildbreite 65 cm (Fotos: A. Becker)*

Abbildung links:
Der Unica-Steinbruch
in Villmar an der Lahn
mit der 2001 errichteten Überdachung
(Foto: A. Becker)

Blick in das Innere eines 380.000.000 Jahre alten Riffes

Der Lahnmarmor von Villmar bei Weilburg

Etwa 500 Jahre lang – bis in die 70er Jahre des 20. Jahrhunderts – wurden in mehreren Dutzend Steinbrüchen beiderseits der Lahn Kalksteine als begehrte Naturwerksteine abgebaut. Da Steinmetze seit altersher schleif- und polierfähigen Kalkstein als „Marmor“ bezeichnen, bürgerte sich zunächst der Handelsname „Nassauer Marmor“, im letzten Jahrhundert dann die Bezeichnung „Lahnmarmor“ ein. In zahlreichen Bauten auf der gesamten Welt ist Lahnmarmor verwendet worden, so im Empire State Building in New York, in der Moskauer Metro, in vielen Schlössern, Kirchen und Hotels in Deutschland, um nur wenige Beispiele zu nennen. Geographisch umfasst das Verbreitungsgebiet des Lahnmarmors einen etwa 60 km langen Streifen entlang der Lahn, der sich von Wetzlar im Nordosten über Weilburg und Limburg bis in die Gegend von Diez und Katzenelnbogen im Südwesten zieht. Politisch zählt das Gebiet zu den Bundesländern Hessen und Rheinland-Pfalz. Die bedeutendsten Steinbrüche, in denen Lahnmarmor gewonnen worden ist, liegen bei Diez, Diez-Balduinstein, Runkel-Steeden, Runkel-Wirbelau, Beselich-Schupbach, Weilburg-Gaudernbach, Villmar, Villmar-Aumenau und Mudershausen.

Geologisch handelt es sich beim Lahnmarmor um Riffkalke aus der Zeit des Mittel- und Oberdevons. In diesem Zeitabschnitt der Erdgeschichte, vor etwa 380 Millionen Jahren, lag das heutige Lahngebiet etwa 20° südlich des Äquators. Im Norden erstreckte sich damals bis zu den heutigen Britischen Inseln ein noch kaum von Pflanzen besiedelter Kontinent, dem im Süden ein vermutlich nur wenige hundert Meter tiefes Meer vorgelagert war. Zahlreiche untermeerische Vulkane bildeten Untiefen und Inseln, die beim Nachlassen der vulkanischen Tätigkeit von riffbildenden Organismen besiedelt wurden. Vor allem schwammähnliche Organismen, sog. Stromatoporen, nutzten die optimalen Wachstumsbedingungen und bauten mächtige Riffe auf. Die variscische Gebirgsbildung vor ca. 325 Millionen Jahren bewirkte, dass das damalige Meer eingeengt wurde, die Riffkalke – gemeinsam mit den darunter und darüber liegenden Gesteinen – zunächst abgesenkt, später dann aber gehoben wurden, so dass sie heute an verschiedenen Stellen an der Erdoberfläche beobachtet werden können.

Je nach Steinbruch, z. T. aber auch je nach Schnittlage werden viele Dutzend unterschiedliche Lahnmarmor-Arten unterschieden. Die große strukturelle und farbige Vielfalt des Lahnmarmors geht auf die unterschiedlichen Wachstums- und Ablagerungsbedingungen innerhalb der Riffe zurück, aber auch auf mineralische Ausscheidungen von Porenwässern, die nach der Ablagerung der Riffkalke in kleinen und kleinsten Hohlräumen der Riffkalke zirkulierten. Stellvertretend für die große ökologische Vielfalt des Lahnmarmors wurden deshalb 1996 drei ehemalige Steinbrüche als Naturdenkmäler ausgewiesen: Wirbelau (Vorriff), Villmar (Hauptriff) und Schupbach (Rückriff).

Im ehemaligen Gemeindesteinbruch von Villmar wurde bis ca. 1970 die Lahnmarmor-Varietät Unica abgebaut. Bei der Gewinnung des Lahnmarmors mit Seilsägen sind horizontal und vertikal gesägte, in den letzten Jahren zudem eine glatt geschliffene Wand auf zwei begehbaren Ebenen entstanden, die einen einmaligen, dreidimensionalen Einblick in den zentralen Bereich eines mitteldevonischen Stromatoporen-Riffs erlauben. Im Riffschutt finden sich zudem Crinoiden (Seelilien), Korallen und Brachiopoden („Armfüßer“). Zu den Besonderheiten des Villmarer Riffs zählen bis metergroße Stromatoporen, grobe Riffschuttlagen, die auf Sturmereignisse oder Erdbeben zurückgehen, sehr schöne Geopetalgefüge („fossile Wasserwaagen“), lehrbuchhafte, mit dem Mineral Calcit gefüllte Fiederspalten sowie sog. Stylolithen, zickzackförmige Bildungen, die durch Drucklösung entstanden sind. Der Steinbruch wurde 2001 mit einem Zeltdach versehen, um den Aufschluss langfristig erhalten zu können.

Der Unica-Steinbruch ist Teil des Lahn-Marmor-Museums in Villmar. Gleichzeitig ist er eine von 22 Stationen des 1999 eingeweihten „Lahn-Marmor-Wegs“ in Villmar. Er ist außerdem in die im Aufbau begriffene, länderübergreifende Lahnmarmor-Straße eingebunden.

(Thomas Kirnbauer)

Internet: *www.lahn-marmor-museum.de*

Literatur: Kirnbauer, T. (Hrsg.) (1998): *Geologie und hydrothermale Mineralisationen im rechtsrheinischen Schiefergebirge. – 328 S., 77 Abb., 12 Tab., 8 Farbtaf.; Wiesbaden.*

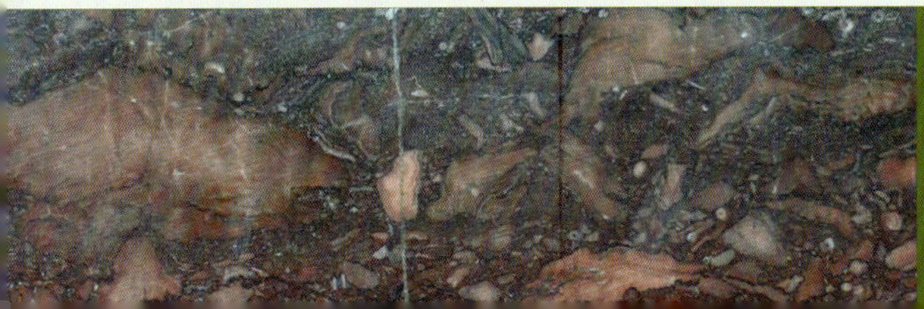

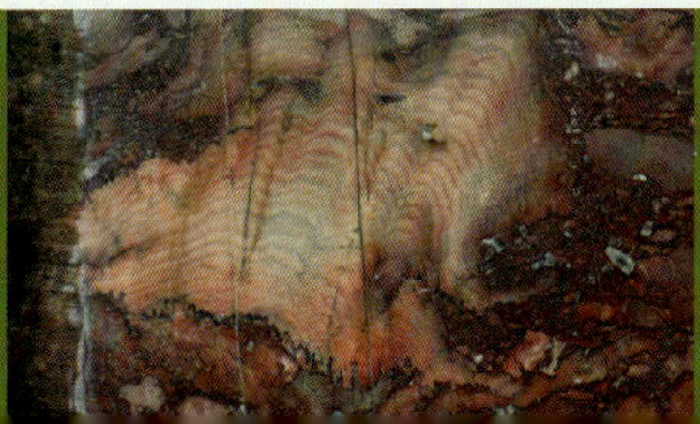

Abbildung rechts:
Blick über das Fliegerdenkmal auf der Wasserkuppe auf Milseburg und Kuppenrhön (Foto: A. Schraft)

Abbildung links:
Blick vom Bubenbader Stein auf die Milseburg (Foto: A. Schraft)

Abbildung links:
Die Blockhalde am Schafstein in der Rhön (Foto: A. Schraft)

Basalt auf Abwegen

Die Blockhalde am „Schafstein" in der Rhön

Romantiker nennen die Rhön das „Land der offenen Fernen". Denn ist die Rhön ist nur zu einem Drittel bewaldet, so dass es von vielen Kuppen einen guten Ausblick über unterschiedliche Landschaftsformen gibt, die sich aus dem differenzierten geologischen Aufbau der Rhön ergeben. Etwa 200 Mio. Jahre alte Fluss- und Meeresablagerungen wurden zwischen etwa 25 und 11 Millionen Jahren vor heute durch eine starke, mehrphasige vulkanische Aktivität überprägt, um danach wiederum durch klimatische Einflüsse in ihrer Morphologie umgestaltet zu werden. Mit ihren flachwelligen Hochflächen, kuppenförmigen Einzelbergen und tief eingeschnittenen Tälern gliedert sich die Mittelgebirgslandschaft der Rhön heute in die drei Landschaftstypen Rhönvorland, das aus Sand- und Kalksteinen des Erdmittelalters aufgebaut ist (mittlere Höhe um die 500 m), Kuppenrhön, in der durch Abtragung der umgebenden Gesteine vulkanische Förderschlote als „Kegel" herauspräpariert wurden (z.B. Milseburg, Maulkuppe, Stellberg; mittlere Höhe 650 – 835 m) und Hohe Rhön, die fast ausschließlich aus vulkanischen Gesteinen besteht, die in ihrem östlichen Bereich, z.B. auf der Wasserkuppe, meist noch als flächenhaft zusammenhängende Basaltdecken vorhanden sind (mittlere Höhen 800 – 950 m). Bedingt durch die Landschaftsgeschichte und die starke Verwitterungsresistenz der vulkanischen Gesteine sind in der Rhön heute zahlreiche sehenswerte Geotope erhalten. Eines der schönsten Geotope der Rhön ist die Blockhalde an der Nordflanke des 832 m hohen Schafsteins, rd. 2,5 km östlich der Wasserkuppe und rd. 6 km NNE von Gersfeld in der Hohen Rhön gelegen. Dieses größte Blockmeer der Rhön bedeckt als weite, stellenweise steil abfallende Basalt-Blockhalde mit unzähligen, wild durcheinander gewürfelten Basaltblöcken fast ganz ohne Bewuchs den Nordhang des Schafsteins. Über eine Länge von etwa 250 Meter und eine Breite von ungefähr 80 Meter ist der Blockstrom besonders dicht und steil, wobei einzelne Felsbrocken beachtliche Größen erreichen. Insbesondere in diesem Teil blieb die Blockhalde offen, so dass sich hier keine geschlossene Pflanzendecke entwickeln konnte. Mehrere hundert Meter schieben sich die basaltischen Blöcke in den Wald oder verharren an bis zu 5 m hohen, selbst aufgestauten Stufen. Mittels refraktionsseismischer Messungen, einer Methode, bei der Schallwellen durch den Untergrund geschickt und deren Geschwindigkeit gemessen wird, konnte festgestellt werden, dass teilweise erst in 30 m Tiefe anstehendes Festgestein vorhanden ist. An vielen Blöcken kann hier die für Basalt typische „säulige Absonderung" (insbesondere 5-eckige Querschnitte) beobachtet werden. Ein kleineres Blockmeer bedeckt die flachere Ostflanke des Schafsteins. Die Blockströme am Schafstein entstanden während der älteren Epoche des Quartärs, dem Pleistozän („Eiszeit-Alter"; 2,4 Mio. bis etwa 10 000 Jahre vor heute). Die Rhön selbst war nicht vereist, sie lag im periglazialen Bereich, die Böden waren durchgefroren (Permafrostböden), sie tauten in den kurzen Sommermonaten nur oberflächennah auf. Das durch Frostsprengung und Verwitterungsvorgänge aufgelockerte und zerfallene Gestein konnte nun in den Auftau-Phasen auf den tonig verwitterten Basalttuffen und tonigen Ablagerungen des Röts (Oberer Buntsandstein) an den Hängen hinab gleiten. Diese Blockhalden stapelten sich und drückten sich gegenseitig das abschüssige Gelände hinab. Auf ebenen Flächen oder an den Rändern wurden die Blockfelder durch Verwitterungslehm verdeckt und sind jetzt nur noch an einzelnen, aus dem Boden herausragenden Steinen zu erkennen. Die Felsbewegung und somit die Umlagerung der Basaltblöcke ist am Schafstein vor rund 10.000 Jahren am Ende der letzten Eiszeit zum Erliegen gekommen. Neuerdings wird die Blockhalde am Schafstein als fossiler, im Pleistozän entstandener Blockgletscher gedeutet, bei dem das Eis in den Gesteinshohlräumen geschmolzen ist bzw. sich jüngere Eisreste noch im tieferen Untergrund halten, was aufgrund kalter Luftaustritte am Unterhang der Blockansammlung des Schafsteins zu vermuten ist. So wurden an heißen Tagen im Sommer an einer Stelle noch Lufttemperaturen von minus 1,5° C gemessen. Der Schafstein liegt in der Kernzone des Biosphärenreservats Rhön und hat einen bemerkenswert urwaldähnlichen Laubbaumbestand. *(Adalbert Schraft)*

Internet: *http://de.wikipedia.org/wiki/Bild:Geologische_Karte_Rhoen.jpg,*
Literatur: Ehrenberg, K.-H. & Hichethier, H. (2000): *Vulkanologische Karte der Wasserkuppenrhön 1:50.000, mit Erläuterungen. – Wiesbaden.*

Abbildung links:
Blick vom Schafstein nach Nordwesten in die Kuppenrhön (Foto: A. Schraft)

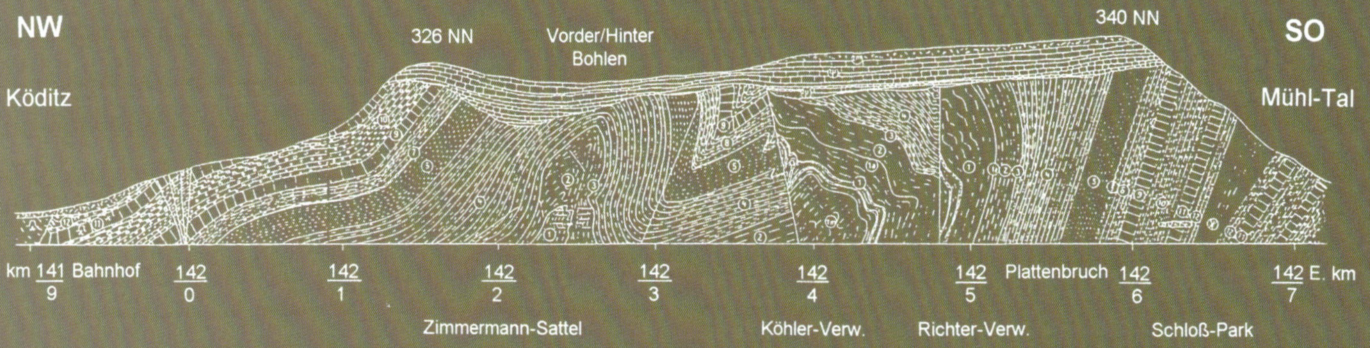
NW
Köditz
326 NN
Vorder/Hinter Bohlen
340 NN
SO
Mühl-Tal
E. km 141/9 Bahnhof
142/0
142/1
142/2
142/3
142/4
142/5
Plattenbruch
142/6
142/7 E. km
Zimmermann-Sattel
Köhler-Verw.
Richter-Verw.
Schloß-Park

Abbildung links:
Der Bohlen bei Saalfeld aus der Luft: Oben flachliegende Zechsteinkalksteine (hell), darunter gefaltetes Grundgebirge
(Foto: Thüringer Landesanstalt für Umwelt und Geologie)

Stein gewordenes Zeugnis einer Kollision zweier Kontinente vor 330.000.000 Jahren

Der „Bohlen" bei Saalfeld

Der Bohlen ist eine ca. 800 m lange und bis zu 100 m hohe Felswand am rechten Ufer der Saale bei Saalfeld/Obernitz, wo das Grundgebirge des ostthüringischen Schiefergebirges am Südrand der Thüringischen Senke schollenartig herausgehoben und durch die Saale freigelegt worden ist. Die vorwiegend natürlich entstandene Steilwand lässt eine interessante Schichtenfolge gefalteter Sedimentgesteine des Grundgebirgsstockwerkes erkennen, die horizontal von ungefalteten Zechsteinkarbonaten des Tafelstockwerkes überlagert wird. Der einzigartige Aufschluss mit einer deutlich erkennbaren Diskordanz zwischen beiden Stockwerken erregte schon frühzeitig das Interesse der Naturforscher. So ist es verständlich, dass er als Vorlage für den ersten Versuch der Darstellung eines wissenschaftlichen Profils in der geologischen Fachliteratur diente. Georg Christian Füchsel aus Rudolstadt stellte 1761 das Bohlen-Pofil erstmalig zeichnerisch dar. Durch Veröffentlichungen zur Schichtenfolge und ihre Fossilfunde (Reinhardt Richter 2. Hälfte 19. Jahrhundert) wurde der Bohlen in der geologischen Fachwelt bekannt und Johannes Walter schmückte mit dem Bohlenprofil den Einband seiner erstmalig 1910 herausgegebenen Geologie von Deutschland.

Das Einzigartige der Bohlenwand ist die leicht zu erkennende Erosionsdiskordanz als ein sichtbares Zeugnis eines wichtigen gebirgsbildenden Ereignisses aus unserer Erdgeschichte, dem Zusammenstoß der ehemaligen Großkontinente Gondwana (Afrika, Südamerika, Indien, Australien) im Süden und dem Old Red Kontinent (Laurentia und Baltica) im Norden. Das Bohlengebiet befand sich während des frühen Erdaltertums vor der Karbon-Zeit auf einem von Nordafrika abgespaltenen Teilkontinent. Dieser kollidierte vor ca. 330 Millionen Jahren während der variszischen Gebirgsbildung nach der Schließung eines damals im mitteleuropäischen Gebiet gelegenen Ozeans, zu dem das Rheinische Schiefergebirge und der Harz gehörten. Dabei wurden die mächtigen Meeresablagerungen gefaltet und geschiefert. Nach einer auf die Gebirgsbildung folgenden Heraushebung kam es während der Oberkarbon- und Rotliegendzeit zu einer Abtragung und Einebnung des gefalteten Gebirges. Seine oberflächennahen Gesteine erfuhren im trockenen Klima zur Zeit des Permokarbons eine intensive Rotfärbung. Mit Anstieg des Meeresspiegels zur Zechsteinzeit wurde auch das Bohlengebiet überflutet, und es lagerten sich dort Karbonate ab. Im Bereich der ehemaligen Küstenlinie kommen in der nahe gelegenen Orlasenke Riffe vor, die heute als charakteristische Felsen mit Burgen und Schlössern das Landschaftsbild bereichern. Die Schichtenfolge des Grundgebirges besteht aus etwa 150 m mächtigen marinen Ablagerungen. Für die Bohlen- und Gleitsch-Formation und viele darin vorkommende Fossilien ist das Bohlengebiet weltweit Typuslokalität. Geologisches Inventar und Fossilien sind Zeugen wichtiger Ereignisse der Entwicklung der Geo- und Biosphäre aus einer Zeit von vor 256 bis 380 Millionen Jahren. Im Rahmen geologischer Veranstaltungen im mitteldeutschen Raum ist der Bohlen stets ein Anziehungspunkt für Forscher, Lehrende und Lernende. ***(Horst Blumenstengel)***

Abbildung links:
Historisches Profil der Bohlenwand
Legende:
Mitteldevon tm: Schwärzschiefer, Oberdevon
1: Braunwacken- und Braunschieferzone,
1a: Unterer Alaunschiefer,
2: Wetzschiefer,
3: Oberer Alaunschiefer,
4: Trimerocephalus-Schiefer,
5: Kleinknotiger Kalk,
6: Trennschicht,
7: Wagnerbank,
8: Untere Clymenienschichten,
9: Hauptquarzit,
10: Obere Clymenienschichten

Literatur: Pfeiffer, Heinz (1954): *Der Bohlen bei Saalfeld/Thür. – Geologie 3, Beiheft 11; Berlin.*

Abbildung rechts:
Deutlich ist der Bohlen als Prallhang der Saale zu erkennen
(Foto: Thüringer Landesanstalt für Umwelt und Geologie)

Abbildung links:
Der Feldstein bei Themar besteht aus Basaltsäulen. Er ist bei Steinbrucharbeiten freigelegt worden (Foto: V. Morgenroth).

Klassische Fieder- und Meilerstellung von Basaltsäulen

Der „Feldstein" bei Themar in Südthüringen

Auf dem Berg Feldstein bei Themar liegt ein 12 m hoher Basaltfelsen, der in der Region und in der Literatur als „Feldstein" bekannt ist. Nach der Sage nennt man ihn auch heute noch „Teufelsstein". Der in Form von fünf- und sechsseitigen Säulen ausgebildete Basalt gilt als klassisches Beispiel für die Fieder- bzw. Meilerstellung von Basaltsäulen. Der Feldstein liegt drei Kilometer nordöstlich der Stadt Themar.

Vor 16 Millionen Jahren ist der Basalt vom Feldstein entstanden. Zur damaligen Zeit prägten Vulkane die Landschaft. Aus tieferen Bereichen unserer Erde drang glutflüssiges Magma an die Erdoberfläche. Auch die gewaltigen Basaltvorkommen am heutigen Vogelsberg, in der Rhön und im Grabfeld sind erdgeschichtliche Zeugnisse der damaligen vulkanischen Ereignisse. Neben Vulkanen entstanden durch erdinnere Kräfte auch noch gewaltige Spalten, an denen Magma aufgestiegen ist. Heute sind an diesen Stellen Gesteinsgänge aus Basalt zu finden.

An solch einem Gesteinsgang, der sich in Nordnordöstlicher Himmelsrichtung, vermutlich vom Ermelsberg bei Dingsleben über den Ottilienberg (Steinerne Kirche) bei Themar zur Steinsburg bei Suhl erstreckt, liegt der Feldstein. Der Basaltgang wurde in Steinbrüchen am Vorderen und Hinteren Feldstein abgebaut. Zu beiden Seiten des Ganges liegen Ablagerungen des Muschelkalkes, die mehr als 200 Millionen Jahre älter als der Basalt sind. Der Hintere Feldstein ist das eigentliche Schauobjekt, das 1957 als Geologisches Naturdenkmal unter Schutz gestellt wurde. Der Felsblock mit den eindrucksvollen Basaltsäulen ist durch Steinbrucharbeiten freigelegt worden. Vor Beginn des Steinabbaues überragte ein etwa 22 m hoher Gesteinsblock die Landschaft. Beim Erkalten des Basaltmagmas bilden sich Säulen immer senkrecht zu den Abkühlungsflächen. Gelangt das Magma an die Erdoberfläche und fließt über diese aus, sind die Abkühlungsflächen an der Unterseite die Landoberfläche und oben die Luft. Es bilden sich senkrecht stehende Säulen.

Am Feldstein liegen die Basaltsäulen, wie im oberen Teil des Bildes erkennbar ist, waagerecht. Daraus kann man schlussfolgern, dass der Basalt des Feldsteines als Gesteinsgang entstanden ist. Das an einer senkrechten Spalte aufdringende Magma wurde zu beiden Seiten am Nebengestein abgekühlt. Die fieder- oder meilerartig gestellten Säulen im unteren Teil des Bildes werden mit einer kelchartigen Erweiterung des Ganges und damit einer Änderung der Lage der Begrenzungs- bzw. Abkühlungsflächen erklärt. Das grau- bis blauschwarze Gestein am Hinteren Feldstein ist wissenschaftlich als Alkali-Basalt zu bezeichnen. Besonders auffällig ist das Auftreten von grüngelben Olivinknollen. Diese sind durch das Magma aus dem Bereich des Erdmantels an die Oberfläche gebracht worden. Außerdem kommen im Basalt noch Fremdeinschlüsse aus Kalkstein, Granit und Gneis vor, die beim Aufstieg des Magmas aus vorhandenen Gesteinsverbänden mitgerissen wurden. Die Herkunft des gewaltigen Gesteinsblockes am Berg Feldstein hat auch die Fantasie unserer Vorfahren angeregt. Bis in die heutige Zeit ist die Sage vom „Teufelsstein" überliefert. Ein junger Ritter begehrte die Tochter des Ritters von der Steinsburg bei Römhild. Der Vater wollte die Tochter aber eher dem Teufel als dem Sohn seines Erzfeindes zur Frau geben. Der gedemütigte junge Ritter beschloss daraufhin, am nächsten Tag das Anwesen auf der Steinsburg zu vernichten. Die Wehranlagen auf der Steinsburg befanden sich in einem schlechten Zustand, und deshalb schloss der Burgherr einen Pakt mit dem Teufel. Der Teufel sollte in einer Nacht bis zum ersten Hahnenschrei einen dreifachen Steinwall um die Steinsburg errichten. Als Lohn für das Werk war die Tochter versprochen. Die Amme des Ritterfräuleins, die von dem Pakt mit dem Teufel erfahren hatte, wollte das Fräulein vor dem Teufel retten und ging nachts mit einem Licht in den Hühnerstall. Der Hahn glaubte, es sei das Morgenlicht und krähte. Der Teufel flog gerade mit dem letzten großen Stein für die Wallanlage auf der Steinsburg durch die Luft, als er das Hahnenkrähen hörte. Vor Wut warf er den Stein unter sich.

(Volker Morgenroth)

Internet: *http://www.tlug-jena.de*
Literatur: Morgenroth, V. (2000): *Exkursion 1, Punkt 3- Feldstein bei Themar.*
- In: Tagungs- und Exkursionsführer „Geotope im Spiegelbild der geowissenschaftlichen Landesforschung" – 4. Internationale Tagung Fachsektion Geotopschutz der Deutschen Geologischen Gesellschaft und der Thüringer Landesanstalt für Geologie; 49- 50; Weimar.

Abbildungen rechts:
1. *Riesensalzkristalle,*
2. *Besuchergruppe in der Kristallgrotte*
(Alle Fotos: K+S Aktiengesellschaft)

Abbildung links:
In der Kristallgrotte Merkers haben sich Salzkristalle gebildet, die bis zu 1 m Kantenlänge haben (Foto: K+S Aktiengesellschaft)

Glitzernde Welt des „weißen Goldes“

Die Kristallsalzgrotte im Erlebnis Bergwerk Merkers in Thüringen

Unter der Vielzahl der Möglichkeiten, bei einer Grubenfahrt einen Blick unter die Erdoberfläche zu werfen, sticht das Erlebnis Bergwerk Merkers in Thüringen hervor. Eine Kristallgrotte ist die Hauptattraktion des ehemaligen Kalibergwerks, das heute zur K+S Gruppe gehört. 800 Meter unter der Erdoberfläche wurde 1980 bei bergmännischen Arbeiten ein Hohlraum entdeckt, der sich als einzigartige Schatzkammer erwies. Decke und Wände sind vollständig mit außergewöhnlichen Salzkristallen bedeckt. Außergewöhnlich deshalb, weil die Kristalle nicht den vertrauten Dimensionen entsprechen, sondern mit Kantenlängen von bis zu über einem Meter weltweit ihresgleichen suchen. Diese Attraktion ist, wie so vieles, auf die Launen der Natur zurückzuführen.

Die Geschichte der Salzlagerstätte begann vor über 200 Millionen Jahren: Das Gebiet des heutigen Werra-Fulda-Beckens war durch das Zechsteinmeer überflutet, das Klima war heiß und trocken. Im Laufe der Jahrmillionen kam es immer wieder zum Anstieg und zum Absinken des Meeresspiegels, so dass die Buchten am Südrand zeitweise vom offenen Meer abgeschnitten waren. In Zeiten des Wassermangels geschah das, was heute noch in vielen Salzgärten am Mittelmeer oder Atlantik zu beobachten ist: Das Wasser verdunstete und zurück blieb Salz. Das Werra-Fulda-Becken war eine solche Bucht. Sie wurde gleich mehrfach im Wechsel überflutet und trocknete anschließend wieder aus. So entstand in geologischen Zeiträumen eine Lagerstätte von bis zu 400 Metern Mächtigkeit und einer Fläche von mehr als 1.000 Quadratkilometern. Die in dieser Lagerstätte in zwei Schichten eingebetteten Kalium- und Magnesiumsalze werden seit über 100 Jahren von Bergleuten abgebaut und vor allem zu Düngemittel-Spezialitäten verarbeitet.

Vor 15 bis 20 Millionen Jahren, also im Tertiär, kam Bewegung in die Salzlagerstätten. Die heftigen Turbulenzen bei der Entstehung der Alpen lösten den Rhönvulkanismus aus. Aufsteigende Gesteinsschmelze durchschlug das Salz und formte die Basaltkuppen des Mittelgebirges. Ungeheure Kräfte und Spannungen in der Erdkruste ließen Spalten und Risse entstehen. Dadurch drang Wasser aus dem Untergrund in das Salz ein und löste es stellenweise auf. Die so entstandenen Hohlräume wurden aber überwiegend durch das nachsackende Deckgebirge wieder aufgefüllt. Nicht so im Fall der Kristallgrotte. Steilstehende Flanken sorgten für eine recht stabile Statik. In diesem Hohlraum konnten Kristalle wachsen, als Wasser mit verschiedenen gelösten Salzen aufeinander traf. Die zunächst vorhandene gesättigte Natriumchloridlösung wurde nach und nach von einer magnesiumchloridhaltigen Lösung verdrängt. An der Grenzschicht der unterschiedlich schweren Lösungen kristallisierte Steinsalz aus. Zudem förderten der nachlassende Vulkanismus und die damit verbundene Abkühlung des Bodens das Wachstum der riesigen Kristalle. Dank dieser Kombination besonderer Umstände entstand ein einzigartiger Geotop.

Neben wuchtigen würfelförmigen Einzelkristallen wuchs an den Wänden und Flanken ein so genannter Kristallrasen, dessen eng stehende Kristalle bis zu 30 Zentimeter groß sind. Die Decke ist flächig mit gleichmäßigen wasserklaren bis milchigen Kristallen von bis zu 40 Zentimetern Größe bedeckt.

Seit Öffnung der Grotte für Besucher im Jahr 1991 haben über 850 000 „Bergleute auf Zeit“ die Attraktion bestaunt, die mit einer Licht- und Klanginstallation manchen an das Urbild einer Schatzhöhle aus 1001 Nacht erinnert. Alle Gäste sind sich einig, dass die Grotte der Höhepunkt einer Grubenfahrt ist, die die Geschichte des Kalibergbaus in Merkers erzählt. Und die Verantwortlichen setzen alles daran, dass dies so bleibt: eine ausgeklügelte Belüftung sorgt dafür, dass möglichst wenig Staubpartikel und Luftfeuchtigkeit in die Grotte eindringen. Denn das, was in Jahrmillionen gewachsen ist, soll in seiner Schönheit so lange wie möglich erhalten bleiben. ***(Ulrich Göbel)***

Internet: *www.erlebnisbergwerk.de*

Literatur: Pippig, M. (1992): *Über das Vorkommen einer Kristallsalzschlotte im Kalibergwerk Merkers. - Kali und Steinsalz, 11, Heft 1/2.*
Göbel, U., Pippig, M. & Ruck, H., (2001): *Die Welt des weißen Goldes. - 50 Seiten; (K+S Aktiengesellschaft).*

Abbildungen links:
1. *Der Eingang zur Kristallgrotte*
2. *Eine Licht- und Tonschau verwandelt das Bergwerk bei Führungen in eine unterirdische „Schatzhöhle“*
(Alle Fotos: K+S Aktiengesellschaft)

Abbildung links:
Die Lange Wand an der Bere bei Ilfeld schließt die Grenze zwischen vulkanischen Gesteinen des Rotliegenden (unten) und Gesteinen einer Meeresüberflutung im Zechstein (oben) auf (Foto: H. Garleb)

Meeresspiegelanstieg vor 250.000.000 Jahren

Die „Lange Wand" bei Ilfeld im Südharz

Vor 400 Millionen Jahren lag Mitteldeutschland in der Nähe des Äquators und war Teil eines Meeres, in das der Abtragungsschutt der benachbarten Festländer eingeschwemmt wurde. Die im Meer entstandenen Ablagerungen wurden anschließend gefaltet, verfestigt und als Gebirge aus dem Meer herausgehoben, es entstand der Harz.

In diesem jungen Gebirgsland herrschte vor ca. 300 Millionen Jahren ein warmes trockenes Klima. Diese Zeit wird wegen der meist roten Gesteinsfarben als Rotliegendes bezeichnet. Durch gewaltige Vulkanausbrüche wurde eine Landfläche, die heute noch 55 km^2 beträgt, mit bis zu 300 m mächtigen Lavaschichten überdeckt. Am Ende dieser unruhigen Zeit hatten die ständig wirkenden Kräfte der Verwitterung das Gebirge völlig eingeebnet. Dieses flache Land wurde vor ca. 255 Millionen Jahren erneut vom Meer erobert. Mit der Überflutung des Festlandes begann die Zeit des Zechsteins, einer geologischen Epoche, die für den Südharz von ganz besonderer Bedeutung ist. Am Strand des Zechsteinmeeres wurden wie an jeder Meeresküste Sand und Geröll angespült. Das Meer drang allmählich weiter in das Landesinnere vor und wurde hier am Standort Lange Wand allmählich tiefer. Am Meeresgrund wurde ein schwarzer Schlamm abgelagert. In diesem Schlamm waren Verbindungen von Kupfer, Silber und anderen wertvollen Metallen enthalten. Die in dem Meer lebenden Fische sanken nach ihrem Tod auf den Grund ab und wurden in den Schlamm eingebettet. Doch auch diese Zeit ging vorüber, der Charakter des Meeresbeckens änderte sich zu einem lichtdurchfluteten Flachmeer, wie wir es heute an tropischen Küsten finden. Aus den Überresten der in dem warmen Wasser lebenden Organismen entstanden kalkige Ablagerungen. Die weitere Entwicklung des Zechsteinmeeres führte zur Bildung der gewaltigen Gips- und Anhydritablagerungen sowie der Stein- und Kalisalze im Inneren des Thüringer Beckens.

In der folgenden Zeit, die annähernd mit der Entstehung der Alpen zusammenfällt, wurden die nun bereits verfestigten Gesteinspakete zerbrochen, gegeneinander verschoben, z. T. verfaltet, schräggestellt, herausgehoben oder abgesenkt. Dabei wurde auch unser heutiger Harz wieder emporgehoben, schräggestellt und auf sein nördliches Vorland aufgeschoben.

In die bei diesen Vorgängen aufreißenden Bruchzonen drangen heiße Wässer ein, deren mitgeführte Lösungsfracht beim Kontakt mit anderen Wässern und dem kühleren Nachbargestein ausgefällt wurde und Erz- oder Mineralgänge bildete. Auch der bekannte Kupferschiefer selbst verdankt zumindest einen Teil seines Metallgehaltes den heißen salzreichen Lösungen, die in diesem Zusammenhang aktiviert wurden.

An der Langen Wand bei Ilfeld blicken wir wie durch ein Fenster der Erdgeschichte auf die Zeitenwende zwischen der Millionen Jahre andauernden warmen trockenen Festlandsentwicklung und der beginnenden Meeresüberflutung.

Wir stehen quasi am Grunde des Zechsteinmeeres und blicken auf die eingeebneten rötlichen Lavaergüsse („Ilfelder Porphyrit"), die die Landoberfläche des Rotliegenden bildeten und durch das Meerwasser ausgebleicht sind. Darüber sehen wir den Strand des Zechsteinmeeres – die zu Sandstein verfestigten Strandsedimente („Zechsteinkonglomerat") und den zu einem dünnplattigen Gestein verfestigten metallhaltigen Schlamm – den Kupferschiefer sowie die zu einem bankigen Kalkstein gewordenen kalkigen Ablagerungen – den Zechsteinkalk.

In dem unmittelbar benachbarten historischen Bergwerk "Lange Wand" sind der Kupferschiefer und andere Erze abgebaut worden. Das Bergwerk ist heute als Besucherbergwerk erschlossen und kann besichtigt werden.

Die „Lange Wand" steht als Naturdenkmal unter Schutz. Sie ist frei zugänglich, eine Besichtigung des Besucherbergwerks ist nur nach vorheriger Anmeldung möglich. ***(Helmut Garleb)***

Internet: www.*suedharztouristik.de*
Literatur: Ließmann. W. (1997): *Historischer Bergbau im Harz.- 336 S.; Berlin (Springer).*

Abbildung links:
Göpelschacht
mit Mannschaftskaue
und steiler Bruchwand
(Foto: R. Schubert)

Thüringens „Blaues Gold“

Der Schiefer von Lehesten im Thüringischen Schiefergebirge

Schieferdächer und mit Schiefer eingedeckte barocke Kirchtürme sind wohl den meisten Menschen bekannt. In den schieferreichen Mittelgebirgen Deutschlands sind vielerorts auch die Hausfassaden mit Schiefer beschlagen. Die ältere Generation hat noch mit Schiefergriffel und Schiefertafel Schreiben und Rechnen gelernt. Aber: woher stammt der Schiefer, wie ist er entstanden, wie wurde das Gestein abgebaut, dünn gespalten und zu fertigem Deckmaterial zugerichtet?

Im Thüringer Schieferpark Lehesten ist darüber vieles zu erfahren. Hier befindet sich das 1993 eröffnete Technische Denkmal "Historischer Schieferbergbau" Lehesten. Sofort ins Auge fallend sind der große aufgelassene Schieferbruch und die mächtigen Halden. Bereits vor mehr als 600 Jahren wurde hier Schiefer gebrochen. 1975 wurde der Tagebau stillgelegt. Seine Dimensionen sind beeindruckend: rd. 800 m lang, 300 m breit und 80 m tief. Inzwischen hat die Vegetation die ursprünglich kahlen Böschungen und Fahrbahnen zurückerobert: seltene Flechten und Moose, Birken und Kiefern verdecken schon größtenteils das anstehende Gestein. Aber eine 30-40 m hohe, über 100 m lange senkrechte Bruchwand im Tagebaubereich „Kießlich“ zeigt unverhüllt die Geologie des Schieferlagers; vor über 150 Jahren wurde damit begonnen, die zu schaffende Bruchbegrenzung mit Schlägel und Eisen Schritt für Schritt in die Tiefe zu bringen.

Man erkennt auch als ungeübter Beobachter die Lagerung des Schiefers anhand von cm-dünnen weißlichen Kalklagen, die nicht einfach schräg in der Wand verlaufen, sondern „über Kopf“ (überkippt) liegen. Ins Auge fallen auch die Schieferflächen, Klüfte und geologische Verschiebungsflächen (Störungen).

Entstanden ist der Thüringer Dachschiefer vor ca. 345 Millionen Jahren in der Karbonzeit als Tonschlammablagerung in einem ruhigen, tiefen Meeresbecken. Geologen schätzen, dass für die Ablagerung dieses extrem feinkörnigen Tones ca. 6-7 Millionen Jahre nötig waren. Etwa 3000 m mächtige Ton- und Sandschichten überdeckten die Schicht, aus der später der Dachschiefer hervorging, und pressten das Wasser aus ihr heraus. Danach war die ursprünglich ungefähr 500 m dicke „Schlammpackung“ nur noch rd. 50 m stark: aus Ton wurde Tonstein. Geologisch gesehen „wenig später“ (immerhin einige Millionen Jahre!) erfasste eine gewaltige, in ganz Mitteleuropa wirkende Gebirgsbildung die gesamten, über einen Zeitraum von mehr als 200 Millionen Jahren abgesetzten Meeresablagerungen mitsamt den darin steckenden magmatischen Gesteinen. Der ganze mächtige Schichtenstapel wurde zusammengefaltet, über den Meeresspiegel gehoben und aus dem Tonstein wurde als Dachschiefer verwendbarer Tonschiefer. Die Mineralteilchen wurden durch den ungeheuren Druck bei hoher Temperatur gewissermaßen „geplättet“. Dadurch entstanden rechtwinklig zur Druckrichtung die leicht aufzuspaltenden Schieferflächen. Direkt neben und über diesem geologischen Aufschluss befindet sich das Technische Denkmal. Zwei der bedeutendsten Sachzeugen des früheren Schieferbergbaus sind hier der Göpelschacht und die Doppelspalthütte. Der 1845/50 entstandene Tagebau-Förderschacht Kießlich war zunächst durch Pferde oder Ochsen, ab 1865 durch Dampfkraft und 1909 bis 1964 mittels Elektroenergie betrieben worden. Seine Maschinerie ist wieder funktionsfähig und wird den Besuchern vorgeführt. Die 1898 errichtete Doppelspalthütte zeigt die Spalter- und Zuschneiderarbeitsplätze der Entstehungszeit. Es ist ein „Museum zum Anfassen“, zum Ausprobieren der Schieferbearbeitung. Außerdem ist die Spalthütte Ausstellungsraum für technische Geräte und bergmännisches Werkzeug („Gezähe“) sowie diverse Schiefererzeugnisse.

Der Tagebau- und Haldenkomplex ist mittlerweile Naturschutzgebiet und Flora-Fauna-Habitat-Gebiet. Der historische Schieferbergbau in Lehesten ist eingebunden in die Thüringisch-Fränkische Schieferstraße und den Schieferlehrpfad Probstzella-Lehesten-Ludwigsstadt. Er ist eine der wesentlichsten Sehenswürdigkeiten des Naturparks „Thüringer Schiefergebirge/Obere Saale“. ***(Reiner Schubert)***

Internet: *www.schieferpark.com*
Literatur: Liebeskind, W & Baum, M. (2000): *Geotope in Südostthüringen – Thüringer Schieferpark Lehesten. – Geowiss. Mitt. Thüringen, Beih., 10: 191-198; Weimar.*

Abbildung rechts:
Altdeutscher Schiefer
(Foto: R. Schubert)

Abbildung links:
Die über 10 m hohe Abbauwand im Travertinsteinbruch Weimar-Ehringsdorf (Foto: M. Meißner, Weimar)

Fundgruben der Erd- und Menschheitsgeschichte

Die Travertine des Ilmtales bei Weimar

Die Natur erzählt uns die Erdgeschichte in Form von Gesteinen. Zu diesen Gesteinen gehören besonders Quellkalke, sogenannte Travertine, da sie die Umwelt während ihrer Entstehung konservieren. In besonderer Weise zeigen dieses die Travertine des Ilmtales bei Weimar, im Park an der Ilm sowie in den Ortsteilen Oberweimar, Taubach und Ehringsdorf.

Im Jahre 1827 notierte Johann Wolfgang von Goethe in sein Tagebuch „übersteintes Skelett von Ehringsdorf" erhalten. Im Oktober 1831 wurde der Stoßzahn eines Waldelefanten in sein Weimarer Haus am Frauenplan gebracht, das in einem nahen Travertinsteinbruch in der Stadt gefunden und geborgen worden war. Seit dieser Zeit vermehrten sich aufsehenerregende Funde von pflanzlichen und tierischen Versteinerungen. Zunehmende Bautätigkeit hatte Steinbrüche in Weimar, Taubach und Ehringsdorf entstehen lassen, in denen der Travertin als Werk- und Dekorationsstein abgebaut wurde.

Travertine sind Kalksteine. Sie bestehen aus Kalziumkarbonat, das aus kalkhaltigen Quellwässern ausgeschieden wird. Niederschläge sowie Flusswasser der Ilm waren in Muschelkalkschichten eingedrungen und hatten bei ihrer unterirdischen Wanderschaft den Kalk aufgelöst. An Verwerfungen, an denen Gesteine der Trias in einem etwa ein Kilometer breiten Grabenbruch gegeneinander verschoben wurden, stiegen diese Wässer unter Druck auf und traten in Quelltöpfen zutage. Durch Erwärmung wurde auf anorganische Weise Kalk ausgefällt. Wasserpflanzen entzogen dem Quellwasser Kohlendioxid. Um diese Pflanzen herum entstanden Kalkkrusten – der organogene Anteil bei der Travertinbildung und eine der Ursachen der guten Erhaltung von Pflanzenresten.

Eine Besonderheit dieser Quellen führte zur Einlagerung und Konservierung der tierischen Lebewelt. Das austretende Quellwasser war mit etwa 8 bis 10°C konstant temperiert, selbst in kalten Wintern. Die im Sommer kühlen, in kalter Jahreszeit aber lauen Quellen wurden Anziehungspunkte für die Tierwelt, darunter Großsäuger wie Waldelefanten, Waldnashörner, Bisons und Pferde sowie Raubtiere. Zu diesen Tränkplätzen kam auch der steinzeitliche Mensch, um hier zu jagen. Mit scharfkantig bearbeiteten Steingeräten zerlegten die Großwildjäger die Tierkörper und spalteten die Knochen. Sie entzündeten Lagerfeuer, an denen sie rasteten, das Fleisch zubereiteten und schließlich Mahlzeitreste und Gerätschaften zurückließen.
Die Lagerfeuer blieben im Travertin von Ehringsdorf als dunkle Brandschichten erhalten. Acht Schichten übereinander bringen den Nachweis einer ersten „Sesshaftigkeit" und Ortstreue. Hier wurden 1908 erstmals Knochenreste der Steinzeitmenschen gefunden, die durchaus als die ersten Weimarer Siedler bezeichnet werden können. Das Schädeldach einer jungen Frau kam 1925 zutage. In germanischer Zeit bekam dieses von quellwasserüberspülten Rieselfeldern und Sedimentationssenken gekennzeichnete Gebiet die Ortsbenennung „wihmare", das geweihte Quellwasser, die verehrte wasserreiche Lokalität, aus der sich Weimar ableitet.
Die Ilmtaltravertine geben einen außergewöhnlichen Einblick in die Erd- und Menschheitsgeschichte in Deutschland und Europa. Speziell die Funde und die wissenschaftlichen Erkenntnisse aus den Travertinen von Ehringsdorf erlauben einen Einblick in Landschaft, Vegetation und Tierwelt einer Warmzeit des Eiszeitalters vor etwa 200.000 Jahren. Die Menschenfunde, die technischen Hinterlassenschaften sowie die durch Lagerfeuerreste überlieferten Rastplätze der eiszeitlichen Großwildjäger zeigen eine frühe Phase der Menschheitsentwicklung.

Die Travertine sind am westlichen Hang des Parks an der Ilm und im Steinbruch Weimar-Ehringsdorf mit seinen über 10 m hohen Abbauwänden und dem sogenannten Forschungspfeiler (nach Absprache mit dem Betreiber bzw. dem Thüringischen Landesamt für Archäologische Denkmalpflege) zu besichtigen. Besonders zu empfehlen ist ein Besuch des Ausstellungsteiles Ilmtaltravertine im Museum für Ur- und Frühgeschichte Thüringens sowie des Untertagemuseums „Parkhöhle".

(Walter Steiner)

Internet: *www.tlad.de/museum/allgemein.htm, www.swkk.de*

Literatur: Steiner, W. (1981): *Der Travertin von Ehringsdorf und seine Fossilien. – Die Neue Brehm-Bücherei Band, 522, 2. Aufl.: 200 S.; Wittenberg.*
Steiner, W. (1996): *Die „Parkhöhle" von Weimar. Abwasserstollen Luftschutzkeller Untertagemuseum.- 62 S.; Weimar (Stiftung Weimarer Klassik).*

Abbildungen rechts:
. Blick auf den Abbau im Travertinsteinbruch Weimar-Ehringsdorf mit der unter Schutz stehenden „Fischer-Wand", **2.** *Weimarer Parkhöhle – eute ist das goethezeitliche Stollensystem ein Untertagemuseum; Blick in den Hauptstollen mit der teilweise abgedeckten Rösche (Fotos: M. Meißner, Weimar)*

Abbildung links:
Abraham Gottlob Werner (1749-1817) (Foto: Archiv TUBAF)

Abbildung rechts:
Basaltsäulen am Scheibenberg (Foto: Archiv Sächsisches Landesamt für Umwelt und Geologie)

Abbildung links:
Wie Orgelpfeifen stehen die Basaltsäulen am Scheibenberg (Foto: Archiv Sächsisches Landesamt für Umwelt und Geologie)

Die Wiege der Geologie

Der „Scheibenberg" bei Annaberg im Erzgebirge

Der Scheibenberg liegt als Rest eines 22 Millionen Jahre alten Lavastromes inmitten der kristallinen Gesteine des Erzgebirges. Vom Egergraben aus erhebt sich das Erzgebirge mit einem steilen Südhang. Nach Norden fällt es langsam wie ein Pult ab. Die Hebung des Erzgebirges begann vor 30 Millionen Jahren. Auf tief reichenden Brüchen in der Erdkruste drang Magma auf. Entlang des gesamten Egergrabens kam es an vielen Stellen zu Vulkanausbrüchen. Teilweise floss die Lava in den Flusstälern nach Norden.

Die Zeugenberge Pöhlberg, Bärenstein und der Scheibenberg sind Überreste dieser Lavaströme. Infolge der weiteren Hebung haben sich die Flüsse tief eingeschnitten. Viel Gesteinsmaterial wurde dabei in Richtung Nordsee transportiert. Von den Vulkanen und Lavaströmen auf dem Erzgebirge blieben nur Reste erhalten.

Vor der Heraushebung der Erzgebirgsscholle durchquerten die Flüsse aus dem Böhmischen kommend dieses Gebiet. Unter den drei Zeugenbergen im Erzgebirge (Bärenstein, Pöhlberg, Scheibenberg) liegen ihre Ablagerungen: Kiese, Sande und Tone. Die abfließende Lava folgte also den vorhandenen Tälern und bildete nach dem Abkühlen langgestreckte Gesteinskörper. Basalt verwittert anders, langsamer als die kristallinen Gesteine. Im Laufe der Zeit überragten die Reste der Basaltdecken als Tafelberge die Umgebung. Es kam zu einer Reliefumkehr. Dort, wo früher das Tal verlief, finden wir heute die Berge.

Basaltische Magmen sind wegen des geringen Kieselsäuregehaltes sehr beweglich - gelegentlich fast so dünnflüssig wie Wasser. "Basalt" ist der Name für eine ganze Gesteinsgruppe, die man nur durch wissenschaftliche Untersuchungen unterscheiden kann.

Wenn Lava erkaltet, verliert sie an Volumen. Durch das Zusammenziehen entstehen Risse, die senkrecht zu den Abkühlungsflächen verlaufen. Dabei bilden sich meterlange Säulen. Ein Lavastrom kühlt an der Oberfläche durch die Luft oder das Regenwasser viel schneller ab, als an der Basis, wo es durch die schlechte Wärmeleitfähigkeit von Gestein zu einem Wärmestau kommt. Erkaltete Lavaströme haben deshalb oft an der Basis dickere Säulen als oben. Am Scheibenberg werden sie "Orgelpfeifen" genannt.

Weltberühmt wurde der Scheibenberg durch den sogenannten „Neptunistenstreit" vor 200 Jahren. Der heute kurios wirkende Streit unter den Wissenschaftler ging um die Entstehung des Basaltes. Neptunisten und Plutonisten standen sich viele Jahre unversöhnlich gegenüber. Im Weltbild der Neptunisten waren alle Gesteine aus dem Wasser abgeschieden worden, auch der Basalt. Richtig erkannten sie, dass die Zeugenberge im Erzgebirge keine Vulkanbauten sind. Ihre Schlussfolgerung, dass der Basalt als durchgehende Schicht aus dem Wasser abgelagert wurde, war dagegen falsch.

Heute wissen wir, dass der Basalt erstarrte Lava aus einem Vulkan ist, die Plutonisten also Recht behielten. Wird sehr viel Lava gefördert, dann fließt sie wie jede Flüssigkeit nach unten. Erreicht sie ein Flusstal, benutzt sie es. Beim Kontakt der heißen Lava mit den feuchten Ablagerungen verdampft das darin enthaltene Wasser und es kommt zu heftigen Wasserdampfexplosionen. Dabei mischen sich Lavabrocken und Flusssedimente. Abraham Gottlob Werner und seine Anhänger sahen in dieser Übergangsschicht, die sie Wacke nannten, den Beweis für ihre Theorie, dass sich auch der Basalt aus dem Wasser abgesetzt habe.

Die Mächtigkeit der Übergangszone zwischen Flusssedimenten und Lavastrom beträgt mehrere Meter. Die Geologen nennen solche Gesteine heute Peperite. Geprägt wurde der Begriff 1827 von dem englischen Geologen George Julius Poulett Scrope für ein Gestein in Frankreich, wo Basaltlava über einen Kalk geflossen war. Das Ergebnis erinnerte ihn an gemahlenen Pfeffer

(Kurt Goth)

Literatur: Wagenbreth, O. (1955): *Abraham Gottlob Werner und der Höhepunkt des Neptunistenstreits um 1790. – Freiberger Forschungshefte, D 11: 183-241; Berlin.*

Abbildung rechts:
Historische Aufnahme der Grube am Scheibenberg von 1926, unten tertiäre Sande, oben Basaltsäulen, dazwischen die Übergangszone aus „Peperit" (Foto: Archiv Sächsisches Landesamt für Umwelt und Geologie)

Abbildungen rechts:
1. *Der sogenannte Palmwedel des Hirtsteins*
2. *Riesentreppe aus flach liegenden Basaltsäulen*
3. *Zopf aus Basaltsäulen*
(Fotos: Sandy Schiffner)

Abbildung links:
Der Hirtstein besteht aus fächerförmig auseinander strebenden Basaltsäulen (Foto: Sächsisches Landesamt für Umwelt und Geologie)

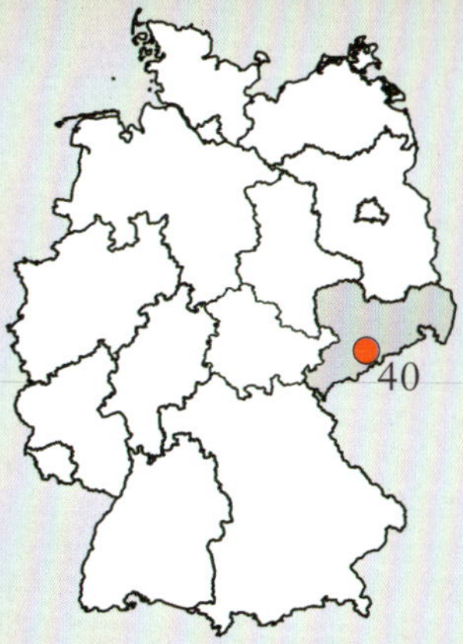

Ein Fächer aus Basaltsäulen

Der „Palmwedel" am Hirtstein im Erzgebirge

Dank der erzgebirgischen Dichterin Luise Pinc, geb. 1895, ranken sich sagenumwobene Geschichten um die Entstehung des Hirtsteins mit seinem Palmwedel und seiner Riesentreppe aus vulkanischem Gestein. Das Basaltvorkommen zeigt uns die formende Kraft einst glutflüssiger Lava.

Mit einer Höhe von 889,8 m über Meeresspiegel zählt der Hirtstein zu den höchsten Erhebungen im mittleren Erzgebirge. Über die B 174 in Richtung Süden aus Marienberg (ca. 10 km) kommend ist der Hirtstein bequem mit dem PKW zu erreichen. Zudem führen schöne Wanderwege von der kleinen Ortschaft Satzung, die sich am Südhang des Berges befindet, zur nahe gelegenen Hirtsteinbaude. Bei gutem Wetter eröffnet sich dem Besucher von dem beliebten Ausflugsziel aus ein Blick über das obere Erzgebirge mit dem Fichtelberg (1214 m) und dem Klinovec (Keilberg, 1244 m) im Südwesten und den Basaltbergen Scheibenberg (807 m), Bärenstein (898 m) und Pöhlberg (832 m) im Westen.

Bereits 1845 beschrieb der Geologe C.F. Naumann in seinen Arbeiten das an der Nordost-Seite der Bergkuppe anstehende Basaltvorkommen mit seiner eigentümlichen Säulenstellung. In der zweiten Hälfte des 19. Jh. wurde der Basalt in einem Steinbruch auf einer Länge von ca. 100 m und einer Breite von ca. 15 m für die lokale Schottergewinnung freigelegt und abgebaut. Seit der Einstellung des Betriebes ist das Vorkommen als Naturdenkmal geschützt. In den folgenden Jahren werteten ein Lift und eine Gastwirtschaft den Hirtstein touristisch auf. Der aufgelassene Basaltsteinbruch „Hirtstein" ist heute begehbar und durch Geländer gut gesichert. Eine Schautafel erklärt die geologische Situation sehr anschaulich.

Die Besonderheit des Basaltvorkommens Hirtstein liegt in seiner Entstehung und der daraus resultierenden Säulenstellung. Im Steinbruch sind zwei verschiedene Basaltformen aufgeschlossen. Die bekanntere von beiden ist der „Palmwedel". Über Bruchspalten im Gneis stieg Gesteinschmelze von ca. 1100°C auf. Durch eine schnelle Abkühlung der Schmelze zog sich diese so stark zusammen, dass senkrecht zur Abkühlungsfläche Spannungsrisse entstanden, die zur Säulenbildung führten. Entgegen anderen vulkanischen Vorkommen im Erzgebirge trat die Gesteinsschmelze des Palmwedels nicht bis an die Erdoberfläche, sondern blieb unterirdisch im umgebenden Gneis pfropfenartig stecken, was ihm heute ein kuppelförmiges Aussehen verleiht. Erst durch natürliche Abtragungsprozesse und durch den Steinbruchbetrieb wurden die strahlenförmig angeordneten Säulen freigelegt.

Der zweite Aufschluss im Steinbruch trägt die Bezeichnung „Riesentreppe". Mit idealtypischem sechseckigen Querschnitt und Durchmessern von 30 bis 70 cm sind die waagerechten Basaltsäulen an der Westseite des Steinbruches aufgeschlossen. Oberhalb der Riesentreppe laufen die Säulen zopfartig ineinander. Die horizontale Anordnung der Säulen spricht für die Erstarrung der Schmelze in einem Gang.

Wie auch am Scheibenberg, Pöhlberg und Bärenstein handelt es sich beim Basalt des Hirtsteins um ein homogen erscheinendes, graues bis schwarzgraues Gestein, das die Geologen als „Augit-Nephelinit" bezeichnen. Sein Alter wurde auf 24,4 Millionen Jahre datiert, was etwa der Wende vom Oligozän zum Miozän entspricht.

Während des Tertiärs war die Region des Erzgebirges, das nördliche Vorland und der Erzgebirgsabbruch mit dem im Süden anschließenden Egergraben ein tektonisch sehr aktives Gebiet. Die dabei auftretenden Bewegungsvorgänge der Erdkruste veränderten das Landschaftsbild nachhaltig. Die einseitige Anhebung der Erzgebirgsscholle im Süden und der Einbruch des Egergrabens entstanden durch Tiefenbrüche in der Erdkruste von über 30 km vertikaler Ausdehnung. Der Vulkanismus ist im Zusammenhang mit diesen Hebungs- und Senkungsprozessen zu sehen.

(Sandy Schiffner)

Literatur: Hanle, A. (Hrsg.) (1992): *Erzgebirge. - Meyers Naturführer: 166 S.; Mannheim (Meyers Lexikonverlag).*

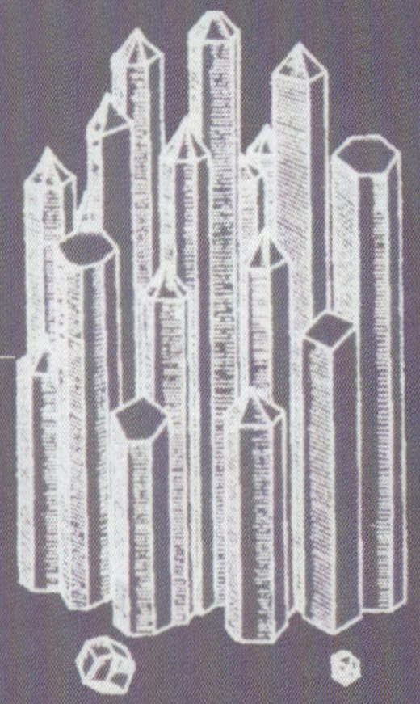

Abbildung links:
Die Darstellung der Stolpener Basaltsäulen von Kentmann aus dem Jahr 1565

Abbildung rechts:
Gräfin Cosel, die 49 Jahre auf der Burganlage gefangen halten wurde (Portrait eines unbekannten Malers)

Abbildung links:
Basaltsäulen auf der Burg Stolpen
mit einem Ausschnitt
des typischen „Stolpener" Mauerwerks
(Foto: Archiv Sächsisches Landesamt für Umwelt und Geologie)

„Der Basalt ist ein Sachse"

Der Basaltschlot des Burgberges von Stolpen in der Lausitz

Stolpen liegt 25 km östlich von Dresden in einer landschaftlich reizvollen Gegend an der Nahtstelle zwischen dem Nationalpark Sächsische Schweiz und dem Lausitzer Bergland. Weithin sichtbar erhebt sich die Burg Stolpen mit ihren markanten Türmen über das Land. "Auf der Burg Stolpen ist es manchmal in alten Zeiten wüst zugegangen. Von Kampf, Folter, Marter, Not und Tod vieler Gefangener wissen die grauen Mauern zu erzählen ..." so berichtet eine Sage.

Diese Mauern wurden seit der Burggründung vor 775 Jahren aus den anstehenden Basaltsäulen errichtet. Auch viele Bauwerke der Umgebung wurden aus diesem Gestein erbaut. Der Burgberg mit der Veste Stolpen überragt die Umgebung etwa 35 Meter. Vor 25 Millionen Jahren brach an dieser Stelle ein Vulkan aus. Lava und Asche wurden gefördert. Später drang Lava nach und bildete eine Staukuppe, deren Rest den heutigen Stolpen bildet. Die Lava erstarrte zu einem dichten, blauschwarzen Gestein in fast idealen Basaltsäulen. Die einzelnen Säulen besitzen einen Durchmesser von 15 bis 45 Zentimeter. Ihre Länge kann viele Meter betragen. Bei einem Rundgang um den Burgberg lässt sich beobachten, dass die Säulen - über 5000 sind aufgeschlossen - immer in Richtung Burg geneigt sind, wie bei einem überdimensionalen Holzmeiler. Die Geologen bezeichnen eine solche Anordnung der Basaltsäulen als Meilerstellung. Den Basaltsäulen verdankt der Stolpen auch seinen Namen. Im Sorbischen bedeutet stolp Säule oder Pfosten.

Die Säulen entstehen beim Abkühlen der Lava. Heiße Lava hat ein größeres Volumen als kaltes Gestein. Die abkühlende Lava steht deshalb unter Spannung. Ist diese Spannung groß genug, reißt das Gestein. Die Schrumpfungsrisse verlaufen dabei senkrecht zu den Abkühlungsflächen, und es entstehen fünf- bis sechseckige Säulen. Von oben sehen sie aus wie unregelmäßige Bienenwaben. Die Säulengröße hängt dabei von so unterschiedlichen Faktoren ab wie Zusammensetzung der Schmelze, Temperatur der Lava, Abkühlungsgeschwindigkeit und Form des Lavakörpers. Bei einer homogenen Schmelze würden lauter gleichseitige Sechsecke mit Winkeln von 120° (wie bei Bienenwaben) entstehen. Der Stolpener „Basalt" steht in Zusammenhang mit dem Vulkanismus des Egergrabens. Durch die Kollision der Afrikanischen mit der Europäischen Platte entstanden in den Kontinenten bis in den Erdmantel reichende Risse. Diese dienten als Aufstiegswege für das glutflüssige Magma, das an der Erdoberfläche Vulkane aufbaute. Bis heute prägen diese vulkanischen Gesteine die Landschaft dieser Region.

Der Stolpen nimmt in der wissenschaftlichen Erforschung des Basalts eine herausragende Stellung ein. 1520, Reformationszeit. Dem päpstlichen Legat und Geheimen Kämmerer Carolus von Miltitz, später Vermittler zwischen dem Papst und Martin Luther, fällt bei einem Aufenthalt in Stolpen das Gestein des Burgberges auf. Ein Stück des Gesteins schickt er an den sächsischen Kurfürsten Friedrich den Weisen. Sein Begleitbrief ist die älteste Erwähnung des Stolpener Basalts.

1546. Kein Geringerer als Agricola benutzte für die Beschreibung des Gesteins des Stolpener Burgberges zum ersten Mal den Begriff "Basalt" ("De natura fossilium"). Bis dahin wurde für derartige Gesteine der auf Plinius zurückgehende Name "Basanit" verwendet. Der Stolpener Burgberg ist also die historische „Typuslokalität" für die „Basalte".

1565. Die erste zeichnerische Darstellung von Basaltsäulen in einem wissenschaftlichen Werk geht auf Kentmann zurück. Seine Zeichnung eines Teils der "Gerichtsgruppe" auf dem Burgberg von Stolpen erscheint in Conrad Gesner's Werk „De omni rerum fossilium genere, gemmis, lapidibus, metallis et hujus modi libri aliqot...": „Mehrere zusammengefügte eckige Steine stellen den Basalt dar; davon hat mir Johannes Kentmann nebenstehende Zeichnung zukommen lassen."

1716 bis 1765. Die wohl bekannteste Persönlichkeit Stolpens ist Anna Constantia von Brockdorff, besser bekannt als Gräfin von Cosel (1680 - 1765). Die einstige Mätresse des Kurfürsten von Sachsen (August dem Starken) wurde in der Burganlage - in dem nach ihr benannten Coselturm - von 1716 bis 1765 (49 Jahre!) gefangen gehalten. *(Kurt Goth, Peter Suhr)*

Internet: *www.burg-stolpen.de*

Literatur: Koch, R.A., Pfeiffer, L., Stammler, L. & Beeger, D. (1983): *Der Basalt von Stolpen in der Lausitz. - Abh. Staatl. Mus. Min. Geol. zu Dresden, 32: 144 S.; Leipzig.*

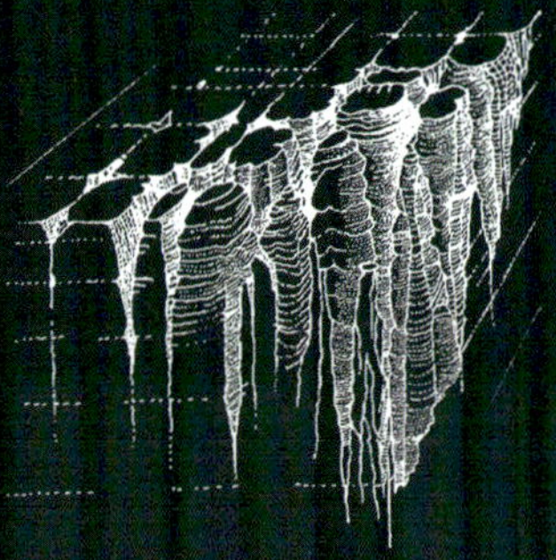

Abbildung rechts:
Schema der quaderförmigen Verwitterung des Sandsteins

Abbildung links:
Heringsgrund
bei Schmilka
(Foto: Frank Richter, Dresden)

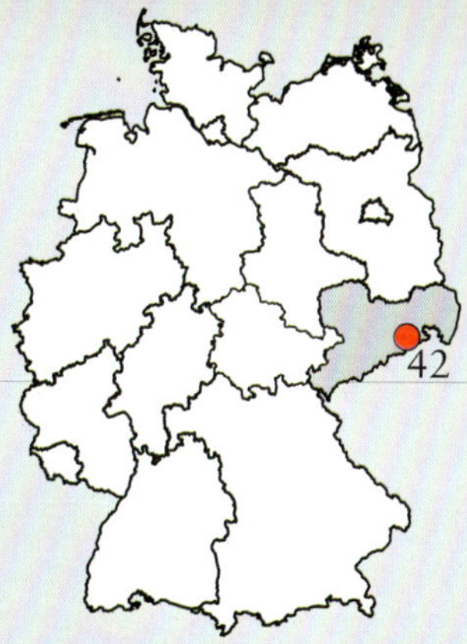

Bizarre Felsen und tiefe Schluchten

Das Elbsandsteingebirge

Hohe Felstürme, schroffe Wände, bis zu 450 m Höhenunterschied – das Elbsandsteingebirge zeigt sich dem Besucher als urtümliche Landschaft mit eigenem Charakter. Viele Tausend Menschen erleben die berühmten Felsen auf Wanderungen, vom Schiff auf der Elbe aus oder durch die Fenster der Züge zwischen Dresden und Prag. Wie ist diese Landschaft entstanden?

Vor 100 Millionen Jahren stieg der Meeresspiegel weltweit stark an und einer der größten Meeresvorstöße der Erdgeschichte überflutete weite Gebiete in Mitteleuropa, so auch die Elbezone zwischen dem Erzgebirge und der Lausitz. An manchen Stellen brandete das Meer gegen massive Felswände und schliff Hohlkehlen und Brandungstaschen hinein. Heute noch sind die ehemaligen Steilküsten erkennbar. In den Brandungstaschen liegen große Gerölle, oder sie sind mit den Schalenbruchstücken von Muscheln, Schnecken und Seeigeln aufgefüllt, wie am „Hohen Stein“ im Dresdener Stadtteil Plauen. Dieser ehemalige Steinbruch lieferte unzählige, sehr gut erhaltene Versteinerungen. So konnte auch die Lebewelt des Kreidemeeres recht gut untersucht werden.

In Millionen von Jahren wurde der schmale Meeresarm mit Kiesen, Sanden und Tonen langsam gefüllt. Liefergebiete für den in der Bucht abgelagerten Gesteinsschutt waren das Erzgebirge und die Lausitz. Im Raum Dresden, etwas entfernt von den Flussmündungen, bildete sich ein feinkörniges Gestein mit hohem Kalkgehalt. Dieses nach dem Stadtteil Plauen benannte Gestein, der Pläner, verwittert sehr leicht und ist die Ursache für die kesselförmige Verbreiterung des Elbtals, in der Dresden liegt. Weiter im Osten entstand im Laufe der Zeit eine 400 Meter mächtige Abfolge von Sandsteinbänken, eine riesige kompakte Sandsteintafel. Je nach Große der Quarzkörner und der Zusammensetzung des Bindemittels zwischen den Körnern sind die Sandsteine von Bank zu Bank und von Steinbruch zu Steinbruch unterschiedlich fest verbacken und damit verschieden hart und widerstandsfähig. Vor etwa 65 Millionen Jahren (an der Grenze zwischen Kreide und Tertiär) zog sich das Meer zurück und die Erosion begann, die typischen Landschaftsformen zu schaffen. Täler schnitten sich ein und Verwitterungsschutt wurde abtransportiert. Die bizarren Absonderungsformen kommen durch die fast waagrechten Schichtfugen des dickbankigen Sandsteins und die senkrechten Klüfte zustande, die das Gestein in Quader zerlegen. Weichere Schichten verwittern schneller. Es entstehen tiefe Kerben in den Felswänden, und irgendwann bricht das Gestein entlang einer senkrechten Kluft ab. Die so entstandenen quaderförmigen Felsberge heißen "Steine": Lilienstein, Königsstein, Pfaffenstein. Neben diesen Tafelbergen gibt es stark zerklüftete Felsreviere mit bizarren Nadeln und Türmen, Zinnen und Höhlen sowie Schluchten und Klammen - wie z.B. die Schrammsteine und das Umfeld der so genannten Bastei. Zwischen ihnen liegen die Täler der Nebenflüsse der Elbe, die „Gründe" genannt werden. Die Verwitterung also hat die ehemals zusammenhängende Sandsteintafel in schroffe Blöcke zerlegt.

Im Tertiär brachen immer wieder Vulkane im späteren Gebiet des Elbsandsteingebirges aus. Einzelne dieser Basaltdurchbrüche sind heute noch markante Berge in der Sächsischen Schweiz. Im Gegensatz zu den quaderförmigen „Steinen“ nennt sie der Volksmund „Berge“, z.B. Winterberg und Cottaer Spitzberg.

Das Elbsandsteingebirge ist nur dünn besiedelt. Landwirtschaft ist wegen des Reliefs kaum möglich und Forstwirtschaft mühsam. Lange Zeit war aber der Sandsteinabbau in der Sächsischen Schweiz von großer Bedeutung, vor allem wegen der barocken Großbauten in Dresden. Aber auch der Meißner Dom und das Brandenburger Tor in Berlin wurden aus diesem Sandstein gebaut. Heute sind im Elbsandsteingebirge nur noch wenige Brüche in Betrieb. Sie lieferten zum Beispiel die Sandsteine für den Wiederaufbau der Dresdner Frauenkirche.

Der 1990 gegründete Nationalpark Sächsische Schweiz besteht aus zwei Gebieten mit insgesamt 93,5 km^2 Fläche, (davon 92% Wald). Er ist mit über 400 km Wanderwegen erschlossen. Im Südosten grenzt der Nationalpark Böhmische Schweiz in Tschechien an, der seit dem Jahre 2000 besteht. ***(Kurt Goth)***

Internet: *www.nationalpark-saechsische-schweiz.de*

Literatur: Voigt, T. (1995): *Faziesentwicklung und Ablagerungssequenzen am Rand eines Epikontinentalmeeres - die Sedimentationsgeschichte der Sächsischen Kreide. – Dissertation Bergakademie Freiberg: 130 S.; Freiberg.*

Abbildungen links:
1. *Blick vom Rauschenstein über das Rauschentor auf die Rauschentürme*∞ 2. *Felsen im Raaber Kessel bei Rathen mit Kletterer auf der Raaber Säule.*
(Fotos: Frank Richter, Dresden)

Abbildung links:
Der Gletscherschliff am Fuße des Spielbergs in Böhlitz gilt als einer der am besten erhaltenen in Nordsachsen (Foto: A. Sagawe).

„Mich friert bei dem Gedanken"

Die Rundhöcker und Gletscherschliffe in den Hohburger Bergen östlich von Leipzig

„Sollten die nordischen Gletscher wirklich von den skandinavischen Bergen bis an die Wurzener Hügel gereicht haben? Mich friert bei dem Gedanken.". Die Vorstellung einer Überprägung des Tieflandes durch von Skandinavien kommendes Inlandeis veranlasste B. v. Cotta vor rund 160 Jahren zu diesem Ausspruch. Zu dieser Zeit war die Wissenschaft noch davon überzeugt, dass die eiszeitlichen Ablagerungen und Findlinge durch ein riesiges Meer, von Skandinavien bis nach Mitteleuropa reichend, nach Süden gelangten und hier zur Ablagerung kamen. Es fehlte im Prinzip ein Beweis für eine Gletscherwirkung. Und genau diesen entdeckte der sächsische Geologe C. F. Naumann 1844 in den Hohburger Bergen bei Wurzen. Es handelte sich dabei um Felsschliffe auf dem Kleinen Berg, die der Schweizer A. v. Morlot noch im selben Jahr als Gletscherschliff deutete. Zahlreiche Wissenschaftler, darunter Berühmtheiten wie der Schweizer A. Heim und der Engländer Ch. Lyell, besuchten daraufhin die Kuppen im nordsächsischen Tiefland, ohne jedoch zu derselben Erkenntnis wie Morlot zu kommen. Und so sollten noch 31 Jahre vergehen, bis die Vorstellung einer Vergletscherung weiter Teile von Mitteleuropa, die auch als „Glazialtheorie" bezeichnet wird, von der Wissenschaft anerkannt wurde. Erst nach 1875, mit einem Vortrag von O. Torell, gelang ihr schließlich der Durchbruch.

Wie entstanden nun die auf den ersten Blick eher unscheinbaren Felsschliffe? Und warum finden sie sich ausgerechnet hier, in den Hohburger Bergen? Dazu gehen wir ein Stück in der Geschichte zurück – zur „Geburt" der auch „Hohburger Schweiz" genannten Hügel. Gewaltige Vulkanausbrüche ließen deren Gestein, einen Quarzporphyr, vor etwa 290 Millionen Jahren entstehen. Vor rund 20 Millionen Jahren herrschte ein tropisch feucht-warmes Klima, das zur Verwitterung des Gesteins und damit zur Ausbildung der Bergkuppen führte. Während der quartären Inlandvereisung überdeckte mehrmals ein bis zu 300 m mächtiger Eispanzer die Landfläche und hinterließ darauf eine Decke von Geschiebemergel, Schmelzwassersanden und -kiesen sowie Flusssedimenten. Das Eis überfloss, aus nördlichen Richtungen kommend, auch die Kuppen der Hohburger Berge und formte diese zu langgestreckten Hügeln mit elliptischem Grundriss, sogenannten Rundhöckern, um. Die dem Gletscher zugewandten Felsoberflächen wurden durch das Inlandeis selbst und durch im Eis eingefrorene Partikel von Feinsand, Schluff und Ton abgeschliffen und glänzen regelrecht im Sonnenlicht. Größere im Eispanzer eingefrorene Gesteine schrammten und kritzten den Felsen. Diese als Gletscherschrammen bezeichneten Ritzen sind wenige Millimeter tief und breit, mehrere Zenti- bis Dezimeter lang und verlaufen annähernd parallel zueinander. Auf der Südseite, der dem ehemaligen Eis abgewandten Seite, sind die Hänge steiler und rauer ausgebildet, zum Teil wurden ganze Gesteinsbrocken durch das Eis herausgerissen und am Hang abgelagert. Der Porphyr, auf dem die Schliffe ausgebildet sind, ist ein sehr hartes Gestein. So blieben die Gletscherschrammen bis heute erhalten. Einige waren durch mehrere Meter mächtige Sedimente zusätzlich vor Verwitterung geschützt und wurden im Zuge des bis 1975 im Bereich der Kuppen durchgeführten Bergbaus entdeckt. Als die Gletscher Sachsen nicht mehr erreichten, glätteten vom Inlandeis abströmende Winde, die mit Feinsand, Staub und Eis beladen waren, die Felsflächen und Gesteinsbruchstücke im Vorland des Eises. Diese Glättungen erscheinen als charakteristische Muster im Gestein, welche von Rillen, die durch schmale Grate voneinander getrennt sind, bis hin zu kleinen Grübchen oder Löchern reichen. Die eiszeitlichen Gletscher- und Windschliffe in den Hohburger Bergen sind folglich Zeugen des mehrfachen Vorstoßens und Abschmelzens skandinavischer Inlandeisgletscher in Mitteleuropa. Sie zählen zu den ersten in Zentraleuropa nachgewiesenen Schliffen, und ihre Entdeckung schrieb Wissenschaftsgeschichte. Heute sind die Schliffe am Kleinen Berg bei Hohburg, am Spielberg in Böhlitz und am Großen Kewitschenberg südöstlich von Böhlitz zu beobachten.

(Anja Sagawe)

Internet: *www.hohburg.de, www.sachsentip.de/museen/wurzen.html*

Literatur: Eissmann, L. (1984): *Über Gletscherschliffe, Gletscherbewegung und Inselberge in Sachsen. – Mit einer Skizze über Albrecht Pencks frühes Wirken in Sachsen zu seinem 125. Geburtstag. – Abh. Ber. naturkdl. Mus. Mauritianum, 11: 114 – 151; Altenburg.*

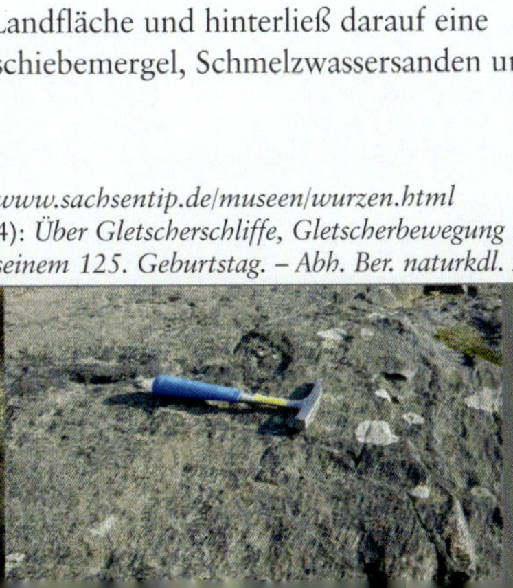

Abbildungen links:
1. *Annähernd parallel zueinander verlaufende Rippen und Furchen des Windschliffs auf dem sogenannten „Naumann-Heim-Felsen" ,*
2. *Die Oberfläche des Felsens am Spielberg weist Schrammen auf, die der Gletscher hinterlassen hat. (Fotos: A. Sagawe)*

Abbildung links:
Luftbild der Altenberger Pinge, einem riesigen Einsturztrichter über Bergwerksbauen, mit Teilen der Stadt Altenberg (Foto: Jens Kugler)

Zeugnis des frühen Zinnbergbaus

Die Altenberger Pinge im Erzgebirge

Die berühmte Altenberger Pinge ist ein beeindruckendes Zeugnis der Bergbaugeschichte in Europa. Verursacht durch den Zusammenbruch der unterirdischen Grubenbaue entstand ein Einsturztrichter von beachtlichen Ausmaßen: etwa 400 m Durchmesser und 130 Meter Tiefe. Die Cheops-Pyramide würde hier problemlos verschwinden.

Seit 1440 gibt es im Gebiet um Altenberg Zinnerzabbau. Nachdem die zuerst entdeckten sogenannten „Zinnseifen" – der zusammengeschwemmte Zinnstein entlang der Bäche – ausgebeutet waren, wurde in fast 100 Gruben das Zinnerz des Zwitterstockes bis in 200 Meter Teufe abgebaut. Durch das so genannte Feuersetzen – Abbrennen von Holzstößen an der Abbauwand - wurde das Gestein mürbegebrannt. Wenn die Brennorte wieder betreten werden konnten, war durch das Aufheizen und Abkühlen eine Gesteinsschale abgeplatzt oder konnte leichter abgebaut werden. Es wurden also große Holzfeuer unter Tage abgebrannt – bei den damaligen technischen Möglichkeiten der Bewetterung (Frischluftzufuhr). Wir können uns heute die Arbeitsbedingungen in diesen Gruben nicht mehr vorstellen.

Nach dem Ausbringen des Erzes blieben dicht nebeneinander liegende Weitungsbaue zurück, die dem Bergdruck auf Dauer nicht standhalten konnten. 1545 und 1578 stürzten Teile der Grubenbaue ein, was zu mehreren, teilweise beträchtlichen Tagebrüchen führte. Trotzdem wurde der unkontrollierte Erzabbau bis zum großen Pingenbruch am 24. Januar 1620 fortgesetzt. Der Chronist Meissner berichtet 1747 nach älteren Quellen: „1620, dem 24. Januar früh zwischen 4 und 5 Uhr hat sich der dritte und allergrößte Bruch ereignet, wodurch nicht nur die schon vorhin gewesene Pinge weiter und tiefer eingegangen, sondern auch nebst 4 Göbeln als Graupener Zeche, Rietzschels Zeche, Herrenzeche und Schellenzeche, Holz und Zwitter versunken, wie nicht weniger eines Bergschmieds Caspar Dietzens Wohnhaus mit allem Handwerkszeug und der Biermäulerschacht. ... Ob nun schon dadurch der meiste Teil dieser Bergstadt überaus heftig erschüttert worden ist, so ist es durch des Allmächtigen Gottes Fürsehung noch so abgegangen, dass nicht der ganze Ort zu Grunde gegangen. ... Allein ein gar alter Bergmann von 79 Jahren, namens David Eichler, ... ist nicht zu finden gewesen, auf welchen die meiste Schuld hernach sitzen geblieben, dass er nämlich aller Warnung ungeachtet alle Bergfesten weggehauen habe."

Nach dem Unglück schlossen sich die betroffenen Gruben zur „Zwitterstocks-Gewerkschaft" zusammen und bauten fortan die Bruchmassen ab. Erst nach der Wende endete der Zinnbergbau in Altenberg.

Entstanden ist das Altenberger Zinnerzvorkommen vor etwa 300 Millionen Jahren im Oberkarbon. Zwischen Teplice (Tschechien) und Dippoldiswalde drangen nacheinander verschiedene Magmen in die Erdkruste ein. Der letzte Magmenschub erkaltete zu einem Zinngranit. Nachdem Feldspat, Quarz und Glimmer aus der Schmelze auskristallisiert waren, wurden die Feldspäte durch die noch verbliebenen heißen Dämpfe und Lösungen zu Quarz und Glimmer zersetzt und als Besonderheit der Altenberger Pyknit, ein grobstengliger Topas gebildet. Teile des Granits wurden in einen so genannten Greisen umgewandelt. Zusammen mit dieser Umwandlung wurde das Gestein durch das Abscheiden von Zinnstein aus den Lösungen vererzt.

Das Zinnerz ist deshalb im gesamten Greisenkörper, den man früher in Altenberg auch als "Zwitterstock" bezeichnete, fein verteilt in unterschiedlichen Konzentrationen vorhanden. Seltener kommen Anreicherungen in Gängen vor. Die Zinngehalte betrugen durchschnittlich 0,3 bis 0,4 % der gesamten vererzten Gesteinsmasse, stiegen aber in Ausnahmefällen lokal bis auf 10 % an. Das wichtigste Erzmineral ist ein Zinnoxid, der Zinnstein (Kassiterit), dessen größere Körner als „Zinngraupen" bezeichnet werden. ***(Kurt Goth)***

Internet: *http://www.bergbaumuseum-altenberg.de*
Literatur: Weinhold, G. (2002): *Die Zinnerz-Lagerstätte Altenberg/Osterzgebirge. - Bergbau in Sachsen, 9: 1-273; Freiberg.*

Abbildung rechts:
Pyknit, ein grobstengeliger Topas (Foto: Archiv Sächsisches Landesamt für Umwelt und Geologie)

Abbildung links:
Steinbruch
auf dem Rochlitzer Berg
(Foto: Gerhard Weber)

Eine heiße Sache

Der Porphyrtuff von Rochlitz an der Mulde

Vor nicht ganz 300 Millionen Jahren kam es in Europa an verschiedenen Stellen zu gewaltigen Vulkanausbrüchen. Nordwestsachsen ist mit mehr als 2000 Quadratkilometern eines der größten Eruptivgebiete dieser Zeit. Bereits in der ersten Phase, die nach dem Rochlitzer Berg benannt worden ist, wurden auf einer Fläche von 1500 Quadratkilometer vulkanische Gesteine abgelagert, die durch Bohrungen nachgewiesen über 400 Meter mächtig sind. Die auf dem Rochlitzer Berg aufgeschlossenen Gesteine sind also nur ein kleiner Ausschnitt aus der Gesamtabfolge.

Entstanden ist das Gestein des Rochlitzer Berges aus kieselsäurereichem Magma, das sich nicht wie Basaltmagma im Erdmantel bildet, sondern in der Unterkruste in etwa 30 km Tiefe. Diese Magmen sind gasreich und zäh und eruptieren deshalb oft mit gigantischen Explosionen. Die Produkte dieser Explosionen sind Ignimbrite, ein aus den lateinischen Wörtern ignis (Feuer) und nimbus (Wolke) zusammengesetzter Begriff. Die Geologen bezeichnen damit ein vulkanisches Gestein, das aus einer Glutwolke abgelagert wurde. Große, tief reichende Spalten in der Erdkruste (an Einbruchstrukturen über Magmenkammern, sogenannten Calderen) ermöglichen den vulkanischen Schmelzen den Aufstieg an die Erdoberfläche. Sie können viele Kubikkilometer Material fördern. Glutwolken sind ein Gemisch aus heißen vulkanischen Gasen und Magmatröpfchen oder Bimssteinfetzen, die bei der Druckentlastung des Magmas entstehen, wenn es die Erdoberfläche erreicht. Die dann ablaufenden Vorgänge sind vergleichbar mit dem Öffnen einer Champagnerflasche. Das in der Flüssigkeit gelöste Gas wird frei und führt unter großer Volumenzunahme zum Aufschäumen. Im Unterschied zum Champagnerschaum sind die Glutwolken aber 800 bis 1000°C heiß. Dieses Gemisch ist schwerer als Luft und bewegt sich am Boden wie eine Flüssigkeit. Bei den gewaltigen Ausbrüchen können große Gebiete mit mächtigen Ignimbritdecken überzogen werden. Von der Temperatur zum Zeitpunkt der Ablagerung der Ignimbrite hängt es ab, ob die Partikel verschweißen und so lavaähnliche dichte Gesteine ergeben, oder ob lockere poröse Massen entstehen. Das typische Gestein des Rochlitzer Berges ist ein solcher unverschweißter Ignimbrit, der erst durch spätere Vorgänge verfestigt wurde wie ein Sandstein. Die moderne Bezeichnung für dieses Gestein ist also Rochlitzer Ignimbrit; als Werksteinbezeichnung finden wir nach wie vor den Begriff „Rochlitzer Porphyrtuff". In den fast 100 m tiefen Steinbrüchen auf dem Rochlitzer Berg südöstlich von Leipzig wird der hellrotbraune „Rochlitzer Porphyrtuff" gebrochen. Seine Farbe wechselt zwischen rot, braun, graugelb oder violett. Oft ist das Gestein von unregelmäßigen, wieder geschlossenen Klüften durchzogen. Seit der Romanik ist er ein wichtiger Baustein der Region. Seine massige Ausbildung und die relative Gleichkörnigkeit ermöglichen die Gewinnung großer Blöcke. Seine einzigartige Farbe und Textur, gepaart mit ausgezeichneten stein- und bauphysikalischen Eigenschaften erklären seine Nutzung als Baumaterial seit dem 10. Jahrhundert. Der Stein der sächsischen Könige, wie der „Rochlitzer Porphyrtuff" auch benannt wird, prägt das Gesicht vieler Städte der Umgebung. Burgen (z.B. Kriebstein und Augustusburg), Schlösser (z.B. Glauchau, Eilenburg und Frohburg) und Kirchen (z.B. Kloster Wechselburg mit der berühmten romanischen Stiftskirche oder die Nikolaikirche in Döbeln) sind aus diesem Gestein erbaut, in Leipzig z.B. das Alte Rathaus, die Pleißenburg und das Grassi-Museum. Auch in modernen Zeiten fand das Gestein vielfältige Verwendung. 1924 wurde ein Steinbrech- und Walzwerk auf dem Rochlitzer Berge eingerichtet, um neue Absatzmärkte zu erschließen. Die dort erzeugten Produkte eigneten sich vorzüglich für den Wegebau und für Sportstätten. So war für die Aschenbahn der Olympischen Spiele 1936 in Berlin fein gemahlener „Rochlitzer Porphyrtuff" verwendet worden.

Erst kürzlich entstand ein Porphyrlehrpfad, der die Entstehung und die Geschichte des roten Rochlitzer Gesteins erläutert. ***(Kurt Goth, Peter Suhr)***

Internet: *www.porphyr-rochlitz.de*

Literatur: Rast, H. (1995): *Der Rochlitzer Berg und sein rotes Vulkangestein. – Mitteilungen des Landesvereins Sächsischer Heimatschutz, 1995, H.2: 41-48; Dresden.*

Abbildung rechts:
Portal aus Rochlitzer Porphyr
(Foto: Archiv Sächsisches Landesamt für Umwelt und Geologie)

Abbildungen links:
1. *Das Weinfelder Maar,*
2. *Das Schalkenmehrner Maar im Nebel*
(Fotos: A. Schüller)

Abbildung links:
Die Dauner Maare:
Vulkanische Sprengtrichter
(Foto: Karl Maas, Daun)

Explosionstrichter voll Wasser

Die Dauner Maare in der Eifel

Es ist erst 10.000 Jahre her, als noch einmal glühendes Magma und Wasser zusammentrafen und gewaltige Vulkanexplosionen die Gesteinsmassen aus dem Inneren der Erde ausspien.

Quer durch die Eifel erstreckt sich auf rd. 50 Kilometer Länge, zwischen Bad Bertrich nahe der Mosel nach Nordwesten hin bis nach Ormont an der belgischen Grenze, das Westeifeler Vulkanfeld. An die 350 Vulkane zeugen von der bewegten Entstehungsgeschichte dieser Region. Es ist die Vulkaneifel.

Vor allem die vor rd. 700.000 Jahren einsetzende Phase vulkanischer Aktivität hat dem Landschaftsbild der Vulkaneifel ihr unverwechselbares Gesicht gegeben. Tuff- und Schlackenkegel erheben sich über die im Laufe von Jahrmillionen eingeebnete Eifelhochfläche, Basaltlavaströme sind in die Täler geflossen und Wasserdampfexplosionen haben große, trichterförmige Krater in den Untergrund gesprengt. Diese Sprengtrichter, die Maare, sind das markanteste Element der Vulkaneifel. Maare sind die in den Untergrund eingesprengten, trichterförmigen Krater von Vulkanen, die nur sehr kurz aktiv waren. Sie entstehen, wenn heißes Magma in Gesteinszonen aufdringt, die Wasser führen. Das Wasser wird explosionsartig in Wasserdampf verwandelt und sprengt durch seine plötzliche Ausdehnung das umgebende Gestein trichterförmig aus. 75 Maare zählt die Vulkaneifel und es können alle Entwicklungsstadien der Entstehung von Maartrichtern beobachtet werden. Die Vulkaneifel ist das klassische Gebiet der Maare.

Im südöstlichen Teil der Vulkaneifel liegt in rd. 2 Kilometer Entfernung zur Kreisstadt Daun ein eindrucksvolles Beispiel für diese Art von Vulkanen. Die Gruppe der Dauner Maare besteht aus mindestens 6 Maartrichtern, von denen das Gemündener, Weinfelder und (westliche) Schalkenmehrener Maar bis heute einen Maarsee enthalten und zwei Maare, östliches und nordöstliches Schalkenmehrener Maar, sog. Trockenmaare darstellen. Geologische Untersuchungen haben ergeben, dass das wassergefüllte Schalkenmehrener Maar eigentlich aus zwei ineinander übergehenden Maartrichtern zusammengesetzt ist und im nördlichen Randbereich noch einen kleinen Schlackenkegel enthält.

Entlang einer Südost-Nordwest verlaufenden Förderspalte sind die Trichter dieser Maargruppe aufgereiht. Nacheinander und innerhalb eines geologisch kurzen Zeitintervalls haben Wasserdampfexplosionen diese Maare in die alte Landoberfläche gesprengt. Die dabei geförderten Auswurfmassen bestehen in der Hauptsache aus den zerborstenen Gesteinsbruchstücken, die aus dem Trichter ausgeworfen wurden. Dem heißen Magma entstammende vulkanische Aschen und Sande sind nur mit geringeren Anteilen an der Zusammensetzung der Maarablagerungen beteiligt. Die nicht von den Explosionen zerrütteten Gesteine, dies sind in der Vulkaneifel Schiefer, Sand- und Tonsteine, verfügen über ausgesprochene wasserstauende Eigenschaften. In Folge dessen konnten sich in den Trichtern die Maarseen bilden, deren Seespiegel jeweils auf verschiedenen Höhenniveaus liegen. Altersbestimmungen und vor allem die Untersuchungen der Ablagerungen in den Maarseen weisen auf eine Entstehung der Dauner Maare in dem Zeitraum vor 20.000 bis 30.000 Jahren hin. Zu dieser Zeit herrschte in Mitteleuropa die letzte Eiszeit.

Die Eifel ist in Bewegung und hebt sich noch. Die Kohlensäurequellen sind ungezählt und geophysikalische Beobachtungen zeigen, dass unter der Eifel eine Zone erhöhter Temperatur bis in mindestens 400 Kilometer Tiefe reicht. Der bisher jüngste Vulkanausbruch ereignete sich darüber hinaus erst vor rd. 10.000 Jahren (Ulmener Maar). Dies ist ein geologisch kurzer Zeitraum und die Vulkanforscher gehen nach allen Indizien davon aus, dass der Vulkanismus in der Vulkaneifel nicht erloschen ist und sich nur in einer Ruhephase befindet.

Heute ist die Vulkaneifel weit über die Regionsgrenzen bekannt. Als bedeutendes Naturerbe von europäischem Rang ist sie inzwischen in die Liste der UNESCO-Global Geoparks aufgenommen und hat die Anerkennung als Nationaler Geopark erhalten.

(Andreas Schüller)

Internet: *www.vulkaneifel.de*
Literatur: Geo-Zetrum Vulkaneifel und Landkreis Daun (Hrsg.) (2002): *Geo-Infoband Vulkaneifel.- 2. Aufl., 218. S.; Daun.*

Abbildung links:
Der Obere Mittelrhein bei Oberwesel. Zwischen Bahnlinie und Rhein ein schmales Band der Talgrundterrassen. Darüber die steilen Wände des Engtals, gekrönt von der Schönburg. Jenseits der Engtaloberkante erstreckt sich die gerodete und besiedelte Trogfläche des Rheins, dahinter die bewaldeten Höhen des Hunsrücks (Foto: W. Schirmer)

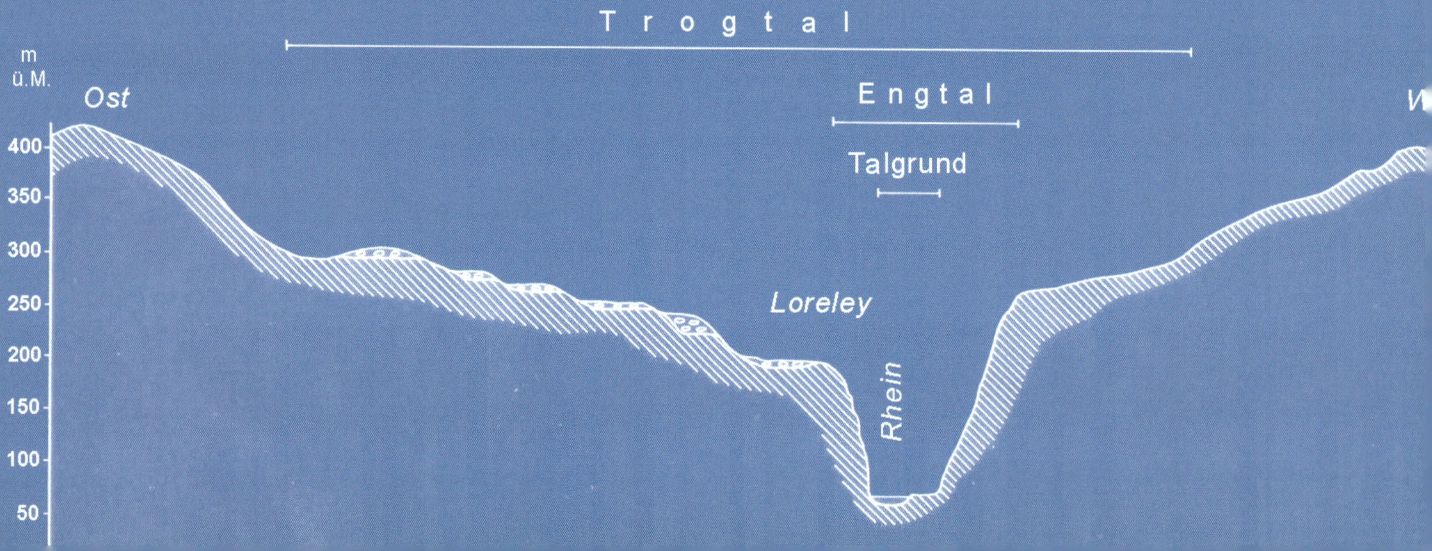

Abbildung links:
Der weltberühmte Loreley-Felsen (Foto: W. Schirmer)

Ein deutscher Canyon

Die Loreley und das Mittelrheintal

Rund 200 m tief ist die gewundene Talschlucht des Mittelrheins – eigentlich eine Schlucht inmitten eines weiten Tals. Sie reicht von Bingen bis Bonn. Fachlich ist es ein „Engtal im Trogtal". Das Trogtal liegt als weites Tal 200-270 m über dem Rhein, ist fruchtbar, reich besiedelt und wird linksrheinisch streckenweise von der Autobahn A61 genutzt. Das Engtal im Trogtal ist dann wirklich eine Schlucht, durch Weinberge und schroffe Felsen geziert, burgengekrönt und -gesäumt. Soweit am Schluchtboden Platz ist, drängen sich dort Dörfer und Städtchen entlang dem Hangfuß und in die schmalen Seitentälchen hinein. Das Talstück des Oberen Mittelrheins von Bingen bis Koblenz ist seit 2002 UNESCO-Welterbe.

Noch 1790 schrieb Georg Forster: „Einige Stellen sind wild genug, um eine finstre Phantasie mit Orkusbildern zu nähren, und selbst die Lage der Städtchen, die eingeengt sind zwischen den senkrechten Wänden des Schiefergebirges und dem Bette des furchtbaren Flusses ... ist melancholisch und schauderhaft." Doch um 1800 brach romantische Empfindung für den Rhein aus, begleitet 1801 von der Erfindung der Loreley-Figur durch den italienisch-stämmigen Clemens von Brentano. Vorher aber waren es schon die englischen Reisenden, die das Tal mit seinen verfallenen Burgen ungemein romantisch empfanden. Wie so oft, brachte dieser Anstoß von außen die Wende im Geschmack, und das Engtal des Mittelrheins wurde zum Inbegriff deutscher Romantik. Maler, wie William Turner, und Dichter, wie Lord Byron, Heinrich Heine oder Mary Shelley, fügten im frühen 19. Jahrhundert das ihre hinzu. So bildete die Rheinreise bis in die 30-er Jahre des 20. Jahrhunderts ein absolutes Muss der besseren Gesellschaft in Deutschland.

Ein großer Riss teilt Europa in zwei Teile von Nord nach Süd: das Westeuropäische Riftsystem. Ein Rift ist eine Spalte, die tief durch die Erdkruste hindurch bis in den Erdmantel hinabreicht. Aufsteigende Wärme, die sich im oberen Erdmantel unter der Erdkruste teilt und nach beiden Seiten hin wegströmt, bewegt dabei festes Gestein millimeterlangsam mit sich. Das Rift ist praktisch der Riss der auseinanderströmenden Bewegung.

Diesem Rift folgt der Rhein von Basel bis in die Niederlande. Vor 35 Millionen Jahren öffnete sich dieses Rift im Rheinischen Schiefergebirge. Damals lag das Gebirge noch ungefähr in Meereshöhe, hob sich dann aber langsam heraus. Der Rhein floss im flachen Trogtal und tiefte sich bis vor 500.000 Jahren nur langsam darin ein. Dann aber hob sich die Rheinische Masse sehr plötzlich. Der Rhein war zum raschen Einschneiden gezwungen und schuf das steilwandige, romantische Engtal. Vor ca. 200.000 Jahren ließ die Hebung nach. Seither gestaltet der Rhein den Hangfuß und Talgrund des Engtals.

Die Natur ziert die Wände des Engtals durch die steil eintauchenden Schieferfelsen (rd. 415–390 Millionen Jahre, Unter-Devon), denen das Rheinische Schiefergebirge seinen Namen verdankt. Am Loreleyfelsen werden die Tonschieferlagen von besonders harten Quarzitlagen durchzogen, weshalb die Talschlucht und die einstigen, heute gesprengten Klippen im Fluss besonders schroff und gefährlich erscheinen.

Zusätzlich wurde das Tal durch vulkanische Tätigkeit im Siebengebirge (vor rd. 25 Millionen Jahren) und in der Osteifel (seit 800.000 Jahren) durch eindrucksvolle Bergkuppen verziert, die den Rhein heute als Vulkanruinen begleiten. *(Wolfgang Schirmer)*

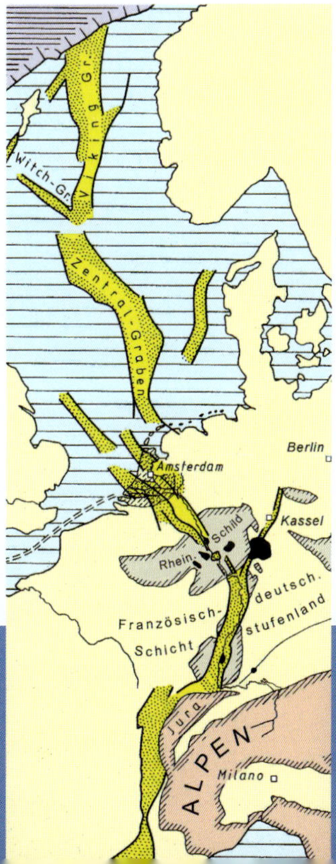

Abbildung links:
Das Westeuropäische Riftsystem (gelb), dem der Rheinlauf auf langem Wege folgt.

Internet: *www.welterbe-mittelrheintal.de*
Literatur: Schirmer, W. [Hrsg.] (2003): *Landschaftsgeschichte im Europäischen Rheinland. – GeoArchaeoRhein, 4: 547 S.; Münster.*

Abbildung links:
Trogtal und Engtal bei der Loreley, 5-fach überhöht

Abbildung links:
Das Meerfelder Maar mit den Resten des Maarsees (Foto: Touristinfo Manderscheid)

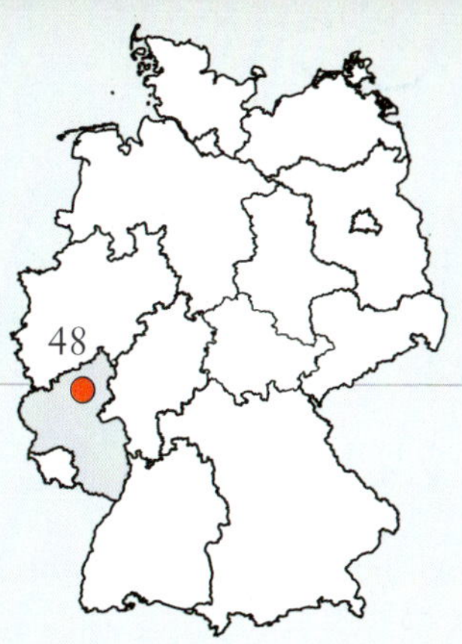

Land der Vulkane

Die Eifel

Der Nationale Geopark Vulkanland Eifel erstreckt sich über ein Gebiet von rd. 2.200 km² quer durch die Eifel zwischen der belgischen Grenze und dem Rhein. Unter seinem Dach arbeiten die drei bestehenden Vulkan- bzw. Geoparks der Eifel – Vulkaneifel European Geopark, Vulkanpark im Kreis Mayen-Koblenz und Vulkanpark Brohltal/Laacher See – zusammen.

Er wird geprägt durch die Vielfalt des vulkanischen Formenschatzes wie Maare, Schlackenkegel, Lavaströme, Dome, Calderen und ungezählte sprudelnde Quellen.

Vulkanausbrüche in der Eifel reichen in der Erdgeschichte bis in die Tertiär-Zeit zurück. Vor allem in der Hoch- und Westeifel finden sich Zeugen einer etwa 35 bis 45 Millionen Jahre alten Vulkantätigkeit.

Während dieser älteren und einer jüngeren Phase vulkanischer Aktivität, die vor etwa 1 Million Jahren begann, sind Hunderte von Ausbruchszentren entstanden. In der Osteifel setzte der Vulkanismus vor über einer halben Million Jahren ein. Vor ca. 13.000 Jahren explodierte der Laacher See-Vulkan - die gewaltigste Eruption der jüngeren Erdgeschichte in Mitteleuropa. Etwa 2.000 Jahre später brach das Ulmener Maar aus. Seither ruht der Eifel-Vulkanismus, wenn von den noch heute sprudelnden Mineralquellen und Kohlendioxidaustritten einmal abgesehen wird.

„Vulkane auf der Reihe" - Das Mosenberg-Meerfeld-Vulkansystem

Das mindestens 29.000 Jahre alte Mosenberg-Meerfeld-Vulkansystem bietet in einzigartiger Weise auf engstem Raum einen Überblick über nahezu die gesamte Formenvielfalt der vulkanischen Erscheinungen der Eifel. Auf einer Nordwest-Südost verlaufenden Störung entstanden 2 Maare und 5 Schlackenkegel. Zunächst wurden die Schlackenkegel und 4 von diesen ausgehende Lavaströme gebildet. Anschließend entstand das kleine Hinkelsmaar, zuletzt 2 km weiter nordwestlich das größte Maar der Westeifel, das Meerfelder Maar.

Der Windsborn ist der nördlichste Krater des eigentlichen Mosenberg-„Reihenvulkans". Sein Kraterboden wird von dem einzigen „Bergkratersee" Deutschlands eingenommen. Im Südosten schließen sich die beiden Schlackenkegel des eigentlichen Mosenbergs an.

Am Südostende des Vulkansystems zeugt die kohlensäurehaltige Mineralquelle des Dreisborn im Brembachtal vom erdgeschichtlich jungen Alter.

„Versteinertes Thermometer" - Die Rutschfalte am Dachsbusch bei Glees

Der Dachsbusch liegt nördlich der Straße Wehr-Glees, unmittelbar östlich der Autobahn A 61. Sein Kegel besteht aus basaltischen Schlacken, die von rötlichen basaltischen Aschen bedeckt sind, welche ebenfalls dem Dachsbusch-Vulkan entstammen. In der Nähe des Gipfels ist durch den Rohstoffabbau eine Gleitfalte auf über 35 m Länge und etwa 10 m Höhe erschlossen worden, die ein vulkanologisches und klimageschichtliches Zeugnis von überregionaler Bedeutung darstellt.

Während der verschiedenen Kaltzeiten des Pleistozäns herrschte in der Region Dauerfrost im Boden. Nur zeitweilig taute er in den obersten 1 bis 2 m auf und bewegte sich ähnlich einem feuchtigkeitsgesättigten Brei hangabwärts (Bodenfließen). Die Umbiegezone der Falte zeichnet also eine Linie gleicher Temperatur nach, unterhalb derer der Boden über längere Zeit hinweg ständig gefroren war. Danach wurde der Berg von Löss überdeckt, der als dünnes gelbes Band im Anschnitt zu sehen ist. Diese Vorgänge ereigneten sich wahrscheinlich vor rund 150.000 Jahren. Schließlich erfolgten vor etwa 100.000 Jahren nur wenige hundert Meter westlich Bims-Ausbrüche, die den Dachsbusch überschütteten und so die Gleitfalte bis heute vor der Abtragung bewahrt haben.

Der Eppelsberg-Vulkan

Ein besonders anschauliches Beispiel für einen Schlackenkegel ist der etwa 230.000 Jahre alte Eppelsberg-Vulkan bei Nickenich. Seine Geschichte beginnt mit dem Aufeinandertreffen von Wasser und heißem Magma. Durch explosive Dampfausbrüche entstand ein Krater mit einem Tuffring bzw. -wall: Ein Maar war geboren. In einer mehrjährigen vulkanischen Ruhephase wuchs auf dem Maar eine Vegetation heran, die durch einen folgenden Ausbruch zerstört und begraben wurde. Während der Hauptaktivitäten des Eppelsberg-Vulkans wurde der eigentliche Schlackenkegel aufgebaut. Dabei

Abbildungen links:
1. *Im Windsbornkrater liegt der einzige Bergkratersee Deutschlands (Foto: Touristinfo Manderscheid),*
2. *Die Abbauwand am Eppelsberg-Vulkan (Foto: Vulkanpark GmbH),*
3. *Der Laacher See mit der Abteikirche Maria Laach (Foto: Walter Müller, Touristinfo Brohltal)*

Abbildung rechts:
Die Gleitfalte am Dachsbusch (Foto: Wolfram Frost, Landesamt für Geologie und Bergbau Rheinland-Pfalz)

sind die Maar- und Tuffring-Ablagerungen treppenartig in den Krater abgerutscht.

Dieser Hauptausbruchsphase folgten noch zwei weitere Ausbrüche. Nachdem der Eppelsberg-Vulkan seine Aktivitäten eingestellt hatte, konnte sich auf seinen Hängen wiederum eine Vegetation entwickeln. Das Wurzelwerk der Bäume reichte bis in die Ablagerungen der letzten Ausbruchsphasen. Jahrhunderte später brachen erneut Vulkane in der näheren Umgebung aus, die die Vegetation ein weiteres Mal zerstörten und überdeckten.

Laacher See und Wingertsbergwand: Eine Katastrophe und ihre Zeugen

Eines der beliebtesten Ausflugsziele in der Osteifel ist der Laacher See mit der Abteikirche Maria Laach. Der Laacher See verdankt seine Entstehung der gewaltigen Eruption des Laacher See-Vulkans vor etwa 13.000 Jahren. Der hochexplosive Ausbruch hat wahrscheinlich nur wenige Tage angedauert. In dieser Zeit entleerte sich die gewaltige Magmenkammer, aus der ca. 16 km^3 Bims gefördert wurde.

Der Schichtenaufbau zeigt die aus der Eruption stammenden Aschenfall-Ablagerungen. Dieses Material wurde in der Eruptionssäule emporgerissen, mit ihr durch die jeweils vorherrschenden Winde transportiert und dann abgelagert. Durch den Transport in der Atmosphäre erreichte der Feinanteil der Laacher See-Asche selbst Südschweden, Bornholm und Oberitalien. Eine zweite Hauptart des Transportes erfolgte durch Aschenströme in wasserdampfreichen Glutwolken und Glutlawinen, welche die Umgebung des heutigen Laacher Sees flächig mit dünnen Aschenlagen überzogen haben. In einst vorhandenen Tälern werden jedoch Mächtigkeiten von mehr als 60 m erreicht (z.B. Trass des Brohltales). An der Wingertsbergwand sind durch den Rohstoffabbau Ablagerungen des Laacher See-Vulkanes über eine Höhe von mehr als 30 Metern hervorragend aufgeschlossen - ein einzigartiges Fenster in die Erdgeschichte.

Für die Umgebung bedeutete der Ausbruch eine Katastrophe. Er hinterließ eine karge, tote und mit vulkanischer Asche bedeckte Mondlandschaft. Heute ist der Laacher See ein idyllisches Fleckchen Erde, an dem auf den ersten Blick nichts mehr von den gewaltigen Kräften aus dem Erdinneren zu sehen ist. Am Ostufer des Laacher Sees perlt jedoch noch heute Kohlendioxid an die Wasseroberfläche - der Atem der Vulkane.

Das Römerbergwerk Meurin

Die gewaltigen bis zu 600°C heißen Glutlawinen und Aschenströme des Laacher See-Vulkans hatten nicht nur zerstörerische Wirkung. Die mitgeführten Aschen verfestigen sich über viele Jahre hinweg durch den Kontakt mit Wasser zu Tuff und wurden so zu einem begehrten Rohstoff.

Das Römerbergwerk Meurin liegt im Tal des Krufter Baches bei Kretz. Römische Soldaten legten es im frühen 1. Jh. n. Ch. an. Sie kannten den Tuffstein aus Italien und schätzten ihn wegen seiner Eigenschaften als Baustein. So entstanden im Krufter Bachtal die größten antiken Tuffstein-Gewinnungsstätten nördlich der Alpen. Im Mittelalter wurde das Bergwerk auf Grund verstärkter Bautätigkeit im 11. bis 13. Jahrhundert erneut genutzt. Der Tuffstein wurde für Kirchen und Klöster im Rheinland, aber auch in Norddeutschland und Dänemark benötigt.

Das Römerbergwerk Meurin ist eines der letzten erhaltenen antiken Stollensysteme und stellt ein einzigartiges Denkmal der Technikgeschichte dar. Exemplarisch lässt sich die Entwicklung des europäischen Steinbruchwesens seit der römischen Epoche nachvollziehen: Dem Besucher können somit 2000 Jahre Industriegeschichte an einem Ort vermittelt werden.

(Beiträge: Wolfram Frost, Angelika Hunold, Uwe Kaulfuß, Martin Koziol, Guido Lotz, Herbert Lutz, Wilhelm Meyer, Holger Schaaff, Sandra Schneiders, Andreas Schüller, Michael Weidenfeller / Bearbeitung: Roger Lang)

Internet: *www.geopark-vulkanland-eifel.de*
Literatur: Büchel, G., Lorenz, V. & Weiler, H. (1984): *Das Westeifel Vulkanfeld: Maare, Schlackenkegel und Hydrogeologie (Exkursionsführer). - Jber. Mitt. oberrhein. geol. Ver., N.F., 66: 107-128, 11 Abb.; Stuttgart.* Meyer, W. (1994): *Geologie der Eifel. - 3. Aufl., 618 S., 154 Abb., 13 Tab., 2 Kt.; Stuttgart (Schweizerbart).* Meyer, W. (2002): *Geologischer Führer zum Geo-Pfad "Vulkanpark Brohltal/Laacher See. - 4. Aufl., 126 S., 72 Abb., 6 Karten; Koblenz.*
Landesamt für Vermessung und Geobasisinformation Rheinland-Pfalz, Landesamt für Geologie und Bergbau Rheinland-Pfalz, Nationaler Geopark Vulkanland Eifel (Hrsg.) (2005): *Geotouristische Karte Nationaler Geopark Vulkanland Eifel 1:100.000.*

Abbildungen unten:

1. *Die Wingertsbergwand – steinernes Buch der Geschichte des Vulkanausbruchs am Laacher See (Foto: Wolfram Frost, Landesamt für Geologie und Bergbau Rheinland-Pfalz)*

2. *Der Edelstein der Eifel – das blaue Mineral Hauyn ist vulkanischen Ursprungs (Foto: Michael Greller, Landesamt für Geologie und Bergbau Rheinland-Pfalz)*

3. *Kohlendioxidaustritt am Ostufer des Laacher Sees (Foto: Armin Grubert, Landesamt für Geologie und Bergbau Rheinland-Pfalz)*

4. *Erd- und Technikgeschichte zum Anfassen im Römerbergwerk Meurin (Foto: Vulkanpark GmbH)*

Abbildung links:
Der Teufelstisch ist durch die Verwitterung unterschiedlich harter Sandsteine entstanden
(Foto: Friedrich Häfner, Landesamt für Geologie und Bergbau Rheinland-Pfalz)

Ein grandioses Naturdenkmal

Der „Teufelstisch“ bei Hinterweidenthal im Pfälzer Wald

Die vielfältigen Felsgebilde im Pfälzer Wald, insbesondere in der Südpfalz, im Dahner Felsenland und dessen Umgebung sind weithin bekannt. Insbesondere die Tischfelsen als besondere Verwitterungsform des pfälzischen Buntsandstein sind beliebte Ausfugsziele. Eines der bekanntesten, gewissermaßen schon ein Wahrzeichen des Pfälzer Waldes, ist der als Naturdenkmal geschützte „Teufelstisch" westlich von Hinterweidenthal.

Der „Teufelstisch" besteht aus Sandsteinen aus der Zeit des Unteren Buntsandstein, die sich vor knapp 250 Millionen Jahren bildeten. Damals war das Klima eher wüstenhaft. Das Herkunftsgebiet dieser Sedimente war das Gallische Land, ein Gebirgsland zwischen dem heutigen Belgien und dem französischen Zentralmassiv. Der Ablagerungsraum war von breit verzweigten, nur episodisch wasserführenden Fluss-Systemen durchzogen, welche Kies und Sand antransportierten und weitflächig aufschichteten. Beim Austrocknen der Flüsse bildeten sich abflusslose Senken. Ein Vergleich zu heutigen Ablagerungen in den tunesischen Salzpfannen (sogenannte Chotts) liegt nahe. Die in den abflusslosen Senken abgelagerten Sedimente wurden überwiegend vom Wind transportiert.

Die „Tischplatte" des über 12,5 Meter hohen Felsens ruht auf drei Stützen, die sich nach oben zum Auflagerbereich hin stark verjüngen. Die Form ist durch den Verlauf geologischer Trennflächen bestimmt: Die obere und untere Tischfläche wird von annähernd horizontalen Schichtflächen gebildet. Die seitliche Begrenzung der Tischplatte und der Stützen, auf denen sie ruht, ist durch Klüfte vorgegeben. Die Rehberg-Schichten des Buntsandstein (benannt nach dem Reh-Berg südlich von Annweiler am Trifels) neigen zur Ausbildung von Tischfelsen, da in dieser Schichtenfolge weiche, pfeilerbildende Sandsteinpartien ("Dünnschichten") und harte, verkieselte, die Deckplatten bildenden Felsbänke ("Felszonen") aufeinanderfolgen. Es ist also der Wechsel in der Gesteinsausbildung, der zu dieser Felsenform führt.

Die Rehberg-Schichten umfassen eine 100 bis 150 Meter mächtige Wechselfolge von härteren Felssandsteinen und weicheren Dünnschichten. Die Felssandsteine sind aus Flussablagerungen entstanden, es sind massige, geröllführende mittelkörnige Quarz-Sandsteine, deren einzelne Körner durch Quarz miteinander verbunden sind. Sie sind rotviolett gefärbt. Farbgebend ist eine dünne Hülle um die einzelnen Sandkörner, die aus dem roten Eisenoxid „Hämatit“ besteht.

Die Dünnschichten stellen fein- bis mittelkörnige, hellziegelrot bis orange gefärbte Sandsteine mit einer charakteristischen Feinschichtung dar. Die rötliche Färbung ist wie bei den Felssandsteinen durch Eisenoxide verursacht. Hier fehlt jedoch das kieselige Bindemittel, der Sand ist lediglich schwach verfestigt und anfälliger für die Verwitterung. Die Dünnschichten werden teilweise als See-Ablagerungen und teilweise als durch Wind transportierte, sogenannte „äolische“ Sedimente gedeutet.

Neben dem Teufelstisch finden sich insbesondere in der Umgebung von Dahn, etwa 5 km südwestlich von Hinterweidenthal, zahlreiche beeindruckende Felsformationen, zum Teil mit hoch aufragenden Burgruinen, die einen Besuch wert sind. So ist das Burgenmassiv „Altdahn - Grafendahn - Tanstein" die größte Burganlage der Pfalz und eine der markantesten Felsenburgen Deutschlands. Sie wurde unter Einbeziehung eines etwa 200 Meter langen und durchschnittlich 40 Meter breiten Felskörpers aus Sandstein der Trifelsschichten erbaut, aus dem in jahrelanger Handarbeit viele Räume und Gänge herausgeschlagen wurden. Ein weiteres geotouristisches Highlight ist die etwa 15 km südlich von Hinterweidenthal gelegene ehemalige Eisenerzgrube „St. Anna-Stollen" bei Nothweiler. In diesem seit 1977 bestehenden Besucherbergwerk kann die mühsame Arbeit unserer Vorfahren bei der Gewinnung der wertvollen Erze eindrucksvoll nacherlebt werden.

(Roger Lang, Wolfram Frost, Doris Dittrich)

Internet: *www.hinterweidenthal.de*

Literatur: Häfner, F. & Böhler, W. (1987): *Der Teufelstisch bei Hinterweidenthal. Ein Beitrag zu seiner Geologie, Morphologie, Verwitterung und Standsicherheit.- Mainzer Geowissenschaftliche Mitteilungen, 16: 328 S.; Mainz.*
Frost, W. (1999): *Geotope in Rheinland-Pfalz. - Hrsg. Geologisches Landesamt Rheinland-Pfalz. Poster mit Begleitheft. 35 S.; Mainz.*

Abbildung links:
Gesteinsdünnschliff eines Sandsteins vom Teufelstisch bei Hinterweidenthal im mikroskopischen Bild – Bildbreite etwa 3 mm
(Foto: Michael Greller, Landesamt für Geologie und Bergbau Rheinland-Pfalz)

Abbildung links:
Der Druidenstein,
ein Kegel aus säuligem Basalt
in der charakteristischen "Meilerstellung",
ist eines der schönsten Geotope in Rheinland-Pfalz
(Foto: Roger Lang, Landesamt für Geologie und Bergbau Rheinland-Pfalz).

Basaltsäulen wie sie schöner nicht sein können

Der Basaltkegel „Druidenstein“ bei Kirchen / Sieg

Der Druidenstein ist ein isolierter Basaltkegel nahe Offhausen bei Kirchen, der eine der herausragenden geologischen Sehenswürdigkeiten in Rheinland-Pfalz darstellt. Er liegt in 450 m Meereshöhe und erhebt sich etwa 20 m über seine Umgebung. Es ist ein Erosionsrest einer ehemals mächtigen Kuppe aus Basalt, der von etwa 400 Millionen Jahre alten bankigen bis plattigen Sandsteinen, Grauwacken und Tonschiefern aus der sogenannten Unterdevon-Zeit umgeben ist.

Der Druidenstein ist durch das Eindringen glutflüssiger, basaltischer Gesteinsschmelze in das umgebende Grundgebirge entstanden. Die Schmelze erstarrte zu festem Basalt in Form gut ausgebildeter Basaltsäulen. Sie sind hier beispielhaft in "Meilerstellung" angeordnet. Diese Bezeichnung leitet sich daher ab, dass die nach unten und nach der Seite auseinanderfächernden Basaltsäulen der Anordnung von Baumstämmen in einem Holzkohlemeiler ähneln. Die Säulenbildung selbst ist eine Folge der Volumenverringerung bei der Abkühlung der Gesteinsschmelze. Basalt ist neben den weltweit bedeutenden Tonvorkommen heute der wichtigste mineralische Rohstoff des Westerwaldes und der angrenzenden Regionen. Er wurde in früherer Zeit vorwiegend als Bau- und Pflasterstein verwendet. Auch im seit 1965 erloschenen Eisenerzbergbau im Siegerland und im Westerwald kam Basalt insbesondere für die verschleißfeste Ausmauerung von Sturzschächten ("Rollen") zur Erzförderung zum Einsatz. Heute wird Basalt im Wesentlichen zur Herstellung von Splitt und Schotter für den Straßen- und Eisenbahnbau gewonnen. Auch als Wasserbaustein oder im Garten- und Landschaftsbau findet das harte und widerstandsfähige Gestein Verwendung. Unweit des Druidensteines, nur wenige Kilometer südöstlich bei Herdorf, wurde früher Basalt in großen Steinbrüchen am Hohenseelbachskopf und an der Mahlscheid abgebaut. Auch sie sind heute als Geotope Zeugen der Erd- und der Technikgeschichte.

Das Basaltvorkommen des Druidensteines gehört zu den Ausläufern des vulkanischen Westerwaldes im östlichen Rheinischen Schiefergebirge. Dieser ist Teil des sogenannten „mitteleuropäischen jungen Vulkangürtels“, der sich seit der Zeit des Alttertiär vor über 60 Millionen Jahren von Schottland über Mittelengland, das Rheinische Schiefergebirge bis in den Egergraben entwickelte. Der Schwerpunkt der magmatischen Aktivität des Westerwaldes fällt in den Zeitraum Oberoligozän/Untermiozän. In dieser Zeit bildeten sich nacheinander zwei eigenständige, benachbart zueinander liegende Vulkanfelder. Die Vulkane waren in den letzten 25 Millionen Jahren besonders zwischen 25 und 19 Millionen Jahren und zwischen 8 und 5 Millionen Jahren aktiv. Da das umgebende Gestein des Grundgebirges leichter abgetragen wird als der harte Basalt, wurde der Druidenstein im Laufe der Jahrmillionen langsam herauspräpariert. Er erhebt sich daher als Härtling über seine Umgebung.

Durch den Eingriff des Menschen wurde die Größe des Basaltkegels im Laufe der Zeit reduziert. So wurde die oberste Spitze wohl aus taktischen Gründen während des Dreißigjährigen Krieges abgebrochen, damit feindlichen Truppen die Orientierung an dieser damals weithin sichtbaren Landmarke erschwert wurde. Auch als Steinbruch wurde der Basaltkegel schon genutzt. Im Jahr 1979 wurde der Druidenstein durch einen gewaltigen Blitzschlag getroffen, so dass er seitdem mit sechs Stahlbetonbalken gestützt werden muss.

Fast noch spannender als die geologische Geschichte des Naturdenkmales, welches seit 1869 unter Naturschutz steht, sind die Sagen und Mythen, die sich um den Basaltkegel ranken. So gibt es die Sage der Herke, Tochter eines keltischen Stammesfürsten, die wegen einer verbotenen Liebe zu einem Jüngling geopfert und ihr Geliebter erstochen wurde. Bei Vollmond sei seitdem im Tal das Jammern und Wehklagen der Geopferten von der Höhe des Druidensteins zu hören. In keltischer und germanischer Zeit soll der Felsen als Kultstätte genutzt worden sein. 1922 wurde der Druidenstein als Station in einen Kreuzweg integriert, zu dem bis heute alljährlich an Christi Himmelfahrt Prozessionen stattfinden. In den 1950er Jahren wurden Festspiele auf der "Druidenstein-Freilichtbühne" aufgeführt.

(Roger Lang, Wolfram Frost)

Internet: *www.vg-kirchen.de*

Literatur: Frost, W. (1999): *Geotope in Rheinland-Pfalz. - Hrsg. Geologisches Landesamt Rheinland-Pfalz. Poster mit Begleitheft. 35 S.; Mainz.*

Abbildung links:
Der Geysir heute,
kleines Foto unten: Der Geysir in einer historischen Aufnahme
(Fotos: Sendler, kleines Bild: H. Born, Andernach, mit Genehmigung von andernach.net Gesellschaft für Stadtmarketing, Wirtschaft und Tourismus mbH)

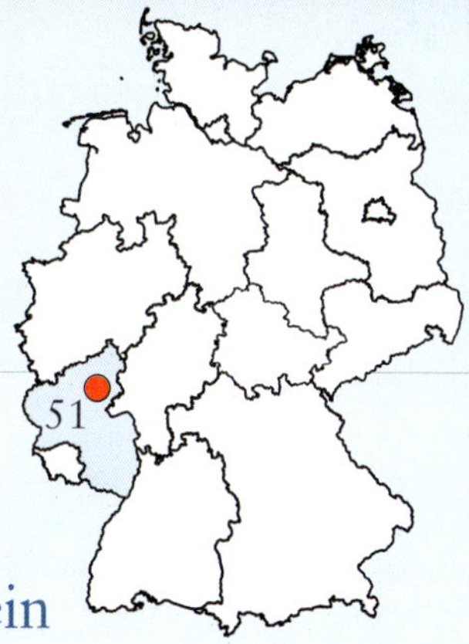

Die Flucht des Wassers aus der Tiefe

Der Geysir von Andernach am Rhein

Vor etwa 13.000 Jahren verwüstete die Eruption des Laacher See-Vulkanes große Teile der Osteifel. Dieser Ausbruch markiert das vorläufige Ende der vulkanischen Aktivität des Osteifeler Vulkanfeldes. Dennoch ist die Region nicht ganz zur Ruhe gekommen. Die vulkanischen Herde im Untergrund geben noch immer u.a. Kohlendioxid-Gas (CO_2) ab. Dieses CO_2 steigt entlang von Klüften im Gestein nach oben und wird bei Kontakt mit dem Grundwasser in diesem gelöst. Die gelöste Menge hängt vom herrschenden Druck und von der Wassertemperatur ab: Je kälter das Wasser und je höher der Druck, desto mehr CO_2 kann aufgenommen werden. Im allgemeinen Sprachgebrauch wird dieses Gas als Kohlensäure bezeichnet. In Form von Mineralwasser ist es ein Begleiter des täglichen Lebens. Und ob Sekt oder Selters - der Effekt ist ähnlich, wenn eine geschüttelte Flasche schnell geöffnet und damit der Druck in der Flasche plötzlich vermindert wird: Der Flascheninhalt schäumt in einer sprudelnden Fontäne heraus. Nach dem gleichen physikalischen Prinzip funktioniert eines der spannendsten Naturschauspiele Europas. Bis über 50 Meter hoch schießt die Fontäne des Kaltwassergeysirs von Andernach in die Höhe - das ist Weltrekord. Es gibt nur wenige Geysire dieser Art. Während bei "normalen" Geysiren wie beispielsweise dem berühmten "Old Faithful" im nordamerikanischen Yellowstone Nationalpark die Wassereruptionen durch den Dampfdruck überhitzten Wassers getrieben werden, ist es bei Kaltwassergeysiren das aus dem Grundwasser bei Druckverminderung freiwerdende CO_2, das den Geysir „springen" lässt. Der „Geysir Andernach“ verdankt seine Existenz den besonderen geologischen Gegebenheiten im Bereich des Namedyer Werths. Hier bestehen über tiefreichende Störungen und Klüfte Aufstiegswege für das CO_2. Diese „geologischen Großstörungen“, Zonen an denen sich mehrere tausend Meter mächtige Blöcke aus dem ansonsten wenig durchlässigen Schiefergestein gegeneinander verschoben haben, bilden bevorzugte Wegsamkeiten für Gas und Grundwasser. So gelangt kaltes, CO_2-haltiges Grundwasser aus verschiedenen Tiefenbereichen in den 350 Meter tiefen Bohrbrunnen des Andernacher Geysirs. Bei relativ niedriger Wassertemperatur (ca. 20°C) und dem Druck der Wassersäule (in 350 m Tiefe 35 bar) ist besonders viel zuströmendes CO_2 im Grundwasser gelöst. Ein schwacher, aber kontinuierlicher Zufluss von CO_2-gesättigtem Grundwasser (ca. 1 Liter/Sekunde) führt dazu, dass das Tiefenwasser langsam im Brunnen aufsteigt und dadurch in Bereiche geringeren Drucks gelangt. Bei Unterschreiten eines Druckes von rd. 10 bar (entspricht ca. 100 m Wassersäule) beginnt das im Wasser gelöste CO_2 in Form von Bläschen auszufallen. Diese kleinen Blasen dehnen sich beim Aufstieg im Brunnen immer weiter aus. Durch das nunmehr im Brunnen vorhandene Gas-Wasser-Gemisch nimmt der Druck im Brunnen weiter ab, dadurch wird wiederum noch mehr CO_2 freigesetzt, und so weiter. Der so ausgelöste „Domino-Effekt“ beschleunigt diesen Vorgang immer mehr. Schließlich bilden sich Gasblasen, die den gesamten Brunnenquerschnitt ausfüllen; da diese sich nur noch in der Längsachse ausdehnen können, wird schließlich der Inhalt der Wassersäule mit hoher Geschwindigkeit aus dem Brunnen ausgeworfen: Der Geysir Andernach springt. Nach dem Ausbruch füllt sich der Brunnen langsam wieder mit kaltem und CO_2-gesättigtem Grundwasser und der gesamte Vorgang wiederholt sich in regelmäßigem Abstand von rd. 1,5 Stunden.

Nachdem seit jeher im toten Rheinarm der zwischen Andernach und Namedy gelegenen Halbinsel „Namedyer Werth“ aufsteigende Gasblasen bekannt waren, wurde 1903/1904 dort eine Bohrung auf Mineralwasservorkommen niedergebracht. Das Projekt scheiterte jedoch infolge des ständigen Zustromes von CO_2, welches einen hohen Druck im Bohrloch aufbaute, der sich alle zwei bis sechs Stunden in einer etwa 40 Meter hohen Fontäne entlud. Die Wasserförderung war dadurch sehr erschwert, dafür nutzte man das Naturschauspiel seit 1912 touristisch. Nach kriegsbedingten Schäden kam der Geysir in der Folgezeit im Jahr 1957 nach technischen Problemen zum Erliegen. Ein 1955 gebohrter Ersatzbrunnen wurde 1967 im Zuge des Neubaues der Bundesstraße 9 verschlossen.

2001 wurde der „Geysir Andernach“ dann unweit der früheren Bohrungen reaktiviert. Da er sich in einem Naturschutzgebiet befindet, gibt es für die vorgesehene touristische Nutzung strenge Auflagen.

(Bernd Krauthausen, Jan Deuster, Roger Lang)

Internet: *www.andernach.net*

Abbildung links:
Die Saarschleife bei Mettlach
(Foto: Bilddatenbank der Tourismus Zentrale Saarland)

Der Drang ins Bett der Mosel

Die Saarschleife bei Mettlach

Schön breit und gerade fließt die Saar aus Saarbrücken, im Süden des Saarlandes, ihrer Mündung in die Mosel entgegen. Doch dann überlegt sie es sich kurz hinter Besseringen doch anders, sucht sich nicht den geraden Weg zur Mosel, sondern schlägt einen Haken - um einen Bergsporn bei Mettlach herum. Statt eines Weges von 2 km Luftweg schafft sie sich einen Umweg von 10 km. So findet sich hier eine der beeindruckensten Flussschleifen Deutschlands: die Saarschleife bei Mettlach. Die Saar entspringt als Rote und Weiße Saar bei Lörchingen, am Fuße Donon (1008 m) in den Nordvogesen in Frankreich. In ihrem 250 km langen Lauf fließt sie von Süden nach Norden. Zwischen Hanweiler und Güdingen bildet die Saar dabei auf einer Strecke von fast 9 km die Grenze zwischen Deutschland und Frankreich, bei Saarhölzbach verlässt sie das Saarland und mündet bei Konz, südlich von Trier, in die Mosel.

Teilweise verläuft die Saar durch den rund 92.000 ha großen Naturpark Saar-Hunsrück. Dieser befindet sich im südwestlichen Teil von Rheinland-Pfalz und reicht vom Rand des Saargaus im Westen bis zur Stadt Idar-Oberstein im Osten. Die südliche Grenze wird durch die Landesgrenze zum Saarland, die nördliche durch den Osburger Hochwald und den ldarwald gebildet. Die Saar fließt durch eine Landschaft mit einer erdgeschichtlich interessanten Entwicklung. Der Fluss bildet die Nahtstelle zwischen Hunsrück und den Gesteinsdeckschichten der Höhenzüge zwischen Saar und Mosel, die aus dem Mesozoikum stammen.

Eine fast 400 Millionen. Jahre lange Entwicklung hat das Gebiet zwischen Saar und Mosel geformt und ihm seinen heutigen Charakter gegeben. Der Landkreis Merzig-Wadern, in dessen Mitte sich die Saarschleife befindet, ist überwiegend mit Wald bedeckt und stellt zugleich den Übergang zwischen dem relativ flachen Saar-Nahe-Bergland und dem hügeligen Hunsrück, der Teil des Rheinischen Schiefergebirges ist, dar.

Die Höhenzüge des Hunsrücks zeichnen sich durch ein besonders erosionsbeständiges, hartes Gestein aus, den so genannten Taunusquarzit. Bei der Anlage des Tals mit seinen steilen Hängen im Bereich der Saarschleife hat vor allem diese Widerstandsfähigkeit des Gesteins gegenüber der Erosion eine wichtige Rolle gespielt. So versperrten harte Gesteinsschichten dem Fluss den direkten Weg zu seiner Mündung. Um dieses Hindernis zu überwinden, hat sich die Saar tief in den Fels hinein graben müssen, um sich ihren Weg nach Norden zu schaffen.

Der heutige Verlauf spiegelt somit den für den Fluss „leichtesten" Weg durch das Gestein wider. Dabei weicht die Saar weit nach Nordwesten aus, um nach einer 180-Grad Wende annähernd parallel zurückzufließen.

Einige besondere Aussichten sind im heilklimatischen Luftkur- und Erholungsort Orscholz zu finden. Vom Aussichtspunkt „Cloef", zugleich auch Wahrzeichen der Gemeinde Mettlach, lässt sich der Blick über die Saarschleife am besten genießen. Der Name „Cloef" gibt noch bis in die heutige Zeit Rätsel auf, und somit kursieren mehrere Versionen seines Ursprungs. Einer davon ist die Übersetzung des Wortes „Cloef" (steiles Kerbtal) aus der keltischen Sprache.

Am besten lassen sich die Saarschleife und die Schönheiten ihrer Umgebung bei einer Wanderung erkunden. Ein idealer Ausgangspunkt hierfür ist Mettlach. Vom Stadtzentrum aus führt ein Weg auf den Bergrücken, der einige imposante Ausblicke über die Saar bietet, bis hin zur Ruine der Burg Montclair. Von hier aus geht es zurück zum Ufer der Saar, die mit einer kleinen Fähre überquert wird, um somit in das gegenüberliegende Steinbachtal zu gelangen. In diesem Naturschutzgebiet befinden sich seltene Moose, Farne und Flechten sowie einige unter Schutz stehende Vogelarten wie Wanderfalken, Uhu und Eisvögel. Auf dem Rückweg Richtung Mettlach nördlich der Saarschleife bieten sich noch einige Möglichkeiten, imposante Bundsandsteinformationen zu bewundern.

Noch heute gräbt sich die Saar in das harte Gestein ein. Auf Dauer wird sich der Fluss den kürzesten Weg zur Mündung in die Mosel suchen, so dass der jetzige Bergsporn als Umlaufberg zurückbleiben wird.

(Birgit Grauvogel, Yvonne Flesch)

Internet: *www.saarwanderland.de*

Abbildung links:
Blick vom Feldberggipfel (Bismarckdenkmal) über den Feldsee mit den Karwänden sowie über die umliegenden Schwarzwaldhöhen.
Im Mittelgrund der Raimartihof
(Foto: T. Huth)

Abbildung links:
Blick vom Felsenweg
über den Feldsee
und die umliegenden Schwarzwaldhöhen.
Im Mittelgrund der Raimartihof
(Foto: T. Huth)

Relikte der Eiszeit

Feldberg und Wutachschlucht im Schwarzwald

Noch vor 20.000 Jahren lag das Feldberggebiet unter einem dicken Eispanzer. Er modellierte die Landschaft und hinterließ zahlreiche Formen, die auf die ehemalige Vergletscherung hinweisen. Sie sind sonst in Deutschland fast nur in den Alpen zu finden. Die Wutach, die heute in einer tiefen Schlucht fließt, hat vor ca. 18.000 Jahren der Donau den Quellfluss gestohlen und ihn zum Rhein umgelenkt.

Die vom Schwarzwälder Grundgebirge aufgebaute Feldbergregion stellt eine während der Eiszeiten vergletscherte Mittelgebirgsregion Deutschlands außerhalb der Alpen dar. Großflächige Eiskappen und Gletscherströme bis weit in die Täler führten zu einer Fülle eiszeitlicher Formen und Strukturen, die sich heute noch in schönster Weise erhalten haben: Kare, gletschergeformte Täler, Hängetäler, Rundhöcker und Gletscherschliffe, übertiefte Becken (Titisee, Schluchsee) sowie Urstromtäler sind nur die wichtigsten dieser Formen. Moränenablagerungen, Sander und Findlinge, die sich in guten Aufschlüssen und an zahlreichen Lokalitäten beobachten lassen, ließen wichtige Erkenntnisse über die verschiedenen Vereisungen gewinnen.

Aus den östlichen Gletschergebieten des Feldbergs stammten die Zuflüsse zur Feldberg-Donau, die bis in die letzte Eiszeit einer der wichtigsten Quellflüsse der Donau war. Während der letzten Eiszeit wurde diese Feldberg-Donau vor ca. 18.000 Jahren von einer Ur-Wutach angezapft, die sich von Süden, vom Hochrhein kommend, stetig weiter nach Norden eingeschnitten hatte, bis sie vor der Blumberger Pforte die Feldberg-Donau erreichte und diese zum Rhein umleitete.
Durch die Erosionskraft der Wutach entstand in den folgenden rund 10.000 Jahren eine Schlucht, die bis zu 180 m in das Grund- und Deckgebirge eingeschnitten ist und deren Entstehungsgeschichte noch lange nicht abgeschlossen ist. Die Schlucht öffnete ein riesiges geologisches Fenster in über 1 Milliarde Jahre Erdgeschichte vom Grundgebirge aus Granit und Gneis bis zu den Sandsteinen, Tonsteinen und Kalksteinen aus dem Erdmittelalter (Buntsandstein, Muschelkalk, Keuper bis zum Mitteljura). Gesteine und Formenreichtum der ehemaligen Lebewelt lassen sich in zahlreichen guten Aufschlüssen studieren, und immer wieder auftretende Felsstürze und Rutschungen schaffen ständig frische Beobachtungsbereiche.

Landschaftsformen der Wutach wie das Quellgebiet am Feldberg, der ruhige Oberlauf, die wilde Schlucht und schließlich die breiter werdenden Flussauen im Unterlauf zwischen Stühlingen und Waldshut können auf ca. 76 km bestens erkundet werden und haben eine Fülle wissenschaftlicher Erkenntnisse über diese junge Flussregion erbracht.

Die Landschaften von Feldberg und Wutachschlucht weisen eine außergewöhnliche Pflanzenwelt auf. Das Zusammenwirken von Gesteinen, Höhenstufen, Klima und Landschaftsgeschichte ließen zahlreiche Pflanzenstandorte und -gesellschaften entstehen, die in dieser Fülle und Zusammensetzung einzig in deutschen Mittelgebirgen ist. Eiszeitliche Reliktpflanzen im Gipfelbereich, Hochlagenwälder und Schluchtstandorte, Moore und Bachauen auf sauren Grundgebirgsböden, im Muschelkalk der Wutach eine überaus bunte Kalkvegetation mit Orchideen, feuchte Schluchten und warme Halbtrockenrasen lassen über 1400 Arten der rund 2800 einheimischen Farn- und Blütenpflanzen vorkommen (davon allein 1200 in der Wutachschlucht).

Der Feldberg ist das älteste, höchstgelegene und zugleich größte Naturschutzgebiet des Landes Baden-Württemberg und wurde 1937 ausgewiesen. Auch die Wutachschlucht ist seit 1939 Naturschutzgebiet.

Über 1,5 Millionen Besucher bewegen sich jährlich über zahlreiche gut ausgeschilderte Wege, Loipen und Skipisten. Die gut erschlossene Schlucht wird von annähernd 100 000 Besuchern durchwandert.

Am Feldberg befindet sich das Naturschutzzentrum Südschwarzwald, das gleichzeitig die Geschäftsstelle des Naturparks Südschwarzwald sowie der Standort des Feldbergrangers ist. Der Feldberg ist durch zahlreiche Wanderwege und mehrere Lifte bestens erschlossen.
Die eigentliche, ca. 35 km lange Wutachschlucht kann durch mehrere Einstiege aus den umliegenden Gemeinden erreicht werden. *(Thomas Huth)*

Internet: *www.wutachschlucht.de, www.naturpark-suedschwarzwald.de*
Literatur: Sauer, K. & Schnetter, M. (Hrsg.) (1988): *Die Wutach – Naturkundliche Monographie einer Flußlandschaft. Landesanstalt für Umweltschutz: Natur- u. Landsch.-Schutzgeb. Baden-Württ., 6: 575 S.; Karlsruhe.*

Abbildungen links:
1. *Felsenturm aus Oberem Muschelkalk im farbigen Herbstwald der Wutachschlucht*
2. *Wutachschlucht vom Felsensteig aus gesehen*
(Fotos: T. Huth)

Abbildung links:
Zwei Lavaströme aus olivinführendem Tephrit am Föhrenberg bei Ihringen. (Foto: T. Huth)

Abbildung links:
Östliche Steinbruchwand des aufgelassenen Steinbruchs VII am Limberg bei Sasbach. Eine rote Wand aus Schlackenagglomeraten, versetzt gegen einen Lavastrom (grau mit weißen Kalkadern); links noch tertiäre Mergel (orange bis gelb), über allem hellgelber Löss. (Foto: T. Huth)

Im Inneren eines Vulkans

Der Kaiserstuhl im Oberrheintal

Der Kaiserstuhl im südlichen Oberrheintal erlaubt einen Blick in einen Vulkan. Er ist allerdings schon lange erloschen und inzwischen so stark abgetragen, dass heute nur noch eine „Vulkanruine" erhalten geblieben ist. Seit seiner erstmaligen Beschreibung Ende des 18. Jahrhunderts durch Baron de Dietrich (1783) haben eine große Zahl von Geologen, Mineralogen und Botaniker dieses einzigartige Gebiet besucht, untersucht und beschrieben.

Der Kaiserstuhl entstand vor etwa 19-16 Millionen Jahren (im sogenannten Miozän des Jungtertiars). Schon lange vorher war der Oberrheingraben eingebrochen und hatte zu tiefen Rissen in der Erdkruste geführt. Entlang dieser Risse, deren Umgebungsgestein durch die Hitze der ersten Ausbrüche verändert (gebrannt) wurde, stiegen Aschen und flüssige Gesteinsschmelzen (Tuffe und Magmen) auf und schufen eine Gruppe mächtiger Schichtvulkane (Stratovulkane), deren Reste heute noch die höchsten Lagen des Kaiserstuhls bilden. Sie reichen bis 556 m über den Meeresspiegel. Später drangen Gesteine aus sehr großen Tiefen auf, die jedoch unter einer mehrere 100 m mächtigen Lava- und Tuffdecke des Vulkans stecken blieben. Weitere Tiefengesteine stiegen im Zentrum auf und führten zu einem In- und Nebeneinander von Tausenden dichtest gedrängter Gänge und Gesteinskörper. Dabei entstand auch ein sehr seltenes vulkanisches Kalkgestein, der „Karbonatit", der heute große Bereiche des zentralen Kaiserstuhls aufbaut. Die letzte vulkanische Phase wurde mit dem Entstehen des Limbergs eingeläutet, wobei nochmals Laven und Tuffe gefördert wurden. Der Kaiserstuhlvulkanismus war allerdings nicht ständig aktiv. Im nordwestlichen Bereich kam es zwischen zwei Förderphasen quer durch den heutigen Limberg zu einem Grabeneinbruch, in dem sich über längere Zeit mächtige Gesteinsschichten abgelagert haben. In diesen Ablagerungen wurden Fossilien gefunden, die bestimmt und zeitlich eingeordnet werden konnten, wodurch relativ genaue Zeitvorstellungen über den Vulkanismus, seine Dauer und sein Ende gewonnen werden konnten. Nach Erlöschen des Vulkanismus begann die Erosion zu wirken, die seitdem die heutigen Formen geschaffen hat. Dabei wurden mehrere Hundert Meter des ehemaligen Kaiserstuhlvulkans abgetragen und das vulkanische Innere freigelegt. In den Kaltzeiten des Eiszeitalters wurde der Kaiserstuhls von Löss überzogen. Dieser Löss, ein sehr feinkörniger kalkreicher Flugstaub, wurde von den vorherrschenden Nordwestwinden aus den vegetationsfreien eiszeitlichen Flussablagerungen der Rheinebene nach Osten über den Kaiserstuhl und die gesamte Vorbergzone verblasen und in bis zu 60 m mächtigen Schichten abgelagert. Die Vulkanruine des Kaiserstuhls erlaubt heute einen Blick in das Innere eines Vulkans, was sich bei einem tätigen Vulkan selbstverständlich verbietet und auch bei anderen erloschenen Vulkanen nur selten in dieser Güte möglich ist: Tiefengesteine, Ganggesteine, Gesteine, die sich in ihrer Zusammensetzung stark ähneln, optisch aber gänzlich anders aussehen, ihre gegenseitigen Abfolgen und Durchdringungen sind gut zu erkennen. Einige dieser Tiefengesteine wurden erstmals hier beobachtet und beschrieben. Sie sind nach Lokalitäten am Kaiserstuhl benannt, wie zum Beispiel der „Mondhaldeit" nach dem Gewann Mondhalde oder der „Bergalit" nach dem Badberg. Der „Karbonatit", ein Kalkgestein, dessen vulkanische Herkunft lange Zeit umstritten war, ist durch mehrere Steinbrüche erschlossen.

Die seit den Römern am Kaiserstuhl kultivierte Weinrebe erbringt aufgrund des warmen Klimas und der günstigen Böden aus Löss und Vulkangesteinen hohe Erträge bekannter und geschätzter Weine. Die Mühsal der Arbeit in den ursprünglich angelegten kleinen Hangterrassen führte ab 1970 zu großflächigen Rebumlegungen, die große Teile der Kaiserstuhloberflächen gravierend veränderten. Bedingt durch sein besonderes Klima ist der Kaiserstuhl insbesondere im Frühjahr ein beliebtes Ziel für viele Wanderer und Naturfreunde, denn diese „mediterrane Insel" verfügt über viele Standorte seltener und gefährdeter Tiere und Pflanzen. Diesen Besonderheiten widmen sich mehrere Lehrpfade und ein Naturzentrum. Und selbstverständlich befasst sich ein Weinbaumuseum (in Achkarren in der Gemeinde Vogtsburg im Kaiserstuhl) auch mit der Geologie und den Böden dieser rebenumkränzten Vulkanruine im Oberrheintal. *(Thomas Huth)*

Internet: *www.lehrpfad.de*
Literatur: Landesamt für Geologie, Rohstoffe und Bergbau (2004): *Geologische Exkursionskarte des Kaiserstuhls 1 : 25 000.- Freiburg i. Br.*

Abbildung links oben:
Blick vom Westrand des Randecker Maars ins wiesenbestandene Zentrum. Im Hintergrund der Einschnitt der Zipfelbachschlucht, flankiert vom Schafbuckel (Foto: G. Schweigert)

Explosionsartiger Ausbruch eines Vulkans

Das Randecker Maar auf der Schwäbischen Alb

Der felsbekränzte Nordrand der Schwäbischen Alb wird von hellen Jurakalken gebildet. Dieser Albtrauf ist weithin von der Autobahn von Stuttgart kommend Richtung München sichtbar. Kurz vor dem Albaufstieg am Aichelberg fällt bei Weilheim/Teck ein kahler, kegelförmiger Berg auf, die Limburg. Dieser der Schwäbischen Alb vorgelagerte Berg enthält einen vulkanischen Förderschlot, der von der Erosion aus den umgebenden weicheren Gesteinen des Mitteljura herauspräpariert wurde. Im Gebiet der mittleren Schwäbischen Alb sind über 350 derartige vulkanische Durchschlagsröhren bekannt, die vor etwa 17 Millionen Jahren im sogenannten „Miozän" entstanden sind. Sie werden als „Urach-Kirchheimer Vulkanfeld" oder auch als „Schwäbischer Vulkan" bezeichnet. Viele Ortschaften auf der Hochfläche der mittleren Schwäbischen Alb, wie Donnstetten, Zainingen, Hengen oder Laichingen, sind auf solchen Schloten angelegt, die dort allerdings meist Senken bilden, weil das vulkanische Gestein leichter verwittert als der umgebende Jurakalk. Das verwitterte Vulkangestein wirkt im Gegensatz zum verkarsteten Kalkstein wasserstauend. Früher war diese lokale, hygienisch allerdings höchst bedenkliche Wasserführung für die Bevölkerung lebenswichtig und führte deswegen zur Ansiedlung auf den einstigen Schloten.

Wenige Kilometer südlich der Limburg, bei der Ortschaft Hepsisau, ist der Albtrauf durch eine etwa 1,2 Kilometer breite und 100 Meter tiefe, amphitheaterartige Senke unterbrochen, das Randecker Maar. Auch dieses ist vulkanischer Entstehung und stellt die größte und am besten erhaltene Struktur des Urach-Kirchheimer Vulkanfelds dar. Zur Miozän-Zeit war hier beim Aufstieg glutflüssigen Magmas aus dem Erdmantel beim Kontakt mit grundwasserführenden Schichten des Deckgebirges ein Maar ausgesprengt worden, das sich alsbald wie bei den heutigen Maaren der Eifel mit einem See füllte. Dieser See existiert heute nicht mehr, weil der Kessel des Randecker Maars bei der Zurückverlegung des Albtraufs an seinem nordöstlichen Rand angeschnitten wurde. Im heutigen Maargrund entspringen zahlreiche Quellen, die ein verzweigtes System kleiner Bäche speisen. Diese vereinigen sich zur wildromantischen Zipfelbachschlucht. Sowohl diese als auch das Randecker Maar selbst sind als Naturschutzgebiet ausgewiesen. Der beste Überblick über das Maar ist vom Südrand beim Salzmannstein zu gewinnen. Die steilen Hänge des Randecker Maars sind überall von großen Kalkblöcken übersät. Einige davon bestehen nicht aus Schwammkalk, wie er auch in der unmittelbaren Umgebung vorkommt, sondern aus jüngerem Korallenkalk. Dies beweist, dass die Blöcke von einer einst deutlich höheren Landoberfläche in den steilen Krater hineingestürzt sind. In den letzten 17 Millionen Jahren, seit der Miozän-Zeit, wurde die Landoberfläche um einen Betrag von wenigstens 70 Metern abgetragen. Einer der größten Blöcke befindet sich an der Stelle, an der der Zipfelbach das Randecker Maar verlässt. Nur diesem glücklichen Umstand ist es zu verdanken, dass die Abtragung nicht schon wesentlich weiter fortgeschritten ist. Zwischen den Blöcken treten immer wieder kalkige Ablagerungen des miozänen Maarsees zu Tage. Vulkanische Tuffite sind hingegen am Nordhang des Randecker Maars entlang eines Wanderwegs angeschnitten. Die wellige Morphologie des Wiesengeländes im Maarzentrum kommt durch Rutschungen in den weichen Seesedimenten zustande. Teilweise handelt es sich dabei um feinschichtige Blätterkohle („Dysodil"). Dieses eigenartige Gestein enthält Kohlenwasserstoffe und ist deswegen in trockenem Zustand brennbar. Mitte des 19. Jahrhunderts wurde versucht, daraus durch Verschwelen Petroleum zu gewinnen, was aber nicht rentabel war. Noch heute sind im Wald neben dem Wanderweg von der Zipfelbachschlucht zum Hof Randeck Reste einstiger Halden dieser Bergbauversuche erkennbar. In den Seeablagerungen des Maars wurden Versteinerungen einer reichen Flora und Fauna aus der Miozän-Zeit gefunden, die ein deutlich wärmeres Klima als heute bezeugen, wie Termiten oder Blätter von Lorbeergewächsen.

(Günter Schweigert)

Internet: *www.naturschutzzentren-bw.de*

Literatur: Schweigert, G. (1998): *Das Randecker Maar – ein fossiler Kratersee am Albtrauf. – Stuttgarter Beiträge zur Naturkunde, C 43: 70 S.; Stuttgart.*

Abbildung links unten:
Winterlicher Blick vom Salzmannstein über das Randecker Maar zum vulkanischen Kegel der Limburg im Hintergrund (Foto: G. Schweigert)

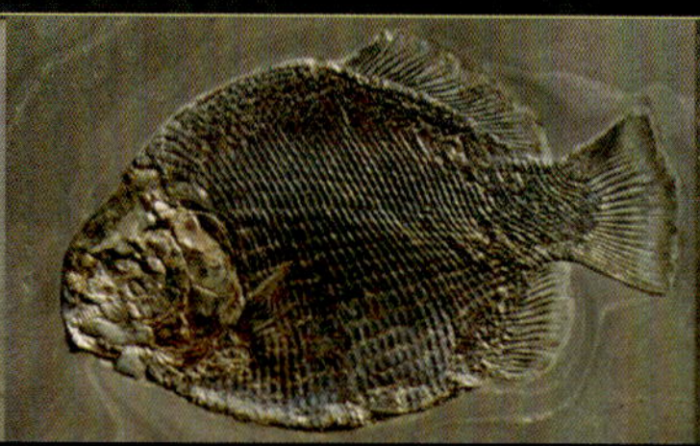

Abbildung links:
3 m langer, krokodilähnlicher Meeressaurier (Steneosaurus bollensis Jaeg.) (Foto: Urwelt-Museum Hauff)

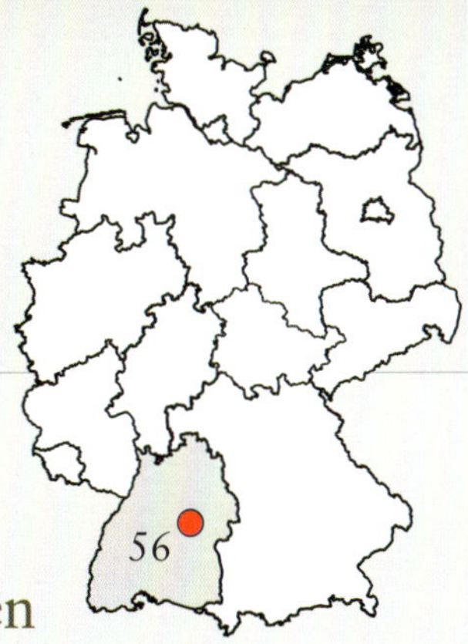

Erlebbare Urwelt im Urwelt-Museum Hauff

Der weltberühmte „Posidonienschiefer“ von Holzmaden

Am Fuße der Schwäbischen Alb liegt 40 Kilometer südöstlich von Stuttgart das Dorf Holzmaden, das als Fossilfundstätte weltbekannt wurde. Dort stehen Gesteine des „Schwarzen Jura“ an, benannt nach der typischen Gesteinsart in dieser Schichtfolge, einem schwarzen Tonstein. Aufgrund seiner feinen Schichtung wird er fälschlicherweise auch häufig als „Schiefer“ bezeichnet, zusammen mit einer darin zu findenden fossilen Muschel als „Posidonienschiefer“. Die Ablagerungen sind vor 180 Millionen Jahren am Grund des Jurameeres entstanden. Dieses Meer bedeckte über 50 Millionen Jahre lang fast ganz Europa. Es war tropisch warm. Die Fossilien, die in den Schwarzjura-Gesteinen zu finden sind, sind außergewöhnlich gut erhalten. Der Sauerstoffgehalt war zu ihrer Ablagerungszeit am Meeresgrund besonders gering, so dass die toten Tiere nicht verwesten, sondern in den Meeresschlamm eingebettet wurden. Ausnahmslos werden sie beim kommerziellen Abbau des Tonsteins durch Zufall gefunden. Es lohnt sich nicht, nach Ihnen gezielt zu suchen. So müssen circa 2000 Kubikmeter Gestein umgegraben werden, um einen gut erhaltenen Saurier zu finden.

Der Lebensraum, in dem die Meeressaurier, Fische, Seelilien, Ammoniten und Belemniten gelebt haben, war das offene Meer. Die Küste lag damals rund 200 Kilometer von der Gegend von Holzmaden entfernt, etwa auf der Höhe von Regensburg. Die häufigsten und am besten erforschten Saurier der Jurazeit sind die delphinähnlichen „Ichthyosaurier“. Am Ende des letzten Jahrhunderts gelang es Bernhard Hauff erstmals, feinste Reste kohlig erhaltener Haut und Muskulatur rings um das Skelett unter dem Mikroskop freizulegen. Damit war der Rückschluss auf die genaue äußere Gestalt dieser Saurier möglich. In späteren Jahrzehnten wurden sogar immer wieder Muttertiere von Ichthyo-sauriern mit bis zu 13 Embryonen im Leib gefunden. Dies zeigt, dass sie im Rahmen der Anpassung an das Wasserleben lebend gebärend wurden.

Eine weitere Saurierart, die „Plesiosaurier“, die in ihren Lebensgewohnheiten mit Meeresschildkröten verglichen werden können, sind in den Tonsteinen äußerst selten zu finden. Lediglich 15 Exemplare wurden in den letzen 150 Jahren gefunden. Sie besaßen einen kleinen Kopf, einen langen Hals, einen gedrungenen Leib und vier große Paddel.

Die „Steneosaurier“ waren Meereskrokodile, die den Gavialen im heutigen Indien ähnlich waren. Wie diese waren sie gewandte Fischjäger. Die größten Steneosaurier konnten bis zu 7 Meter Länge erreichen. Die Flugsaurier waren die ersten fliegenden Wirbeltiere auf der Erde. Zur Jurazeit waren sie bereits weltweit verbreitet und an unterschiedliche Lebensräume angepasst. In ihrer Lebensweise ähneln sie den heutigen Möwen, im Aussehen können sie mit den Fledermäusen verglichen werden. Charakteristisch für ihren Bauplan ist ihr extrem leicht gebautes Skelett.

Die Fische sind zur Jurazeit in großer Vielfalt vertreten. In den Tonsteinen von Holzmaden finden sich einerseits die altertümlichen schwerfälligen Schmelzschuppenfische, andererseits aber auch die „moderneren“ gewandten Raubfische.

Die ästhetisch schönsten Fossilien der Posidonienschiefer sind die Seelilien. Es sind Tiere, die mit den Seesternen und Seeigeln verwandt sind. Mit ihren großen Kronen filtern sie das Plankton aus dem Meerwasser. Meist lebten sie in großen Kolonien an Treibhölzern angewachsen. Die größte Kolonie, die weltweit bisher gefunden wurde, ist 18 x 6 Meter groß. Sie wurde 1908 bei Holzmaden gefunden und in 18 mühevollen Jahren präpariert. Heute ist sie dort als besondere Attraktion ausgestellt.

Die häufigsten Fossilien der Jurazeit sind die Ammoniten und Belemniten. Jeder, der in den Steinbrüchen rings um Holzmaden Fossilien sammelt, kann sie finden. Sie werden den Tintenfischen zugerechnet. Für den Geologen sind sie die wichtigsten Fossilien, denn alle Juraschichten der Schwäbischen Alb haben einen spezifischen Leitammoniten, mit dem die Juraschichten eingeteilt werden können.

Das Urwelt-Museum Hauff steht mitten in der Fossilfundstätte Holzmaden. Es wurde 1994 erweitert und ist heute mit rund 1000 Quadratmetern Ausstellungsfläche das größte private Naturkundemuseum Deutschlands. Nach wie vor wird es von der Familie Hauff verwaltet. *(Rolf Bernhard Hauff)*

Internet: *www.urweltmuseum.de*
Literatur: Hauff, R. B. (2004): *Leben im Jurameer. – 68 S.; Holzmaden (Urwelt-Museum Hauff).*

Abbildungen links unten:
1. *„Wandernder“ Steinbruch zur Gewinnung des 20 cm mächtigen „Fleinses“, in dem auch die Fossilien zu finden sind (Posidonienschiefer am Fuß der Schwäbischen Alb bei Ohmden),* 2. *Ichthyosaurus mit fossiler Haut und Muskulatur, 1,2 m lang; ein an das Wasser angepasstes Reptil,* 3. *Schmelzschuppenfisch (dapedium punctatum Ap.) in vollkommener Erhaltung,* 4. *Seelilien-Kolonie mit Muscheln auf einem Treibholz, 1,2 x 1,7 m groß. Seelilien sind mit den Seeigeln und Seesternen verwandt (Alle Fotos: Urwelt-Museum Hauff)*

Abbildung links:
Blick vom Eichfelsen bei Irndorf oberhalb Beuron auf das tief in die westliche Schwäbische Alb eingeschnittene Donautal bei Schloss Werenwag mit Felsenkranz aus Schwammriffen des ehemaligen Jurameeres. Im Hintergrund der Festungsbau der Burg Wildenstein, das Schloss Werenwag und die gegenüber liegenden Felsen des Oberen Donautals.
(Foto: Schöttle & Steinmetz).

Der Kampf um das Wasser

Das Durchbruchstal der Oberen Donau

Im Oberen Donautal zwischen Immendingen und Sigmaringen lässt sich die Erdgeschichte der letzten 160 Millionen Jahre zurückverfolgen. Vom Jurameer über die Abtragung der Kalksteine bis zum Kampf um das Wasser zwischen Rhein und Donau ist hier das Buch der Geologie aufgeschlagen. Weiße Felsenkränze aus Kalkgestein begleiten das insbesondere im Raum Beuron tief eingeschnittene Flusstal. Von verschiedenen als Aussichtspunkte frei zugänglichen Felsen (Knopfmacherfels, Rauher Stein, Eichfelsen) geht der Blick wie aus einem Flugzeug über eine Canyon-Landschaft.

Die Felswände aus Massenkalk entstanden während der Zeit des Oberjuras (Malm). Dieser Zeitraum, als ein warmes und flaches Meer Süddeutschland überdeckte, liegt etwa 140 bis 160 Millionen Jahre zurück. Das Meer, mit dem heutigen Arabischen Golf oder dem Great Barrier Reef Australiens vergleichbar, war Lebensraum zahlreicher Meerestiere wie Muscheln, Kopffüßlern (Ammoniten), Schnecken, Seeigeln, Seelilien und Schwämmen. In dem feinen Kalkschlamm am Meeresgrund konnten sich die Schalen und Skelette der Tiere gut erhalten. Die heute überlieferte Schichtenfolge dieses Zeitabschnitts besteht aus Kalksteinen und Kalkmergelsteinen und ist 400 bis 600 Meter mächtig. Die hoch aufragenden und durch die Erosion herauspräparierten Felsen sind die zu Stein gewordenen Schwammriffe, die über den Meeresgrund hinauswuchsen und heute aufgrund ihrer Verwitterungsbeständigkeit zum eindrucksvollen Landschaftsbild der Oberen Donautals beitragen.

Nachdem sich das Meer gegen Ende des Oberjuras zurückgezogen hatte, war das Gebiet des Oberen Donautals ebenso wie ein Großteil Südwestdeutschlands in der nachfolgenden Kreide-Zeit landfest. Verwitterung und Abtragung setzten ein und schufen ein von Klüften, Spalten und Hohlräumen verbundenes unterirdisches Netzwerk. Die oberirdisch zugänglichen Höhlen boten vielen Tieren und auch dem frühen Mensch Schutz und Lebensraum. So wurden in Höhlen des Oberen Donautals vor- und frühgeschichtliche Reste des Menschen gefunden, die bis zu 40.000 Jahre alt sind. Somit war das Gebiet offenkundig schon früher aufgrund seines Pflanzen- und Tierreichtums ein lohnender Lebensraum für Jäger und Sammler. Und auch heute bietet das Obere Donautal neben Greifvögeln und Fledermäusen, welche die zahlreichen Höhlen bewohnen, an den steilen und felsigen Hängen auch zahlreiche Trockenstandorte mit seltenen Pflanzen.

Die heute eher kümmerlich wirkende Donau fließt insbesondere im Raum Beuron in einem viel zu großen Tal, das sie nicht geschaffen haben kann. Vielmehr war es die Ur-Donau, die gegen Ende der Tertiär-Zeit vor ca. 3 bis 5 Millionen Jahren als gewaltiger Strom große Gebiete der Nordschweiz und der Feldbergregion entwässert hat und auch als Aare-Donau bekannt ist. Dieser Fluss hat das bis zu 200 m tiefe Durchbruchstal bei Beuron geschaffen. Später hat der Ur-Rhein durch rückschreitende Erosion aus dem Gebiet des heutigen Oberrheintals die Donau angezapft und ihr den Quellfluss Aare geraubt.

Heute liegt die geringe Wasserführung der Donau auch an den ausgeprägten Karsterscheinungen. Die zerklüfteten und porösen Kalksteine lassen das Wasser in unterirdischen Spalten verschwinden. Ganz in der Nähe liegen auch die weltberühmten Donau-Versickerungsstellen bei Immendingen, oberhalb Möhringen (Baden) und bei Fridingen, wobei weitere, kleinere Versickerungspunkte im Bett der Donau nachgewiesen sind. Nur wenige Kilometer südlich davon und bereits jenseits der Europäischen Hauptwasserscheide liegt der Aachtopf. Etwa 90% des dort austretenden Wassers stammen von den drei erwähnten Hauptversickerungsstellen der Donau. Der Aachtopf ist damit sichtbarer Ausdruck für den Kampf zwischen Donau und Rhein um das Wasser und gilt mit einer Schüttung von max. 25.000 l/s als die größte Quelle Deutschlands. Ein Zusammenhang mit den Versickerunsstellen im Bett der Donau wurde zwar schon länger vermutet, aller-

Abbildung links:
Der Aachtopf, größte Quelle in Deutschland (Foto: Matthias Geyer)

dings wissenschaftlich erst 1877 mit der Eingabe von 10 Tonnen Kochsalz in das Flussbett der Donau nachgewiesen. Färbeversuche durch das Geologische Landesamt Baden-Württemberg führten 1969 zum gleichen Ergebnis.

Das zeitweise Verschwinden der Donau in diesem Flussabschnitt und der Wiederaustritt des Wassers am Aachtopf erklärt sich durch die geologische Situation des Gebiets.

Das Flussbett der Donau verläuft ab Immendingen in den verkarsteten Kalksteinen der Jura-Zeit. Über ein nach wie vor weitgehend unbekanntes unterirdisches Abflusssystem gelangt das Wasser in nur 20 bis 30 Stunden zum 12 km südlich und etwa 180 Meter tiefer gelegenen Aachtopf. Dabei überwindet das abgehende Donauwasser auch die Europäische Hauptwasserscheide, denn das Wasser fließt über die Aach dem Bodensee zu und gelangt damit über den Rhein in die Nordsee. Erstmals wurde 1874 ein vollständiges Trockenfallen der Donau in den Sommermonaten beobachtet. Dieses nahm von 80 Tagen pro Jahr Anfang des 20. Jahrhunderts auf durchschnittlich 200 Tage in heutigen Jahren zu. Ursache ist die – in einem für geologische Verhälnisse kurzen Zeitabschnitt – starke Zunahme der Verkarstung, wodurch deutlich mehr Wasser im Flussbett der Donau verschwindet. Dabei werden durch chemische Prozesse große Mengen an Kalk im Gestein gelöst, was wiederum zur Bildung von unterirdischen Hohlräumen führt. Auch die Zunahme der Wasserhärte von 7 auf 10 zwischen der Versickerungstelle und dem Aachtopf gibt Hinweise auf diese unterirdische Kalklösung. Sichtbarer Ausdruck an der Oberfläche für die Verkarstung sind immer wieder auftretende trichterförmige Einbrüche im Flussbett. Spektakuläre Fälle wurden in den Jahren 1923 und 1935 sowie am 24. Juni 1994 beobachtet, als sich vier bis zu 3,5 m tiefe Schlucklöcher mit einem Durchmesser von maximal 2,5 m bildeten. Sie wurden zwar beim nächsten Hochwasser wieder zum großen Teil zugespült, bezeugen aber eindrucksvoll die Dynamik geologischer Prozesse.

Seit vielen Jahren wurden verschiedene Tauchgänge in die Aachhöhle durchgeführt. Alle endeten spätestens nach ca. 420 m an einem bis heute noch nicht überwundenen Endversturz. Auch bei den unweit nördlich des Aachtopfes im Aacher Stadtwald gelegenen Dolinen wird ein Zusammenhang mit unterirdischen Hohlraumsystemen vermutet. Seit nunmehr 24 Jahren wird auf dem Grund einer Doline eine Grabung vorangetrieben, die derzeit in knapp 100 m Tiefe angekommen ist. Ein großer unterirdischer Hohlraum wurde bereits angetroffen, doch bleibt das Ziel der Grabungen das Erreichen der "unterirdischen Donau". Am Grunde der Grabung durchgeführte Färbeversuche konnten nach nur 30 Minuten im Aachtopf nachgewiesen werden. Doch auch nach der Entschlüsselung der tatsächlichen unterirdischen Wege des Donauwassers werden die gurgelnden Schlucklöcher im Flussbett zwischen Immendingen und Fridingen oder ein Besuch am Aachtopf für den Besucher ein eindrucksvolles Naturphänomen darstellen.

Der Naturraum Obere Donau um das bekannte Kloster Beuron ist bereits seit einigen Jahren ein Naturpark. Teilgebiete sind zusätzlich als Naturschutzgebiet bzw. als Naturdenkmal ausgewiesen. Im Oberen Donautal ist die Dynamik geologischer Vorgänge wie Abtragung, Verkarstung und Flussanzapfung in imposanter Landschaftskulisse für Besucher nachvollziehbar.

(Matthias Geyer, Manfred Schöttle)

Internet: *http://de.wikipedia.org/wiki/Aachtopf*
Literatur: Geyer, O. F. & Gwinner, M. P. (1984): *Die Schwäbische Alb und ihr Vorland. – Sammlung geologischer Führer, Band 67: 289 S.; Berlin Stuttgart (Borntraeger).*
Villinger, E. (1989): *Zur Fluß- und Landschaftsgeschichte im Gebiet von Aare-Donau und Alpenrhein. – Jh. Ges. Naturkde. Württ., 144: 5—27, 5 Abb., 2 Tab.; Stuttgart.*

Abbildungen rechts:
Donauversickerung „Im Brühl"
zwischen Immendingen und Möhringen (Baden) im Frühsommer 2000
(zeitlicher Abstand der Bilder ca. 3 Wochen) (Foto: Stadt Tuttlingen)

Abbildung links:
Der Blautopf in Blaubeuren mit der benachbarten, über 900 Jahre alten Klosterkirche (Foto: E. Villinger)

Eine Landschaft löst sich auf

Die Karstlandschaft Blaubeurer Alb mit dem „Blautopf“

Die Blaubeurer Alb mit dem angrenzenden Ur-Donautal ist ein besonders charakteristischer Teil der größten deutschen Karstlandschaft, der Schwäbisch-Fränkischen Alb. Sie wird von den 140–150 Millionen Jahre alten und 250–550 m mächtigen Karbonatgesteinen des Oberjuras als jüngster Einheit des Süddeutschen Schichtstufenlands aufgebaut. Entlang der Donau, die sich vor ca. 8 Millionen Jahren (Miozän) entwickelt hat, biegt die Albtafel nach Süden unter die mächtigen Tertiär-Sedimente im Alpenvorland ab. Einhergehend mit der Hebung und Kippung der Alb in den letzten 5 Millionen Jahren (Pliozän und Pleistozän) hat sich die Urdonau tief in den Oberjura eingeschnitten.

Glanzlicht des Gebiets ist der sagenumwobene Blautopf in Blaubeuren, die zweitgrößte und schönste Karstquelle Deutschlands (Schüttung 0,25–32,7 m^3/s, Mittel 2,3 m^3/s). Sie entspringt am Ausgang eines großen Höhlensystems mit einem 21 m tiefen Quelltopf, der für seine Farbe und malerische Lage in einer Talschlinge der Ur-Donau berühmt ist. Sein Einzugsgebiet auf der Blaubeurer Alb umfasst ca. 165 km^2 und reicht 20 km weit nach Nordwesten bis zur unterirdischen Wasserscheide Donau/Rhein.

Seit dem 15. Jh. ist der Blautopf Gegenstand der Forschung, erstmals hat der Ulmer Mönch Fabri hier karsthydrologische Zusammenhänge erkannt. Mörike inspirierte die Quelle zu seiner bezaubernden Erzählung über die „Schöne Lau", die Wassernixe, die – in die Blauhöhle verbannt – dort ihr Glück gefunden habe. Zuletzt erlangte der Blautopf Berühmtheit durch kühne Tauchvorstöße von Hasenmeyer u. a. in die jetzt 1,8 km weit erkundete Quellhöhle mit dem größten bekannten Hohlraum in der Schwäbischen Alb („Mörike-Dom“). Neben dem Quelltopf steht das Ehmann-Denkmal für den Schöpfer der Albwasserversorgung, die in diesem Raum 1870 ihren Anfang nahm und die Wassernot der Menschen auf der Alb beendete.

Die starke Verkarstung der Blaubeurer Alb ist eng an die Entwicklung der Ur-Donau während des Plio- und Pleistozäns geknüpft, ein Musterbeispiel für die Zusammenhänge zwischen Höhlenentstehung, Fluss- und Landschaftsgeschichte. Bis vor ca. 0,15 Millionen Jahren (Riß-Zeit) folgte die Ur-Donau der Linie Untermarchtal–Schelklingen–Blaubeuren–Ulm. Auf deren Talniveau bezogen entwickelte sich das Blautopfhöhlensystem während des Pleistozäns seit ca. 0,5 Millionen Jahren. Der Quelltopf selbst entstand durch Rückstau des Quellwassers am Höhlenausgang bei der Teilverfüllung des Ur-Donautals mit Fluss- und Seesedimenten während der letzten 0,15 Millionen Jahre (Riß- und Würm-Zeit).

Talaufwärts entspringen weitere starke Karstquellen: darunter Achquelle und Urspringtopf (Schüttungen im Mittel ca. 0,4–0,5 m^3/s), beide in einer bei Schelklingen von der Ur-Donau in der Riß-Zeit abgeschnürten malerischen Talschlinge mit kapellengekröntem Umlaufberg.

In einer benachbarten Schlinge befindet sich der periodische, versumpfte Schmiecher See (Naturschutzgebiet), der sich dank besonderer geologischer Bedingungen erhalten hat. Früher fasste man ihn als Karstsee auf, bis dies 1984 u. a. mit einer Forschungsbohrung widerlegt wurde (Talfüllung 43 m mächtig).

Im gesamten Blaubeurer Ur-Donautal gibt es außerdem viele pittoreske Massenkalk-Felsen (z. B. „Küssende Sau“) und urgeschichtlich weltberühmte Höhlen. In einigen von ihnen (z. B. Hohler Fels) wurden reiche Funde aus der Steinzeit ergraben, darunter jüngst mit die ältesten Kunstwerke der Menschheit aus der Übergangszeit zwischen Neandertaler und Homo sapiens vor ca. 35 000 Jahren.

Auch auf der Blaubeurer Alb selbst gibt es Sehenswertes: u. a. den Kleine-Lauter-Quelltopf (Schüttung im Mittel ca. 0,5 m^3/s); das ca. 18 Millionen Jahre alte Brandungskliff an der Nordküste des Tertiär-Meers (Miozän) im Alpenvorland als wichtiges Zeugnis der Landschaftsgeschichte (z. B. Suppinger Berg); die Sontheimer Höhle als älteste Schauhöhle der Schwäbischen Alb und die Laichinger Tiefenhöhle als tiefste Schauhöhle Deutschlands (Tiefe >80 m); Großdolinen (z. B. Naturdenkmal „Schinderhüle“); das Zaininger Maar als einer von über 360 Ausbruchspunkten des „Schwäbischen Vulkans“ mit malerischem See und benachbartem Karstschluckloch (Abfluss in 5 Tagen zum 19 km entfernten Blautopf).

(Eckhard Villinger)

Literatur: Binder, H. & Jantschke, H. (2003): *Höhlenführer Schwäbische Alb. Höhlen – Quellen – Wasserfälle. – 7. Aufl.: 286 S.; Leinfelden-Echterdingen (DRW-Verlag Weinbrenner).*

Abbildungen rechts:
1. Der Vulkanschlot Hohenhewen;
2. Der markante Vulkanschlot des Hohenkrähen (Fotos: M. Geyer); 3. Bei einem Vulkanausbruch entstehen haselnussgroße runde Lavabrocken, die als Lapilli bezeichnet werden.
(Fotos: E. P. J. Heizmann)

Abbildung links:
Der Hohentwiel ist wie viele andere Vulkanschlote im Hegau von einer Burg gekrönt (Foto: M. Geyer)

Vulkane prägen eine Landschaft

Der Hegau

Die Vulkanlandschaft Hegau liegt nordwestlich des Bodensees am Südrand der Schwäbischen Alb. Die heutige Landschaft dieses Naturraumes zeigt in für Deutschland einzigartiger Weise morphologisch verschiedenartige Vulkane mit glazialen Überprägungen. So finden sich im Hegau Zeugen ganz unterschiedlicher geologischer Ereignisse: Neben Vulkanen und Resten von vulkanischen Förderschloten wurde hier der Abtragungsschutt der Alpen in Form von Molasse abgelagert, und anschließend haben Gletscher aus den Alpen ihre Spuren hinterlassen.

Die episodisch andauernde vulkanische Aktivität vor 14 bis 7 Millionen Jahren hinterließ eine flächenhafte Verbreitung von Tuffen, welche sich deckenförmig über die Landschaft gelegt haben. Später haben vulkanische Laven diese Deckentuffe teilweise durchbrochen und Basalt- und Phonolithkegel hinterlassen. „Phonolith“ („Klingstein“) ist ein vulkanisches Gestein, das auf Grund seiner „Klanges“ beim Anschlagen seinen Namen bekommen hat. In den Deckentuffen können Flussablagerungen der Süßwassermolasse eingeschaltet sein. Vulkanische Bomben, Lapilli und Auswürflinge aus tiefer liegenden geologischen Schichten (z. B. Grundgebirge des Schwarzwaldes) sowie fossilreiche Seeablagerungen sind eindrucksvolle Zeugnisse der erdgeschichtlichen Vergangenheit. Der Deckentuff-Vulkanismus schuf am Südrand des Hegaus (Öhningen) einen Maarsee, in dessen heute noch erhaltenen Ablagerungen fast 1000 Tierarten (darunter Riesensalamander) sowie mindestens 2000 Pflanzenarten entdeckt wurden. Die Fossilfundstelle am Höwenegg (Landwirbeltiere) hat weltweite Bedeutung für die Wissenschaftsgeschichte und die Paläontologie, insbesondere für die stammesgeschichtliche Entwicklung des Urpferdes. Bei Grabungen am Hohenhewen konnten fossile Schildkröten in ausgezeichneter Erhaltung geborgen werden.

Der Phonolithvulkanismus des Hegaus begann vor etwa 8 Millionen Jahren mit dem markantesten aller Hegauberge, dem Hohentwiel. Sein Phonolithschlot misst ca. 400 m im Durchmesser. Die Fließrichtung der zähen Phonolith-Lava ist an länglichen und parallel eingeregelten Mineralien (Sanidine) sichtbar. Einige, den Phonolith überziehende Opalminerale, weisen hohe Urangehalte auf und fluoreszieren deshalb im UV Licht. Erstmals am Hohentwiel wurde das goldgelb leuchtende rhythmisch gebänderte Mineral Natrolith beschrieben. Aus dem Deckentuff sind hier nährstoffreiche und lokkere Böden entstanden, auf denen Wein angebaut wird. Mit dem zweitältesten Bannwaldgebiet Baden-Württembergs gilt der Hohentwiel als Paradebeispiel schützenswerter Natur. Der Berg zählt mit über 60 auf der Roten Liste vorkommenden Pflanzen- und 25 Tierarten zu den artenreichsten Gebieten Deutschlands.

Durch den Rheingletscher bis in den Hegau transportierte Findlinge (wie der nur in Graubünden vorkommende Juliergranit) und durch Schmelzwasserflüsse entstandene Täler (Langensteiner Durchbruchstal), sowie die Vielfalt unterschiedlichster Gerölle in den Kiesgruben zeigen eindrucksvoll die gewaltige Erosions- und Transportkraft von Gletschern. Die im Bereich der ehemaligen Gletscherstirn entwickelten Feuchtgebiete sowie verschiedene Höhlen haben sich zu bevorzugten Siedlungsräumen unserer Vorfahren entwickelt (z. B. bei Hilzingen oder im Brudertal). Der Hegau ist wegen der noch heute andauernden Nachwirkungen der Vergletscherung, z. B. in Form von Hangrutschen am Hohenhewen, ein gutes Beispiel für landschaftsverändernde geologische Prozesse. Zahlreiche Burgruinen krönen die Erhebungen des Hegaus, der im 19. Jahrhundert vom Heimatdichter Ludwig Finckh als „Herrgotts Kegelspiel“ bezeichnet worden ist. Die Vulkanlandschaft Hegau vereint in für Deutschland einzigartiger und anschaulicher Weise vulkanische Erscheinungsformen und glaziale Landschaftsüberprägungen. *(Matthias Geyer, Christoph Münchberg)*

Internet: *www.vulkane-im-hegau.de*

Literatur: Schreiner, A. (1984): *Hegau und westlicher Bodensee.- 2. Aufl. – Samml. geol. Führer, 62: 93 S.; Stuttgart (Borntraeger).*

Abbildungen links:
1. Das gelbe Mineral Natrolith wurde erstmals am Hohentwiel gefunden und beschrieben
2. Urpferd aus den Ablagerungen eines Maarsees am Höwenegg
(Fotos: E. P. J. Heizmann)

Abbildungen rechts:

1. *Das Heldenfinger Kliff: Hier brandete vor 20 Millionen Jahren das Molassemeer. Deutlich erkennbar ist eine Brandungshohlkehle und Löcher von Bohrmuscheln (Foto Günther Krämer)*

2. *Löwenmensch: Die älteste bisher gefundene Plastik der Menschheit, die ein Mensch-Tier-Wesen darstellt – 32 000 Jahre alt. Das Original befindet sich im Ulmer Museum (Foto Thomas Stephan).*

Abbildung links:
Fohlenhaus bei Langenau:
Das Wahrzeichen des Lonetals,
ein fossiles Riff mit zwei Höhlen, in denen Steinwerkzeuge
aus dem Paläolithikum und dem Mesolithikum ausgegraben wurden
(Foto: Günther Krämer)

Ein Fluss schleicht sich davon

Das Lonetal auf der Schwäbischen Alb

Das Lonetal hat schon im 19. Jahrhundert Geognosten und Archäologen angezogen. Hier nahm die Erforschung der Steinzeit in Südwestdeutschland ihren Anfang, während die Geologen vor allem die Fossilien und die Tatsache interessierten, dass die Lone gerade im Begriff ist, als Fluss aufzuhören und ein Trockental zu hinterlassen. Sie ist ein Musterbeispiel für die Verkarstung. Außerdem konnte die Flussgeschichte weitgehend entschleiert werden: Die Lone war im Mittel- und Obermiozän einer der größten Flüsse des Raumes überhaupt. Die Quelle befand sich hoch über dem Nordschwarzwald, die Mündung ins Weltmeer im heutigen Alpenvorland.

Es ist schon ein ganz besonderes Tal, dieses Lonetal: Heute hängt sein Anfang in der Luft und ist wasserlos, das Ende wird von einem anderen Bach benutzt und zwischendurch fließt die Lone als kleines Flüsschen in einem viel zu großen Tal, aus dem sie ganz allmählich verschwindet. Vom Trauf der Schwäbischen Alb über 45 Kilometer weit bis zum Brenztal erstreckt sich das Lonetal, ein Musterbeispiel für eine Flussanzapfung. Morphologische Befunde wie alte Flussterrassen, Geröllvorkommen und Fließrichtung der Nachfolgeflüsse ermöglichen eine Rekonstruktion der Ur-Lone.

Am oberen Ende der Geislinger Steige, der steilsten Schnellzugstrecke der Welt, beginnt in 583 m Höhe das Lonetal – ein geköpftes Tal: Rhein, Neckar und Fils haben der Lone das Wasser abgegraben. Heute ist das oberste Lonetal ein Trockental. Erst im Ort Urspring entspringt die Lone in einem Karstquelltopf. Aus der Größe der Talschlinge, einem Umlaufberg und vielen Schotter- und Terrassenbefunden konnte die Ur-Lone 25 Millionen bis ins Miozän zurück rekonstruiert werden.

Auf der umgebenden Kuppenalb ist der ganze 150 Millionen Jahre alte Fossilienreichtum des Oberen Jura zu finden. Korallen, Seeigel, Seelilien, Ammoniten und vieles andere mehr sind in einem Museum in Gerstetten zu bestaunen. Bemerkenswert ist auch der Gesteinswandel: Weiche Mergelsteine und harte Kalksteine spiegeln sich in der Talform wider, Dolomit glitzert im Sonnenlicht mit Kalzitkristallen um die Wette, in den Höhlen finden sich Tropfsteine und der im Karstwasser gelöste Kalk fällt als Kalktuff im Moorboden des Donaurieds wieder aus.

Die Lone kreuzt die Klifflinie des miozänen Molassemeeres mit seinen Meeresstränden. Davon zeugen Bohrmuschellöcher im Spritzwasserbereich des anbrandenden Ur-Meeres, bis zu 30 cm langen Monster-Austern und Haifischzähnen.

Dann versickert die Lone – wie ihre große Schwester Donau bei Immendingen – und speist zahlreiche Karstquelltöpfe im Stadtbereich von Langenau. Die Landeswasserversorgung nutzt den Wasserreichtum zur Versorgung von Millionen Menschen im Großraum Stuttgart mit Trinkwasser.

Nebenflüsse? Beinahe Fehlanzeige. Nur der sagenumwobene Hungerbrunnen, der allen episodisch fließenden Karstquellen ihren Namen gegeben hat, führt der Lone in besonders feuchten Jahren Wasser zu. Seine Höhlen machen das Lonetal zur Besonderheit: Der Neandertaler lebte im Hohlenstein und im Bockstein, wo er eine der ältesten Werkstätten der Menschheit betrieb. Zigtausende Jahre später kamen die Künstler: Eiszeitliche Tierplastiken aus Mammutelfenbein, gefunden in der Vogelherdhöhle, und der berühmte Löwenmensch aus dem Hohlenstein gehören zu den ältesten Kunstwerken der Menschheit. Am Ende des Lonetals befindet sich die tropfsteingeschmückte Charlottenhöhle, die mit 532 m längste Schauhöhle Süddeutschlands.

So zeigt das Lonetal mit Quelltöpfen, dem Hungerbrunnen, einer Flussversickerung, Dolinen und Höhlen die ganze Vielfalt der Karstformen auf der Schwäbischen Alb. Bedeutende Fossilien aus dem Oberjura und dem Tertiär wie der Langenauer Hauerelefant erlangten Weltruhm. Die Höhlen des Lonetals gehören zu den wichtigsten eiszeitlichen Fundstätten der Erde. In engem Zusammenhang mit der Karstlandschaft Lonetal steht auch der Raum, in dem das versickerte Lonewasser wieder zu Tage tritt: Die Stadt Langenau mit ihren vielen Karstquellen und das aus dem Karstwasser gespeiste Donauried.

(Natworking-AG des Robert-Bosch-Gymnasiums Langenau)

Internet: *www.lonetal.net*

Literatur: Binder, Hans (1988): *Zur Geologie und Flussgeschichte des Lonetals. - Ulmer Geographische Hefte 5; Ulm.*

Abbildungen rechts:
1. *Strudellöcher, Kolke und ausgewaschene Rinnen in den Isteiner Schwellen. Sie sind im Sommer ein beliebter Badetreff*
2. *Isteiner Schwellen, Felsbarren und Stromschnellen im Altrhein*
3. *An den Isteiner Klotz gebaute alte St. Veits-Kapelle (Alle Fotos: T. Huth)*

Abbildung links:
Isteiner Klotzenfelsen aus Oberjurakalk mit dem „Schiff“, einer durch den früheren Rheinstrom ausgewaschenen Hohlkehle (Foto: T. Huth)

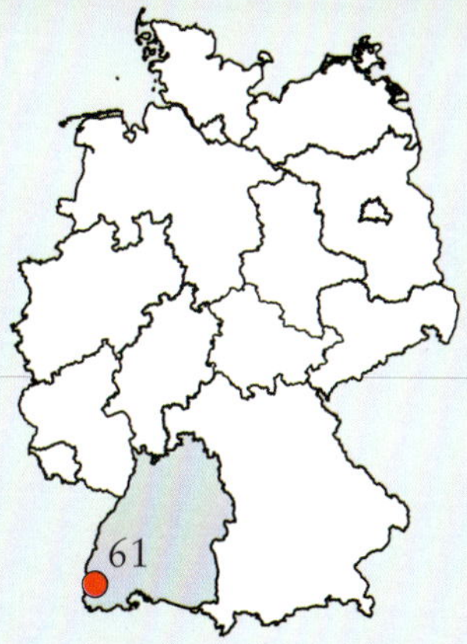

Ein Schiff ohne Fluss

Der „Isteiner Klotz“ und die „Isteiner Schwellen“ am Oberrhein

Der Isteiner Klotz und die Isteiner Schwellen bilden die westlichsten Vorkommen von Kalksteinen des Oberjura in Baden-Württemberg und sind sowohl geologisch, wie auch anthropologisch, bergbauhistorisch und floristisch etwas ganz Besonderes.

Der Isteiner Klotz bildet den südlichen Ausläufer des Markgräfler Hügellands, das hier am weitesten nach Westen vorspringt.

Geologisch handelt es sich um ein herausgehobenes und durch die Rheinerosion im Westen zusätzlich versteiltes, zerbrochenes Kalksteingewölbe aus korallenreichen, massigen und schwach gebankten Kalksteinen des untersten Oberjura mit Kiesel- und Jaspisknollen. Es ist das am südwestlichsten auftretende Vorkommen von Oberjuragesteinen in Baden-Württemberg, die erst wieder im Bereich der Schwäbischen Alb und des Randen große Bedeutung erlangen.

Die Kalksteine des Oberjura werden von mächtigen Schichten aus jüngerer geologischer Zeit, aus dem „Alttertiär“ überlagert, von denen rote Kalkverwitterungstone (Bolustone) besonders auffallen und in den Steinbrüchen der Umgebung zeitweise aufgeschlossen sind. Überzogen wird die ganze Landschaft von zum Teil mehrere Meter mächtigem Löss, der in den letzten Eiszeiten aus den vegetationsarmen Kältesteppen des Rheingrabens ausgeweht und hier abgelagert wurde.

In den Felswänden finden sich Nischen und Höhlungen, die „Balmen“, die von einem früheren Rheinlauf auf höherem Niveau ausgewaschen worden sind und in denen Menschen seit der Mittelsteinzeit Schutz fanden. Das Vorkommen von Kiesel- und Jaspisknollen war der Grund für einen bereits vor über 7.000 Jahre erfolgten, z. T. bereits untertägigen Bergbau auf diese harten Feuersteine, um daraus Werkzeuge herzustellen. Sie wurden in weitem Umkreis auch gehandelt und getauscht. Bergbautechniken, die bis in die frühe Neuzeit üblich waren (z. B. Feuersetzen) wurden bereits damals angewandt, um die harten Kalkgesteine zu zermürben. Funde und Beschreibungen sind in dem kleinen „Museum in der Alten Schule“ in Efringen-Kirchen zu sehen. Von dort werden auch Führungen zu dem jungsteinzeitlichen Bergwerk organisiert.

Der Klotzenfelsen erhebt sich rd. 93 m über die jüngsten eiszeitlichen Ablagerungen des Rheins (Niederterrasse). Sein unterster Sporn zeigt eine ausgeprägt glattgeschliffene Hohlkehle, das so genannte „Schiff“. Diese Hohlkehle wurde vom Rhein ausgewaschen, als er direkt an den Fuß des Felsens brandete. Erst nach der Rheinkorrektur durch Tulla ab 1817 wurde das Gebiet zugänglich.

Unmittelbar im Zusammenhang mit der Rheinkorrektur stehen auch die Isteiner Schwellen, die davor von mächtigem Rheinkies bedeckt waren. Sie wurden erst zu Beginn des 20. Jahrhunderts freigespült. Diese Schwellen, im Sommer vor und nach der alpinen Schneeschmelze (Hochwasser) beliebte Ausflugs- und Badeziele, bestehen wie der Isteiner Klotz aus Kalksteinen des Oberjura, wobei zwei Felsriegel aus unterschiedlichen Gesteinen vorkommen. Die untere Gefällsstufe ist durch zahllose Rinnen, Kolke, Strudellöcher, viele noch mit harten Mahlsteinen im Kessel, geprägt.

Unterhalb der Schwellen entstand eine große, lang gezogene Kiesbank, die bis mehrere Meter über das Flussniveau aufgeschottert wurde. Sie zeigt den ganzen Reichtum der alpinen Gesteine in großen rundgeschliffenen Geröllen, die der Rhein hier abgeladen hat.

Bedingt durch das warme Klima am südlichen Oberrhein und die südwestliche Exposition der weißen Kalkfelsen treten wichtige Pflanzengesellschaften und Waldformen auf, die außer am Kaiserstuhl erst wieder in südlichen Gefilden (Mittelmeerraum) gefunden werden können. Dazu passt die artenreiche Fauna von seltenen Insekten und Reptilien, die sich in den Halbtrockenrasen und trockenen Felsstandorten tummeln.

(Jürgen Thüring, Thomas Huth)

Literatur: Schäfer, H. & Wittmann, O. (Hrsg.) (1999): *Der Isteiner Klotz – Zur Naturgeschichte einer Landschaft am Oberrhein. – 445 S.; Freiburg i. Br.*

Abbildung rechts:
Der Fels neigt sich deutlich talwärts
(Foto: P. Wagenplast)

Abbildung links:
Ansicht der „Felsengärten" von der Hochfläche aus (Blick nach Nordwesten). Am linken Bildrand ist der Neckar zu erkennen (Foto: P. Wagenplast)

Riesen auf tönernen Füßen

Die Hessigheimer Felsengärten im Neckartal

Eine lange winterliche Frostperiode neigt sich im Neckartal bei Hessigheim (Landkreis Ludwigsburg) dem Ende zu. Die Schneefälle gehen in Regen über. Bei dieser unfreundlichen Witterung bleiben die „Wengerter" zu Hause und denken noch nicht an den Frühjahrsschnitt ihrer Reben. Das ist auch gut so, denn plötzlich stürzt ein mehrere Tonnen schwerer Felsblock, der sich durch Eisbildung in den Gesteinsklüften gelöst hat, aus der Felswand und in die Weinberge. Er walzt Rebstöcke nieder und landet schließlich auf dem Feldweg, der den Weinberghang quert. Solche Zwischenfälle ereigneten sich hier fast in jedem Winter. Sie zeigen, dass die Kippung der markanten, bis 18 m hohen Felstürme der Hessigheimer „Felsengärten" immer noch anhält. Auch der lehmige Hangschutt im Bereich der Weinberge unterhalb der Felsen bewegt sich jährlich um etwa 3 cm zum Neckar hin. Dieses „Bodenkriechen" reicht bis zur Kreisstraße am Hangfuß, deren Asphaltbelag an der Rutschstelle immer wieder erneuert werden muss.

Wie sind die eigenartigen Felsformationen entstanden und was ist die Ursache der gefährlichen Massenbewegungen? Am Prallhang der „Felsengärten" wurde die Talflanke einseitig entlastet. Dadurch öffneten sich parallel zum Neckar verlaufende Klüfte.

Niederschlagswasser durchsickert den zerklüfteten Oberen Muschelkalk und staut sich auf Tonsteinlagen des Mittleren Muschelkalks, wodurch diese entfestigt und aufgeweicht werden. Gleichzeitig durchströmt das Talgrundwasser den Neckarkies und löst die im Mittleren Muschelkalk enthaltenen Gipsbänke am Hangfuß auf. Durch diesen Lösungsvorgang kippen die mächtigen Felsklötze, sprichwörtliche „Riesen auf tönernen Füßen", ab und gleiten auf dem entfestigten Tonstein zum Tal hin.

Weingärtner, Naturfreunde und Wanderer forderten immer wieder Maßnahmen zur Sicherung der labilen Felsmassen oberhalb der Weinberge, ohne dass die landschaftliche Schönheit des Naturschutzgebiets zerstört wird. Ausgeschlossen, die imposanten Felstürme mit Verankerungen, Stahlgurten, Betonstützen und Drahtnetzen zu schützen. Auch die Sprengung labiler Felsbereiche, die eine Zerrüttung benachbarter Felspartien zur Folge gehabt hätte, waren keine Lösung. Stattdessen wurden die Felsen schonend und erschütterungsfrei mit Hilfe von Hydraulikpressen, die in Bohrlöcher eingebracht wurden, abgetragen. Ein zwischen den Rebzeilen errichteter Steinschlag-Schutzverbau beeinträchtigt die „Felsengärten" optisch nur wenig. Nach diesen Maßnahmen ist das Felssturzrisiko auf ein Minimum reduziert. Weingärtner, Kletterer und andere Besucher können sich wieder an diesem im württembergischen Unterland erdgeschichtlich und wegen seiner Steppenheideflora auch botanisch einmaligen Naturschutzgebiet erfreuen.

(Peter Wagenplast)

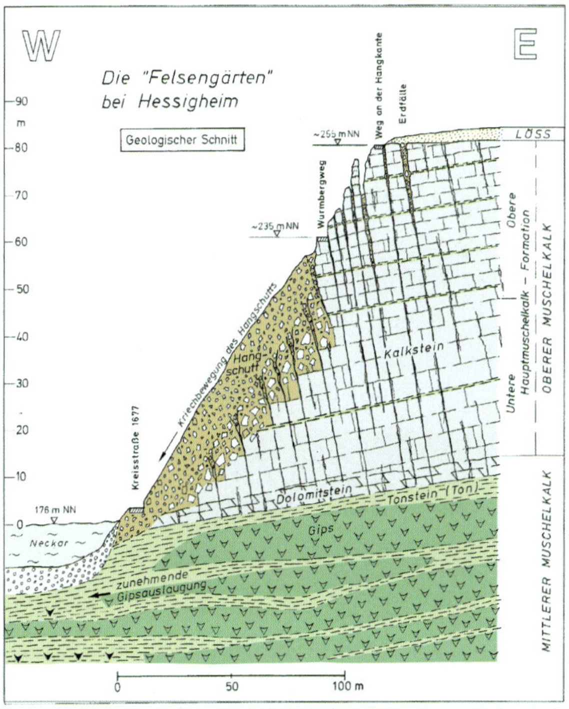

Internet: *www.hessigheim.de*
Literatur: Prestel, R., Stober, I. & Wagenplast, P. (2005): *Georisiken, Geothermie und Hydrogeologie: Fallbeispiele aus Mittelwürttemberg (Exkursion M am 2. April 2005).- Jber. Mitt. oberrh. geol. Ver., N.F. 87, 319-341, 12 Abb., 1 Tab.; Stuttgart*

Abbildung (Grafik) oben:
Geologischer Schnitt durch den Prallhang des Neckars bei Hessigheim (Zeichnung: P. Wagenplast)

Abbildung links:
Der Mössinger Bergrutsch aus der Luft betrachtet (Foto: A. Dieter)

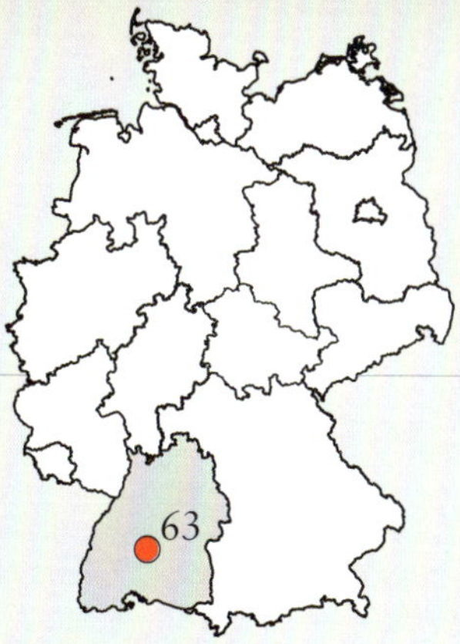

Gigantisches Zeugnis der Abtragung

Der Mössinger Bergrutsch, Schwäbische Alb

Am 12. April 1983 ereignete sich am Hirschkopf bei Mössingen (Landkreis Tübingen) der größte Bergrutsch seit mehr als 100 Jahren in Baden-Württemberg. Innerhalb weniger Stunden gerieten vier Millionen Kubikmeter Erde und Geröll mit einem Gesamtgewicht von über acht Millionen Tonnen in Bewegung und hinterließen eine Urlandschaft. Das betroffene Gelände umfasste anfänglich eine Fläche von 25 Hektar, die sich aber innerhalb von 14 Tagen bereits auf 50 Hektar verdoppelte.

Der Hirschkopf liegt am nordwestlichen Rand der Schwäbischen Alb. Der Albtrauf (Anstieg zur Hochfläche) wird hier von den wohlgeschichteten Kalken (Weißjura Beta) und den darunter liegenden Tonsteinen und Kalkmergelsteinen (Weißjurastufe Alpha) aufgebaut. Das Weißjuragestein ist auch als Malm bekannt. Vor dieser Traufkante lagern wiederum mächtige Schuttmassen früherer Bergstürze aus Weißjura Beta, die eine waagerechte, ebene Terrasse bilden und als Hangleiste bezeichnet wird. Sie ist heute auf dem Luftbild als stehengebliebener, waagrechter Waldstreifen, der den Rutsch durchzieht, erkennbar. Diese Hangleiste lagert über rutschungsanfälligem Tonstein (Ornatenton), der obersten Schicht des Braunjura (Dogger). Die hohen Niederschläge in den Tagen vor diesem Naturereignis bewirkten eine starke Durchfeuchtung des Hangschutts und durchdrangen den Ornatenton. Dieser quoll auf und verwandelte sich in eine schmierige Schicht. Infolge der gleichzeitigen Zunahme des Eigengewichts durch die aufgestauten Wassermassen brach der Hangschutt unterhalb der Hangleiste (Horst) talwärts nach vorne aus, so dass der ganze Berghang in Bewegung kam. Der Wald unterhalb des Horstes driftete zu Tal, hinterließ eine vegetationslose Geröllhalde (Kieswüste) und türmte sich am Auslauf des Hanges auf. Die Hangleiste wurde gleichzeitig 80 Meter parallel talwärts verschoben und sackte nur 3 Meter ab. Die Vegetation auf dieser Horstscholle wurde kaum in Mitleidenschaft gezogen und ist noch ursprünglich. Durch die seitliche Verschiebung des Horstes entstand zwischen Horst und Steilanstieg zur Hochfläche ein Graben mit 600 Meter Länge, 50 Meter Breite und bis zu 30 Meter Tiefe. Dieser Graben reichte schließlich aus, dem oberen Bereich bis zur Hochfläche den Halt zu nehmen, so dass dieser nachrutschte. Es bildeten sich an dem einst bewaldeten, begehbaren Hang eine von weit her einsehbare nackte, senkrechte Steilwand und Schollenabbrüche mit einzigartigen Aufschlüssen der Gesteinsschichten. Die abgesackten Massen des ehemaligen Albtraufs rutschten in den Graben, füllten ihn teilweise ganz auf und türmten sich dann am Fuße der neuen Albkante an.

Der Mössinger Bergrutsch gilt als Jahrhundertereignis und ist ein Lehrbeispiel für die Rückverlagerung der Schwäbischen Alb. Hier zeigt die Natur imposant, wie das Rückschreiten des Albtraufs, der vor rund 15 Millionen Jahren in der Stuttgarter Gegend verlief, vonstatten geht. Heute ist die Traufkante 25 Kilometer südöstlich anzutreffen. Dies bedeutet statistisch eine Rückverlagerung des Traufs von 1,6 Millimetern im Jahr. Der Mössinger Bergrutsch zeigt in unseren Generationen zum ersten Mal auf, wie es wirklich vonstatten geht. Hier sackten innerhalb von vier Stunden an der tiefsten Stelle 32 Meter Hochfläche ab. Und so muss man sich die Rückverlagerung der Alb vorstellen und auch noch in größeren Dimensionen.

Einmalig ist aber auch mitzuerleben, wie eine total zerstörte Landschaft von einer seltenen Tier- und Pflanzenwelt wiederbesiedelt wird . Das Gebiet ist so ein Modellfall für die fortschreitende Entwicklung der Fauna und Flora von der ersten Pionierpflanze bis zum Endstadium geworden. Das Bergrutschgelände ist auch heute noch nicht ganz zum Stillstand gekommen und zum Großteil als Naturschutzgebiet ausgewiesen. Neben einem kleinen öffentlichen Weg kann das Gelände nur mit einer Führung besichtigt werden. *(Armin Dieter)*

Internet: *www.alberlebnis.de, www.moessingen.de*
Literatur: Armin Dieter (2002): *Mössinger Bergrutsch - 20 Jahre mit der Kamera unterwegs – Tübingen (TC-Druck).*

Abbildungen rechts:

1. *Die Burg Weißenstein steht auf hellen Quarzfelsen des Pfahls*
2. *Wie eine Mauer erhebt sich der helle Pfahl-Quarz in der Teufelsmauer bei Viechtach*
3. *In der Buchberger Leite sind die Gesteine des Pfahls in eindrucksvoller Landschaft zu bewundern*

(Alle Fotos: Bayerisches Landesamt für Umwelt)

Abbildung links:
Der langgestreckte Felskamm des „Großen Pfahl“ bei Viechtach markiert den Verlauf der großen Störungszone besonders eindrucksvoll (Foto: Tourismusverband Viechtach)

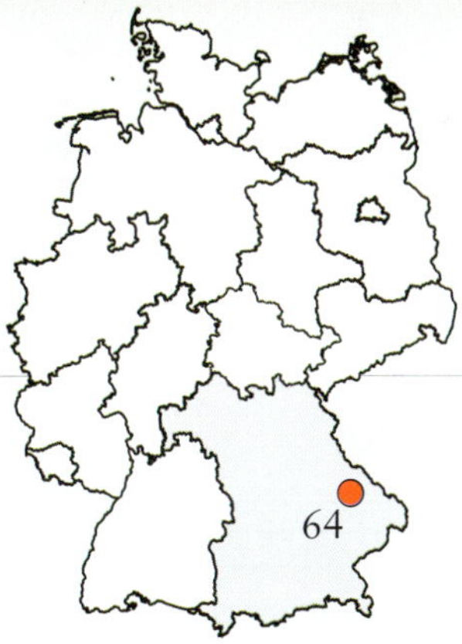

Ein langer Schnitt in der Erdkruste Bayerns

Der „Bayerische Pfahl“

Die auffällige Serie von Felsgebilden, die wie an einer Perlschnur aufgereiht Ostbayern durchzieht, wird als Bayerischer Pfahl bezeichnet. Nur wenige geologische Objekte weisen sowohl in der einheimischen Bevölkerung als auch bei Touristen und in internationalen Wissenschaftskreisen einen ähnlich hohen Bekanntheitsgrad auf. Schon früh erkannten die Menschen die Besonderheit der auffallend hellen Quarzfelsen, die hier an einer langen geraden Linie aufgereiht liegen. Eine Vielzahl von Sagen rankt sich um den Pfahl. Zur Erklärung wurden übernatürliche Kräfte herangezogen. Bezeichnungen wie „Teufelsmauer“ oder „Drachenkamm“ zeugen noch davon. Die auffällige Morphologie macht den Pfahl heute zu einem attraktiven Wandergebiet. Sagen und die Geschichte der Rohstoffgewinnung geben ihm seine heimatkundliche Bedeutung.

Der Bayerische Pfahl ist eine der markantesten Störungszonen in Mitteleuropa. Auf über 150 Kilometern Länge durchschneidet er in Nordwest-Südost-Richtung den südlichen Oberpfälzer Wald und den Bayerischen Wald. Große tektonische Bewegungen bewirkten in der Erdgeschichte mehrfach Verschiebungen der Gesteinseinheiten beiderseits des Pfahls. In seinem Nordwestteil trennt er die mit jüngeren Ablagerungsgesteinen gefüllte Bodenwöhrer Senke von dem stärker angehobenen Kristallingebiet des Oberpfälzer Waldes, in dem vor allem Gneis und Granit vorkommen. Der Südostteil des Pfahls grenzt den Vorderen und den Hinteren Bayerischen Wald voneinander ab.

Aus geowissenschaftlicher Sicht verdeutlicht der Bayerische Pfahl auf einmalige Weise die Verschiebungen der Erdkruste seit dem ausgehenden Erdaltertum. Vor etwa 300 Millionen Jahren wurden weite Teile des heutigen Untergrunds von Mitteleuropa von einer bedeutenden Gebirgsbildung erfasst. In deren Verlauf machte sich auch der Pfahl als Schwächezone bemerkbar. Glutflüssiges Gestein drang in die geradlinige Struktur ein und erstarrte tief unter der Erdoberfläche zu Granit oder Granodiorit. Durch weitere Bewegungen an der Störung wurden einige Gesteine bei hohen Temperaturen, zum Teil noch während der Erstarrung, plastisch deformiert und zu sogenannten Myloniten umgewandelt. Vor etwa 250 Millionen Jahren rissen entlang des Pfahls offene Klüfte in Form von sogenannten Fiederspalten auf. Durch diese Hohlräume zirkulierte – immernoch tief unter der Erdoberfläche – etwa 300°C heißes Thermalwasser und lagerte vor allem Quarz ab. An der so vorgezeichneten Schwächezone der Erdkruste kam es auch später mehrfach zu Verschiebungen, wobei die inzwischen spröden Gesteine entlang der Bewegungsbahnen zu sogenannten Kataklasiten zerrieben wurden.

Das gesamte Gebiet hob sich im Lauf der jüngeren Erdgeschichte stark an. Dabei wurden die weniger harten Gesteine im Umfeld des Pfahls stärker abgetragen als die Quarzgänge. Die langgestreckten, teilweise mauerartigen Härtlingsrippen aus hellem Pfahlquarz erreichen bis über 30 m Höhe. Die Gesteine am Pfahl entfalteten auch ihren Einfluss auf die örtliche Flora und Fauna. Auf den kargen Felsen haben sich wärme- und trockenheitsliebende, an nährstoffarme Standorte angepasste Tier- und Pflanzenarten angesiedelt. In seiner Art ist der Bayerische Pfahl zumindest europaweit – manche Autoren schreiben weltweit – einzigartig.

Die einzelnen Aufschlüsse und Reliefformen entlang des Pfahls stehen in enger genetischer Beziehung zueinander. Das Objekt als ganzes ist zwar nur aus dem Weltraum zu erkennen, eine Exkursion entlang der Struktur macht den Pfahl aber durchaus auch am Boden erlebbar. Viele der Einzelobjekte sind durch Wanderwege und Schautafeln erschlossen. Eine modern gestaltete Ausstellung in Viechtach ist dem Thema gewidmet. Besonders lohnende Ausflugsziele entlang des Bayerischen Pfahls sind die hellen Felsmauern des Großen Pfahls bei Viechtach sowie an der Burgruine Weißenstein bei Regen. Um einen Einblick in die Gesteine der Pfahlzone zu erhalten, empfiehlt sich eine Wanderung entlang der auch landschaftlich sehr reizvollen Buchberger Leite bei Freyung. Ein Aussichtsturm ist auf dem Hirschberg zwischen Schwandorf und Neunburg v.W. zu erklimmen und in Pfahlhäuser bei Cham begegnen Kinder auf einem speziellen Spielplatz sogar dem Pfahldrachen. *(Stefan Glaser)*

Literatur: Bayerisches Geologisches Landesamt (2004): *Geotope in Niederbayern. – Erdwissenschaftlichen Beiträge zum Naturschutz, Band 4; München.*

Abbildungen rechts:
1. *Fossilreicher Kalkstein, der in dem Riessee entstanden ist, in Hainsfarth;* **2.** *Die Rauhe Birk, eine ortsfremde, durch den Einschlag ausgeworfene Kalksteinscholle, die als Kuppe aus der Bunten Brekzie herausgewittert ist;* **3.** *Blick über das Ries zum gegenüberliegenden Kraterrand;* **4.** *Geländemodell des Rieses mit differenzierter Darstellung der Auswurfmassen. (Fotos: Bayerisches Landesamt für Umwelt)*

Abbildung links:
„Suevit“, das Gestein, das aus der Explosionswolke entstanden ist, liegt auf der Bunten Brekzie im Steinbruch Aumühle (Foto: Bayerisches Landesamt für Umwelt)

Krater, Gläser und Trümmermassen

Der Meteoritenkrater „Nördlinger Ries“

Das Nördlinger Ries ist der am besten erhaltene Großkrater der Erde, der durch den Einschlag eines kosmischen Körpers entstand. Zu sehen ist in beispielhafter Weise der mit Sedimenten verfüllte Krater, ausgeworfene Schollen, Trümmermassen und spezielle Gesteine, die sich unter den Extrembedingungen des Impakts neu gebildet haben. Interessant für Besucher ist nicht nur der Krater, sondern auch dessen Umfeld mit den typischen Gesteinen und Strukturen eines Meteoritenkraters vor allem im Osten, Süden und Westen.

Der Einschlag eines ca. 1 km großen Asteroiden vor etwa 14 Millionen Jahren formte innerhalb von Minuten einen 750 m tiefen und 24 km weiten Krater. Der eingeschlagene Körper und das getroffene Gestein verdampften explosionsartig. Die umgebenden Gesteine wurden teilweise aufgeschmolzen oder durch die Druckwellen umgewandelt. Riesige Mengen an Gestein wurden aus dem Krater geschleudert oder mehrere 10er Kilometer weit auf das Umland überschoben, wo sie sich als sogenannte Bunte Trümmermassen ablagerten. Sie bilden eine chaotische Decke aus Gesteinsfragmenten aller Alter und Größen. Aufgrund der Druckentlastung am Ende des Einschlagsvorgangs federte schließlich der Kraterboden nach oben zurück und brachte kristalline Gesteine aus dem tieferen Untergrund an die Oberfläche. Über alles legte sich schließlich eine graue Decke aus Staub, Gesteinsfragmenten und Glasfetzen, die aus der heißen Explosionswolke zu Boden fielen.

Später lagerten Schlammströme und Bäche Gesteinsschutt am Kratergrund und in Deltaschüttungen am Kraterrand ab. Ein abflussloser, meist flacher Brackwassersee entstand. In sauerstoffarmem Milieu bildete sich eine mächtige Abfolge von dunklen Tonen und Mergeln mit Braunkohlen. Mit der Zeit sank der Salzgehalt im Wasser. Am Rand des Sees wuchsen Kalkalgenriffe und andere Kalkablagerungen. Nach etwa 2 Millionen Jahren war der Krater bis zu seiner Oberkante aufgefüllt.

Seit etwa 2 Millionen Jahren hebt sich das Gebiet und die weicheren Gesteine der Kraterfüllung werden abgetragen. Der Kraterrand ist dadurch heute wieder als deutliche Geländestufe mit bis über 150 m Höhe in der Landschaft erkennbar. Im Inneren des Kraters stehen vor allem Ablagerungen aus der Zeit des Kratersees an. Das Erosionsniveau innerhalb des Kraters hat bereits das Niveau des inneren Rings des komplexen Kraters erreicht, der überwiegend aus zertrümmerten Kristallingesteinen (z.B. Graniten und Gneisen) besteht. Vor allem außerhalb des Kraters finden sich typische beim Impakt entstandene Gesteine. Kalksteinbrocken in den Auswurfmassen, die aus den weniger verwitterungsresistenten Umgebungsgesteinen herauswittern, machen sich in Form zahlreicher Kuppen im Landschaftsbild bemerkbar. Darüber lagert vielerorts der „Suevit“ (Schwabenstein), ein graues Trümmergestein, dessen Komponenten aus der Explosionswolke stammen.

Der Krater im Kontaktbereich zwischen Schwäbischer und Fränkischer Alb erregte schon früh das Interesse zahlreicher Wissenschaftler. Trotz aller Bemühungen setzte sich aber erst in den 1960er Jahren die Interpretation als Meteoritenkrater durch. Spezielle Mineralien, die nur unter Impaktbedingungen entstehen, brachten den endgültigen Beweis. Die Welle der wissenschaftlichen Untersuchungen, die daraufhin begann, hält auch heute noch unvermindert an. Sogar Diamanten, die unter den Extrembedingungen in den Sekunden nach dem Einschlag entstehen konnten, fand man inzwischen. Auch die Apollo-Astronauten besuchten vor ihren Mondflügen das Nördlinger Ries, um typische Impaktgesteine kennen zu lernen.

Eine Vielzahl von Aufschlüssen und typischen Landschaftselementen ist gut erschlossen und in Exkursionsführern beschrieben. Die Kristallingesteinsbrekzien des Kraterbodens sind z.B. bei Wengenhausen und bei Meyer's Keller in Nördlingen zu sehen. Im Steinbruch Gundelsheim ist mustergültig die Schlifffläche unter den Bunten Trümmermassen freigelegt. Die Rauhe Birk bei Ebermergen ist ein Beispiel für eine große ausgeworfene Kalkscholle. Die Überlagerung von Trümmermassen durch Suevit ist im Steinbruch Aumühle aufgeschlossen. Seesedimente finden sich beispielsweise in Hainsfarth und am Wallerstein. Das Rieskrater-Museum in Nördlingen vermittelt in allgemeinverständlicher Form geowissenschaftliche Inhalte über das Ries. *(Stefan Glaser)*

Literatur: Geologische Karte 1:50.000 *Nördlinger Ries, mit Erläuterungen auf der Rückseite;* Geologische Karte 1:100.000 ***Nördlinger Ries, mit Erläuterungen auf der Rückseite;*** CD-ROM ***„Das Ries“*** (alles erschienen beim Bayerischen Geologischen Landesamt).

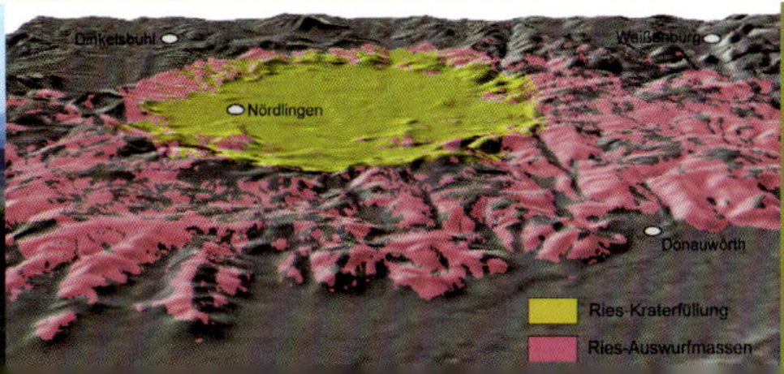

Abbildungen rechts:
1. *Abbau des Solnhofener Plattenkalks;*
2. *Steinbruch im Solnhofener Plattenkalk*
(beide Fotos: Naturpark Altmühltal)

Abbildung links:
Der Burgstein bei Dollnstein
im Altmühltal
(Foto: Bayerisches Landesamt für Umwelt)

Eine Zeitreise in die Erdgeschichte

Altmühltal und die Solnhofener Plattenkalke

Das Altmühltal stellt zusammen mit dem Wellheimer Trockental ein bedeutendes Talsystem dar, das sich 100 bis 150 m tief in die Hochebenen der Südlichen Frankenalb eingeschnitten hat. Geschaffen wurde es im Eiszeitalter von der aus Süden ankommenden Ur-Donau, in die von Norden her der Ur-Main einmündete. Erst vor etwa 80.000 Jahren, zu einer Zeit, als bereits altsteinzeitliche Menschen ihre Spuren in den Höhlen der Region hinterließen, verlagerten die letzten Flüsse ihren Lauf. Der Main war schon lange vorher vom Rhein angezapft worden und floss nicht mehr nach Süden. Die Donau verlagerte schließlich ihren Lauf an den Südrand der Alb und fand ihr altes Tal erst bei Kelheim wieder. Heute erreicht nur noch die Altmühl von Norden her das alte Talsystem. Das eindrucksvolle Ur-Donautal liegt daher teilweise trocken (Wellheimer Trockental) oder wird von der "viel zu kleinen" Altmühl durchflossen. Die ehemalige Mündung des Mains in die Donau – mit einem eindrucksvollen felsigen Prallhang – ist bei Dollnstein zu bestaunen. Bei Wellheim liegt eine trockene Talschleife der Ur-Donau. Interessant sind außerdem die „Talknoten" von Treuchtlingen, Beilngries und Dietfurt, wo jeweils mehrere – teilweise trocken gefallene – Täler ineinander einmünden.

Die markante Tallandschaft entstand in den vergleichsweise harten Kalk- und Dolomitgesteinen des Malms (oberer Jura). Damals, vor rund 150 Millionen Jahren, reichte das Mittelmeer bis nach Bayern, die Alpen existierten zu dieser Zeit noch nicht. Die heutige Region des Altmühltals lag an der Nordküste dieses Urmittelmeeres. Es war tropisch warm, kleine Inseln und Riffe gliederten die Küstenlandschaft in Lagunen und Meeresbecken. Unter ähnlichen Bedingungen, wie sie heute z.B. bei den Bahamas zu finden sind, entstanden die Gesteine der Frankenalb.

Die Vorgänge bei der Entstehung der Gesteine beeinflussen auch das heutige Landschaftsbild. Steile Talhänge, aus denen oftmals massige Felsen hervorragen, zeigen an, wo die heutigen Täler die ehemaligen Riffgebiete durchschneiden. Die Zwölf-Apostel-Felsen bei Solnhofen, der Burgstein bei Dollnstein und die Felsen von Prunn und Essing sind typische massige Riffgesteine. Am Dohlenfelsen bei Konstein ist auch der Übergang zu gebankten Kalken aufgeschlossen. Außerhalb der Riffgebiete hatten sich aus Schlamm am Meeresgrund gebankte Kalk- und Mergelsteine gebildet, die der Verwitterung weniger widerstehen als die massigen Riffgesteine. Die gebankten Gesteine sind meist nur in künstlichen Aufschlüssen wie z.B. Steinbrüchen zu sehen.

Die harten Kalksteine trotzen zwar der mechanischen Abtragung, können aber von kohlensäurehaltigem Sickerwasser entlang von Klüften teilweise aufgelöst werden. Im Lauf der Erdgeschichte bildete sich dadurch ein unterirdisches Gewässernetz mit zahlreichen Höhlen. Die Hochflächen, die die Haupttäler umgeben, sind daher sehr wasserarm. Ständige Gewässer fehlen weitgehend. Dafür finden sich Trockentäler, weite Senken ohne eine oberirdische Abflussmöglichkeit und zahllose Dolinen. An großen Karstquellen entlang der Täler kommt das im Untergrund verschwundene Wasser wieder zu Tage. Als Schauhöhle für Besucher erschlossen ist das Schulerloch bei Kelheim, viele kleinere Höhlen sind auf den Wanderkarten eingezeichnet. Dolinen und Karstsenken liegen unter anderem nördlich von Denkendorf und Eichstätt. Große Karstquellen sind beispielsweise in Mörnsheim, Grösdorf und Mühlbach zu bestaunen.

Beinahe alle klassischen geologischen Aufschlüsse im Malm der Südlichen Frankenalb liegen an den Hängen des Altmühltales. Der untere bis mittlere Malm mit seinen fossilreichen gebankten Kalk- und Mergelsteinen ist beispielsweise in Steinbrüchen am Arzberg zwischen Beilngries und Dietfurt aufgeschlossen. Riffbildungen desselben Alters finden sich bei Riedenburg und Kinding. Riffe des oberen Malms begleiten vor allem das untere Altmühltal.

Besonders bekannt sind aber die Solnhofener Plattenkalke des oberen Malms, die sich im Jurameer in kleinen Becken zwischen den Riffzügen bildeten. In diesen Wannen auf dem Meeresboden, die zunehmend von der offenen See abgeschottet wurden, lagerte sich feiner

Kalkschlamm ab. Durch Sauerstoffarmut und hohen Salzgehalt herrschten dort lebensfeindliche, ja giftige Verhältnisse. Deswegen gab es keine Bodenwühler wie Würmer oder Krebse, die auf der Suche nach Nahrung den Meeresboden „durchpflügten". Die Kalkablagerungen versteinerten im Laufe der Jahrmillionen, wobei die einzelnen Schichten, die nach und nach abgelagert wurden, aufgrund der fehlenden Bodendurchwühlung erhalten blieben. Diese Plattenkalke, die in einem Zeitraum von etwa 500.000 Jahren entstanden sind, können heute entlang ihrer ursprünglichen Schichtfugen gespalten werden.

Seit Jahrhunderten wird in der Altmühljuraregion der Plattenkalk abgebaut. Bereits die Römer verwendeten den Solnhofener Stein als Baumaterial. Einen hohen Bekanntheitsgrad erlangte die Region durch die Verwendung des Plattenkalkes für die Lithographie, die Steindrucktechnik, für die der Solnhofener Stein die besten Voraussetzungen mitbrachte.

Beim Abbau der Steinplatten, der immer noch von Hand geschieht, tritt auch ein unermesslicher Reichtum an Fossilien zutage. Über 900 Tier- und Pflanzenarten - nach ihrem Absterben luftdicht vom Kalkschlamm eingeschlossen und im Laufe der Zeit versteinert - wurden hier gefunden, allen voran der berühmte Urvogel, dessen bisher zehn entdeckte Exemplare alle aus der Altmühljuraregion stammen. Der *Archaeopteryx lithographica* gilt nach Darwin als ein Bindeglied in der Entwicklung vom Reptil zum Vogel und ist damit ein Kronzeuge der Evolutionstheorie.

Weitere in den Plattenkalken eingeschlossene Tierarten sind beispielsweise Tintenfische, Haarsterne, Muscheln, Insekten, Fische, Meeresechsen, Krebse und Flugsaurier. In einzigartiger Weise ermöglichen diese Fossilien die Rekonstruktion des damaligen Lebensraums und begründen den Ruf als eine der bedeutendsten Fossillagerstätten der Welt. Eine Versteinerung ist auch das Wahrzeichen des Naturpark Altmühltal: der Ammonit, ein ausgestorbener Kopffüßer mit spiralig gewundenem, gekammerten Gehäuse, der sehr häufig in der Region zu finden ist.

Besonders bekannt sind die klassischen Fundstellen um Solnhofen und Eichstätt, die durch mehrere Museen dokumentiert sind. In mehreren Steinbrüchen, die für die Allgemeinheit freigegeben wurden, haben auch Besucher die Möglichkeit, ihr Glück und Geschick zu versuchen. Andere stillgelegte Steinbrüche sind bedrohten Tier- und Pflanzenarten überlassen worden, die dort ungestört wachsen und gedeihen können. Diese stillgelegten Brüche haben mit ihrer ungestörten Flora und der Farbigkeit des Gesteins einen malerischen Charakter.

Der Abbau der Solnhofener Plattenkalke hat neben der geologischen Bedeutung auch einen großen landschafts- und kulturprägenden Stellenwert in der Region. Die Szenerie weißgelb leuchtender Steinbrüche bildet mit ihren stufig gegliederten Brüchen und den steilen Kegeln der Abraumhalden einen starken Kontrast zu den Nachbartälern. Viele der älteren Abraumhalden stehen unter Naturschutz, weil sie als Steinhalden und Trockenrasenstandorte Lebensraum für seltene Pflanzen und Tiere bieten. Zudem prägen die Plattenkalke auch das Ortsbild vieler Dörfer entlang der Altmühl, wo sie als Baumaterial für das Legschieferdach der Jurahäuser dienten und dienen.

Die Einzigartigkeit der Landschaft macht das Altmühltal und das Wellheimer Trockental zu einem Anziehungspunkt für Urlauber und zu einem beliebten Ziel für geowissenschaftliche Exkursionen. Die landschaftlichen und geologischen Besonderheiten offenbaren sich Einheimischen und Besuchern auf Schritt und Tritt. Eine Vielzahl von Exkursionsführern zu verschiedenen Themen und Teilgebieten ist erhältlich. Eine vergleichbare Dichte von geowissenschaftlichen Museen und Lehrpfaden gibt es wohl in kaum einer anderen Region Deutschlands. Die Naturparkzentren in Eichstätt und Treuchtlingen sowie die Museen bieten zudem regelmäßige Veranstaltungen rund um das Thema Geologie an.

(Stefan Glaser, Martina Bach, Martin Röper, Martina Kölbl-Ebert)

Internet: *www.naturpark-altmuehltal.de*

Literatur: Wanderungen in die Erdgeschichte erschienen im Pfeil-Verlag, mit den Bänden: *„Treuchtlingen, Solnhofen, Mörnsheim, Dollnstein" (1), „Durchs Urdonautal nach Eichstätt" (2) und „Unteres Altmühltal und Weltenburger Enge" (6)* sowie: Röper, M. & Rothgaenger, R. (2000): *Die Plattenkalke von Schernfeld. – 128 S.; Eichstätt (Museum Bergér am Blumenberg).*

Abbildungen rechts:
1. *Der Urvogel Archaeopteryx bavarica (Foto: Bayerische Staatssammlung für Paläontologie und Geologie);*
2. *Raubfisch „Caturus" beim Verschlingen seiner Beute, Museum Bergér, Schernfeld (Foto: Naturpark Altmühtal)*

Abbildung unten:
Das ehemalige Donautal bei Wellheim wird von massigen Dolomitfelsen gesäumt (Foto: Bayerisches Landesamt für Umwelt)

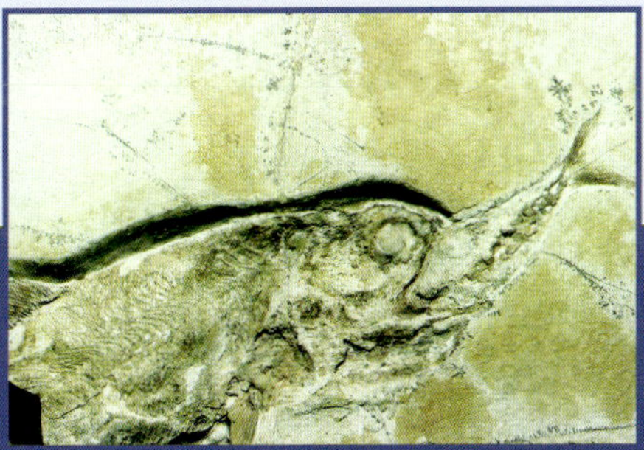

Abbildung links:
Glatt geschliffener und gekritzter heller Wettersteinkalk bei Fischbach. Das Gestein ist vom Gletscher zu einzelnen Buckeln geformt worden, die als „Rundhöcker“ bezeichnet werden.
(Foto: Bayerisches Landesamt für Umwelt)

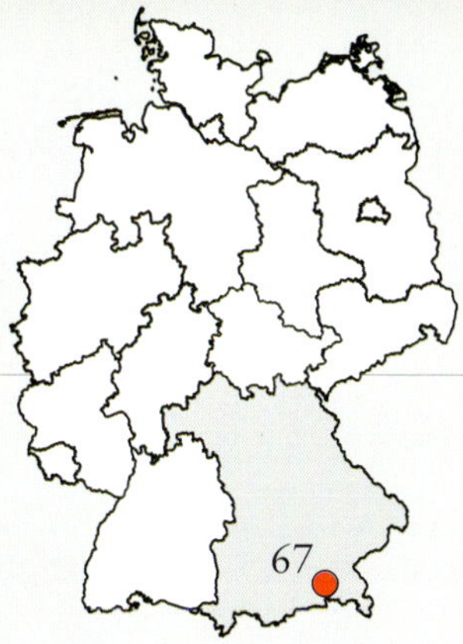

Das Eis hinterließ seine Handschrift

Der Gletscherschliff bei Fischbach am Inn

Der großräumig freigelegte Gletscherschliff östlich der Ortschaft Fischbach in der Gemeinde Flintsbach am Inn gilt als eines der markantesten Dokumente der quartären Vereisungen im oberbayerischen Alpenraum. Dort ist die Wirkung des eiszeitlichen Inn-Gletschers besonders gut zu erkennen. Der abgeschliffene Riegel aus Wettersteinkalk weist typische Erscheinungen wie „Kritzungen“, „Rundhöcker“ und „Kolke“ auf. Während der letzten 2,4 Millionen Jahre, der Zeit des Quartärs, war das Klima starken Schwankungen unterworfen, die in Mitteleuropa zu einem Wechsel von Warm- und Kaltzeiten führten. Die Temperaturen sanken wiederholt so stark, dass weite Teile der Nordhalbkugel der Erde während dieser Periode vergletschert waren. Eis überdeckte fast den gesamten Alpenbereich und sein nördliches Vorland. Die Gletscher waren zu einem Eisstromnetz verbunden, und nur die höchsten Gebirgskämme überragten noch die Eismassen.
Die letzte dieser Kaltzeiten wird in Süddeutschland als Würm-Kaltzeit bezeichnet. Während dieser Zeit lagen die durchschnittlichen Jahrestemperaturen im Alpenvorland bei etwa –3°C – heute sind es +7 bis +8°C. Damals wuchsen die Gletscher stark an und erreichten vor ca. 20.000 Jahren ihre größte Ausdehnung. Bei Fischbach hatte das Eis eine Mächtigkeit von 700 Metern, die Gletscherzunge erstreckte sich über 50 Kilometer weit hinaus ins Vorland.

Zwischen den mehrmaligen Phasen der Vergletscherung gab es Wärmeperioden. In diesen Warmzeiten herrschten Klimaverhältnisse wie heute. Das Eis schmolz ähnlich wie heute bis weit in die Alpen hinein zurück. Es gab weite, trogartige Täler wie das Inntal frei, das die mächtigen Eismassen ausgeschürft hatten. Vor allem durch die Erosion der Gletscher und des Wassers bekamen die Alpen ihr heutiges Aussehen.

Der Gletscherschliff bei Fischbach ist folgendermaßen entstanden: Zwischen Kufstein und Flintsbach durchschneidet das Inntal die Nördlichen Kalkalpen, deren Schichten parallel zum Alpenrand in Ost-West-Richtung verlaufen. Eine Lage aus hartem, widerstandsfähigem Wettersteinkalk bildet bei Fischbach einen markanten Geländeriegel. Dieser konnte von den heranrückenden Eismassen nicht erodiert werden, sondern wurde durch den Inn-Gletscher und seine Schmelzwässer nur abgeschliffen und geformt.

Der Gletscherschliff war lange Zeit unter Schottern und Moränenmaterial verborgen. Erst während des Autobahnbaus im Jahr 1957 wurde er entdeckt, freigelegt und ist deshalb heute noch gut erhalten. Leider sind durch Witterungseinflüsse, Eintrag von Schadstoffen aus der Luft und aufkommende Vegetation bereits erhebliche Schädigungen wie Kalklösung, Verfärbung, Gesteinsabsprengung und Überwucherung zu beobachten.

Die Ursache für den Gletscherschliff liegt in der Bewegung des Inngletschers. Gletschereis ist zähplastisch und fließt daher aus den höheren Gebirgsregionen in das tiefer gelegene Vorland. An der Basis eines Gletschers mitgeführter Sand und kleine Steine schleifen den Gesteinsuntergrund glatt, größere Brocken „kritzen“ ihn. Tiefer eingeschnittene Rinnen und Kolke, die gleichfalls an der Basis des Gletschers gebildet wurden, verdanken ihre Entstehung dem Schmelzwasser, das unter hohem Druck zwischen Eis und Gesteinsuntergrund fließt, und dem von ihm mitgeführten Gesteinsmaterial.

Typisch für Gletscherschliffe sind durch im Eis mitgeführte Gesteinsbruchstücke hervorgerufene „Kritzungen“ in Form lang gezogener Schrammen. Sie befinden sich zumeist auf rund geschliffenen Höckern. Um diese Höcker herum, die durch die Arbeit des fließenden Eises abgerundet wurden, finden sich häufig Rinnen und kleine, trichter- bis kesselförmige Aushöhlungen im Gestein (Kolke), die durch die strudelförmige Bewegung von Schmelzwasser und seiner mitgeführten Gesteinsfracht erzeugt wurden. Während die Schrammen und Rundhöcker durch das im Eis festgefrorene Gesteinsmaterial ausgekratzt wurden, entstanden die Rinnen und Kolke durch rollende Steine und Blöcke im Schmelzwasser. Deshalb lässt sich nur mit Hilfe von Schrammen und Rundhöckern, nicht aber anhand von Rinnen und Kolken die ehemalige Eisfließrichtung rekonstruieren.

(Ulrich Lagally)

Internet: *www.geotope.bayern.de*

Literatur: Ebers, E., Hofmann, W., Kraus, E. & Stefaniak, H. (1961): *Der Gletscherschliff von Fischbach am Inn.- Mitt. geogr. Ges. München, 46:41-85; München.*

Abbildung rechts:
Neben der Polierung des Felsens hat der Gletscher zusammen mit dem Schmelzwasser auch Rinnen und Kolke geformt.
(Foto: Bayerisches Landesamt für Umwelt)

Abbildungen links:
Bizarre Felsformationen und Türme kennzeichnen die Landschaft der Fränkischen Alb bei Pottenstein. Sie sind durch unterschiedliche harte Kalksteinschichten entstanden. Das Bild zeigt einen Ausschnitt der Felsformation „Weihersbacher Männchen“
Eng schmiegen sich die Häuser in Pottenstein an die Felswände
(Fotos: Bayerisches Landesamt für Umwelt)

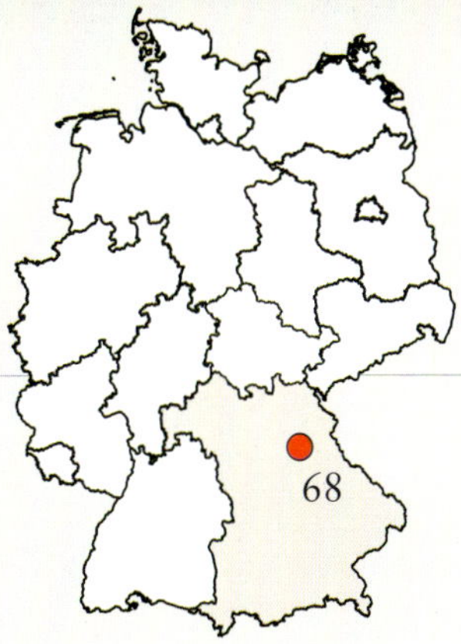

Versteinerte Riffe und unergründliche Höhlen

Das Felsenstädtchen Pottenstein in der Fränkischen Schweiz

Imposante Felsburgen und -türme beherrschen die Fränkische Schweiz. Die steil aufragenden Dolomit-Felsen an den Talhängen sind die Reste von Korallen-Riffen, die zur Jurazeit vor ca. 150 Millionen Jahren in einem tropischen Meer wuchsen. Im Verlauf von Jahrtausenden schnitten sich Flüsse wie die Püttlach in den Frankendolomit ein und präparierten die markanten Landschaftsformen heraus.

Zu Beginn des Juras vor ca. 200 Millionen Jahren bildete sich als Folge eines weltweiten Meeresspiegelanstiegs in Mitteleuropa ein großes Meeresbecken. Auf seinem Boden lagerten sich die Gesteine des heutigen Frankenjura ab: Anfangs wurden dunkle Tone sedimentiert, die man heute als Schwarzer Jura (oder Lias) bezeichnet. Darüber folgte mit dem Braunen Jura (Dogger) eine Phase, in der hauptsächlich Sande von Flüssen aus den weiter östlich gelegenen Hochgebieten wie dem Böhmischen Festland in das Meeresbecken geschüttet wurden. Aus ihnen entwickelten sich mit der Zeit die für den Dogger typischen eisenreichen, rostroten Sandsteine.

Die charakteristischen Gesteine in der Gegend von Pottenstein entstanden in der Zeit des Malm. Dieser jüngste Zeitabschnitt des Jura wird wegen der hellen Farbe seiner Gesteine auch als Weißer Jura (oder Malm) bezeichnet. Zu Beginn des Weißen Jura kam es im Bereich der heutigen Frankenalb zu einschneidenden Veränderungen: Das Klima wurde tropisch-warm, es bildete sich ein seichtes, lagunenartiges Schelfmeer. Auf seinem Grund wuchsen vorwiegend Kieselschwämme und auch Blaugrünalgen, die Kalk in ihre Skelette und Schalen einlagerten. Auf den Schalenresten abgestorbener Tiere siedelten sich neue Individuen an; so entstanden im Lauf der Zeit ausgedehnte Riffkomplexe, von denen ein Großteil wegen ihrer Standfestigkeit und Verwitterungsresistenz als markante Felsgebilde erhalten geblieben sind. In flachen Becken zwischen den Riffen lebten in einer reichhaltigen Fauna auch Ammoniten, Muscheln und Seeigel, deren Versteinerungen heute in den plattigen Kalken zu finden sind.

In Tüchersfeld schuf die Püttlach einen Umlaufberg, indem sie eine ehemalige Flussschleife „abschnitt“. Ursache dafür ist die Eigenart von Flüssen, aufgrund von unterschiedlichen Wassermengen oder Hindernissen wie Kies- und Sandbänken ständig den Flusslauf zu verlegen und Schlingen, so genannte Mäander, zu bilden. Im Kurvenäußeren, dem Prallhang, strömt das Wasser mit hoher Geschwindigkeit und erodiert das Ufer, der Fluss „frisst“ sich weiter in die Kurve. Am gegenüberliegenden, inneren Teil, dem Gleithang, ist die Strömung geringer, mitgeführtes Material wird abgelagert. Auf diese Weise weiten sich die Mäanderschlingen nach und nach aus. Durchbricht der Fluss die in den Mäander hineinreichende Landzunge, den Sporn, so bleiben eine vom Fluss verlassene Talschlinge und ein isolierter Berg, der Umlaufberg, zurück.

Bereits seit dem Tertiär schneiden sich die wasserreichen Flüsse aus dem Gebiet um Bayreuth in die Dolomit- und Kalksteine der Frankenalb ein und präparieren so die harten, ehemaligen Riffe heraus, die heute als Felstürme und –burgen die Talflanken säumen. Die Püttlach durchquert als Teil eines alten Talsystems die Fränkische Schweiz von Nordosten nach Südwesten. Abseits der Täler ist das Gebiet wasserarm: aufgrund der starken Verkarstung der Karbonatgesteine versickern Niederschläge rasch in ein ausgedehntes unterirdisches Entwässerungssystem.

Die Fränkische Schweiz ist reich an Felsbildungen, die wie das Weiherstaller Männchen, die Burg Pottenstein oder die Felsburg Tüchersfeld als Wahrzeichen weithin bekannt sind. In Tüchersfeld wurde im 18. Jahrhundert auf einem Dolomitriff der sogenannte Judenhof erbaut, der als Fotomotiv weithin bekannt ist. Dort steht heute mit dem Fränkische Schweiz Museum das einzige Museum im nordbayerischen Riffgürtel, das sich speziell mit der Entstehung der Riffe, deren Ökologie und Paläogeographie befasst. Darüber hinaus vermittelt es mit archäologischen und historischen Zeugnissen, landwirtschaftlichen Geräten, Handwerkerstuben, Zunftobjekten, Trachten und volksreligiösen Gegenständen sowie einer originalen Synagoge hervorragende Einblicke in die Geschichte der Region. ***(Ulrich Lagally)***

Internet: *www.geotope.bayern.de*
Literatur: Eichhorn, R., Glaser, S., Lagally, U. & Rohrmüller, J. (2003): *Geotope in Oberfranken.- Erdwiss. Beitr. Naturschutz, 2: 175 S.; München (Bayer. Geol. Landesamt).*

Abbildungen links:
1. *Blick ins Marienthal von der Hohen Warte;* 2. *Das Weiherstaller Männchen: Durch ihre teils figürlichen Formen haben die Felsen eigene Namen bekommen;* 3. *In der Teufelshöhle in Tüchersfeld haben sich Tropfsteine gebildet. Auf dem Bild ist der „Barabarossabart“ zu sehen;*
4. *Eingang zur Teufelshöhle in Tüchersfeld (Fotos: Verkehrsbüro Pottenstein)*

Abbildung links:
Umbiegende Basaltsäulen am Parkstein. Die Säulen stehen immer senkrecht auf den Abkühlungsflächen (Foto: M. Füßl, B. Weber)

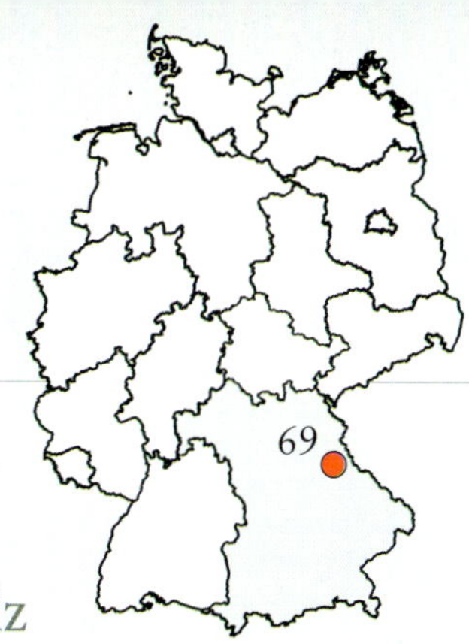

Botschaft aus dem Erdmantel

Der Basaltkegel „Hoher Parkstein“ in der Oberpfalz

Der Hohe Parkstein bei Weiden stellt mit seinen mustergültig ausgebildeten Säulenformationen ein weithin sichtbares Wahrzeichen im Naturpark "Nördlicher Oberpfälzer Wald" dar, das von Alexander von Humboldt als "schönster Basaltkegel Europas" bezeichnet wurde.

Nach mehr als 200 Millionen Jahren vulkanischer Ruhe regte sich vor 24 Millionen Jahren im Tertiär in Mitteleuropa und auch in Nordostbayern wieder ein kräftiger Vulkanismus. Den Nachwirkungen dieser vulkanischen Aktivitäten verdanken die weltberühmten böhmischen Heilbäder Marienbad, Karlsbad und Franzensbad ihre Wässer. Entlang des Egergrabens findet dieser Vulkanismus seine westliche Fortsetzung auf bayerischer Seite. Südlichster Zeuge dieser Vorgänge ist der Parkstein, etwa 10 km nordwestlich von Weiden. Der heute erhaltene Gesteinskörper erinnert zwar von der Form her an einen Vulkan, ist aber in Wirklichkeit ein Förderschlot, der durch Verwitterungs- und Abtragungsprozesse als "Härtling" aus den weicheren Umgebungsgesteinen herauspräpariert wurde. Aus dem Vorland westlich der Fränkischen Linie, die das Grundgebirge vom Deckgebirge trennt, erhebt sich der Parkstein imposant auf 595 Meter über dem Meeresspiegel und gewährt dem Wanderer eine weite Sicht über die Landschaft der nördlichen Oberpfalz.

Vor der Steilwand des Hohen Parkstein stehend bietet sich dem Betrachter ein eindrucksvoller Blick auf herrlich ausgebildete Basaltsäulen. Der Basalt erstarrte schnell in seiner Förderspalte, und es bildeten sich aufgrund von Abkühlung und Schrumpfung regelmäßige Säulenstrukturen aus. Die Säulen mit einem Durchmesser von 10 bis 30 cm stehen jedoch nicht senkrecht, wie dies bei vielen anderen Basaltvorkommen der Fall ist, sondern sind garbenförmig gekrümmt.

Der Basalt enthält neben dem Mineral Augit viel Feldspat, aber auch Olivin und fast 5% Magnetit (Magneteisenstein). Dieser Magnetitgehalt führt dazu, dass der Basalt magnetisch ist, und schon ein kleines Stück vermag die Kompassnadel abzulenken. Der Magnetitgehalt im Gestein hat sich magnetisch am damals herrschenden Erdmagnetfeld ausgerichtet, und so kann heute durch Messungen am Parkstein auch etwas über die frühere Beschaffenheit des Erdmagnetfelds ausgesagt werden. Aufgrund vieler Untersuchungen gibt es heute folgendes Bild von der Entstehung des Parksteins: Glutflüssiges Basalt-Magma durchbrach vor 24 Millionen Jahren zunächst das kristalline Grundgebirge, dann die darüberliegenden Keuperschichten, wobei im Kontaktbereich der Förderspalte Umgebungsgestein mitgerissen und teilweise aufgeschmolzen wurde. Und so finden sich im Basalt neben grünen Olivinknollen, die eine Botschaft aus einer Tiefe von mehr als 30 km aus dem oberen Erdmantel darstellen, noch verschiedene Fremdgesteinseinschlüsse:

Als die Magma empordrang, hat es auch Granitstückchen nach oben befördert. Es handelt sich um einen feinkörnigen, hellen Granit. Aufgrund der rundlichen Form wird angenommen, dass der Granit aus Ablagerungsgeröll und nicht aus einem Granitkörper stammt.

Basaltjaspis, auch Porzellanjaspis genannt, ist aus der Tiefe mitgerissenes toniges, silikatreiches Ablagerungsgestein, das durch die enorme Hitze des Magmas aufgeschmolzen wurde. Es ähnelt in seiner Beschaffenheit technischem Porzellan und ist am Parkstein häufig in hellvioletten Farben zu finden.

Als die verkehrstechnische Erschließung der Gegend um Parkstein im 20. Jahrhundert ihren Höhepunkt erreichte, wurde am Parkstein in einem Steinbruch der Basalt als Schottermaterial abgebaut. Doch schon bald wurde erkannte, dass die Erhaltung dieser einmaligen Kuppe wichtiger war als die Erlöse für den Straßenschotter. Und so wurde der Basaltkegel unter Naturschutz gestellt und blieb als einmaliger Geotop für die Nachwelt erhalten.

Der "Basaltkegel Hoher Parkstein" gehört seit dem 17.11.2003 zu den "100 schönsten Geotope Bayerns". Gemeinsam mit der Gemeinde Parkstein hat die Vereinigung der Freunde der Mineralogie und Geologie e.V. - Bezirksgruppe Weiden die Geotop-Patenschaft übernommen. ***(Martin Füßl, Berthold Weber)***

Internet: *www.parkstein.de*

Abbildungen links:
1. *Gesamtansicht des Hohen Parksteins aus Richtung Südosten. Früher trug der Berg eine Burg, heute krönt eine Kapelle den Gipfel;* 2. *Basaltsäulen sind in der Regel sechseckig ausgebildet;* 3. *Am Rande des Parksteins stoßen die Basaltsäulen (rechts) an vulkanische Tuffe (links) (Alle Fotos: M. Füßl & B. Weber)*

Abbildungen rechts:
1. *Die Steineren Agnes von unten gesehen mit Körper, Hals und Kopf (Foto: Bayerisches Landesamt für Umwelt);*
2. *Von der Steinernen Agnes ist unter anderem einer der markantesten Berge der Deutschen Alpen zu sehen: Der Watzmann (Foto: L. Feldmann)*

Abbildung links:
Der Felsturm der Steinernen Agnes ist durch die Abtragung unterschiedlich widerstandsfähiger Gesteine entstanden
(Foto: Bayerisches Landesamt für Umwelt)

Weitsicht einer Dame

Die „Steinerne Agnes“ im Lattengebirge bei Berchtesgaden

Im südlichen Berchtesgadener Land steht an der Südostflanke des Lattengebirges auf 1300 Metern Seehöhe eine bizarre pilzförmige Erosionsform, die „Steinerne Agnes“. Sie ist ca. zehn Meter hoch, wobei sich von den breiten Schultern deutlich erkennbar Hals und Hut mit einer Höhe von drei Metern abheben. Sie ist die einzige derartige Verwitterungsform im gesamten bayerischen Alpenraum.

Die Gesteine, die heute die eindrucksvollen Gebirge der Berchtesgadener Alpen und damit auch die „Steinerne Agnes“ aufbauen, bildeten sich vor ca. 220 Millionen Jahren in der oberen Triaszeit in einem tropischen Flachmeer. Dort herrschten günstige Bedingungen zur Ausfällung von Karbonaten (Kalk, Dolomit, Mergel). Im Verlauf von Millionen von Jahren senkte sich der Meeresboden immer weiter ab. Die Sedimentation hielt in etwa mit der Absenkung Schritt. So konnten mehrere tausend Meter mächtige Gesteinsabfolgen unter Flachwasserbedingungen entstehen. In warmen Flachmeeren lagert sich meist Kalkschlamm ab, aus dem später durch Verfestigung Kalkstein entsteht. In vom offenen Meer abgeschnittenen Lagunen werden jedoch Teile des Kalziums aus dem Sediment – begünstigt durch das salzreiche Wasser – von Magnesium ersetzt: es entsteht Dolomitstein. Kalkstein und Dolomitstein besitzen unterschiedliches Verwitterungsverhalten, so dass sie im Gelände leicht unterschieden werden können: Kalkstein bildet häufig senkrecht aufragende glatte Wände, während für den brüchigeren Dolomit unregelmäßig strukturierte Steilhänge typisch sind, an deren Fuß ausgebrochenes Gestein oft riesige Schutthalden bildet. Eine halbe Wegstunde von der „Steinernen Agnes“ entfernt ragt aus dem östlichen Ausläufer des Lattengebirges weithin sichtbar ein Felsen, der an eine überdimensionale Hakennase erinnert. Im Volksmund wird er deshalb die „schlafende Hexe“ genannt oder auch „Montgelas-Nase“ – in Erinnerung an das markante Profil eines bayerischen Ministers vom Anfang des 19. Jahrhunderts. Erosion und Verwitterung formen das Relief dieser Felsen im Lattengebirge und lassen feine Unterschiede der Gesteine erkennbar werden. Die „Steinerne Agnes“ besteht hauptsächlich aus kleinstückig verwitterndem Dolomit, der ihren schlanken Hals bildet. Etwas verwitterungsresistenter ist der Felskopf, an dem sich eine schwache Horizontierung erkennen lässt; kompaktere Lagen bewirken den Erhalt dieser Partie. Obwohl die besondere Form Kletterer zur Besteigung animiert, sollte man sich mit der Betrachtung aus der Distanz begnügen. Auf jeden Fall muss auf den Einsatz von Haken und anderem Gerät, das dem Felsen Schaden zufügen würde, verzichtet werden. Der Sage nach war Agnes eine brave und hübsche Sennerin, die in Stein verwandelt wurde, um den Nachstellungen des Teufels zu entgehen. Nach einer anderen Version kann die fesche Sennerin den Verführungen des Satans in Gestalt eines schmucken Jägers nicht widerstehen, erwartet ein Kind von ihm und tötet dieses, um der Schande zu entgehen. Auch diese Agnes wird in Stein verwandelt – dieses Mal zur Strafe. Mit ein wenig Phantasie lässt sich in dem Felsturm eine Sennerin mit breitkrempigem Hut erkennen. Auch im Lattengebirge wurde früher jeder Wiesenfleck für die Beweidung genutzt, um das Heu der Talwiesen für den Wintervorrat nutzen zu können. Nahe der „Steinernen Agnes“ sind noch die Rotofen- und die Steinbergalm als Rodungsinseln im lichten Bergwald zu erkennen. Die „Steinerne Agnes“ ist über verschiedene, gut beschilderte und landschaftlich überaus reizvolle Wanderwege zu erreichen. Der direkte Weg und Teil des „Agnes-Rundwanderweges“ beginnt am Wanderparkplatz rund 500 m südlich des Bahnhofs Hallthurm (zwischen Bayerisch Gmain und Bischofswiesen) und dauert etwa zwei Stunden. Den steilen Anstieg erspart sich, wer von Bad Reichenhall mit der Seilbahn zum Predigtstuhl fährt und von dort aus das Lattengebirge in ca. vier Stunden Gehzeit nach Hallthurm überschreitet, wo nach ca. 2,5 Stunden die „Steinerne Agnes“ erreicht wird. Ein weiterer Weg führt auf der Südseite des Lattengebirges nach Bischofswiesen – Winkl. Unterhalb der „Steinernen Agnes“ laden Holzbänke und eine Informationstafel zur Rast. Von hier hat der Wanderer einen großartigen Panoramablick auf die Gebirgsstöcke des Nationalparks Berchtesgaden mit ihren markanten Gipfeln wie Hoher Göll, Hohes Brett, Kahlersberg, Teufelshörner, Watzmann, Großer Hundstod und Hochkalter.

(Hanni Eichner)

Internet: *www.geotope.bayern.de*

Literatur: Ganns, O. & Grünfelder, S. (1973): *Geologie der Berchtesgadener und Reichenhaller Alpen. Eine Einführung in die Gesteinsentstehung, Gebirgsbildung und Landschaftsgeschichte.* – 152 S.; Karlstein.

Abbildung rechts:
Der Quelltopf „Blaue Gumpe" am Südrand des Großen Ostersees (Foto: Bayerisches Landesamt für Umwelt)

Abbildung links:
Wassergefüllte Toteislöcher zwischen Kames und Osern bei Iffeldorf. Auf Untiefen wächst Schilf, das im Bild braun gefärbt ist. (Foto: Bayerisches Landesamt für Umwelt)

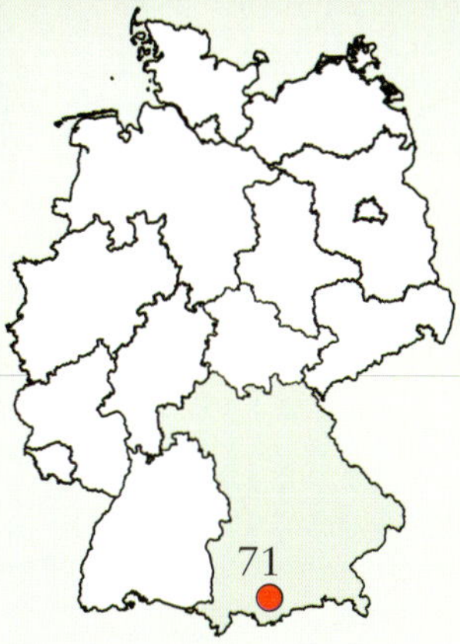

Spuren eines Rückzugsgefechtes

Die Eiszerfallslandschaft der Osterseen südlich von München

Wassererfüllte Senken, Moore, markante Hügel und Schotterflächen kennzeichnen das Gebiet der Osterseen südlich des Starnberger Sees als eine typische Eiszerfallslandschaft. Sie entstand beim Abschmelzen der Gletscher der letzten Kaltzeit. Bis heute nahezu unverändert konnten die Reliefformen überdauern, da in das Gebiet später kaum noch Sedimente eingetragen wurden.

In den vergangenen 2,4 Millionen Jahren, dem Zeitalter des Quartärs, führten starke Klimaschwankungen zu einem Wechsel von Warm- und Kaltzeiten. Während der Warmzeiten herrschten ähnliche Klimaverhältnisse wie heute, nur die höchsten Lagen der Alpen waren vergletschert. Die Durchschnittstemperatur der Kaltzeiten hingegen lag um etwa 10°C niedriger. In den Gebirgen wuchsen die Gletscher stark an, es bildeten sich zusammenhängende Eisflächen und Eisströme, aus denen nur vereinzelt Berggipfel herausragten. Zum Höhepunkt einer jeden Eiszeit flossen die Eismassen nach Norden aus den Alpen heraus und bedeckten dort weite Teile des Alpenvorlandes.

Aus dem Alpenraum sind mindestens sechs Kaltzeiten bekannt, die jeweils mehrere Zehntausend Jahre dauerten. Die größte Ausdehnung in der jüngsten Kaltzeit - im Alpenraum als Würm-Kaltzeit bezeichnet – erreichte das Eis vor etwa 20.000 Jahren. Danach stiegen die Temperaturen an, die Gletscher schmolzen ab. Seit etwa 15.000 Jahren ist das Alpenvorland eisfrei. Vom Gletscher zurückgelassene Ablagerungen, die Moränen, belegen ehemalige Eisstände.

Das Ostersee-Gebiet stellt eine Besonderheit im Alpenvorland dar. Es gilt heute als eine der am besten erhaltenen Eiszerfallslandschaften Bayerns. Große Toteismassen des eiszeitlichen Isar-Loisach-Gletschers und mehrere Generationen von Schmelzwasserflüssen, die ihre Gesteinsfracht ablagerten, formten die Landschaft. Aber bereits im sogenannten „Spätglazial“, das die Zeit am Ende der letzten Eiszeit von 15.000 bis 10.000 Jahre vor heute umfasst, noch bevor das gesamte Alpenvorland eisfrei war, war der Bereich vom großen Entwässerungsnetz der Alpen abgeschnitten, wodurch nur geringe Mengen an Sedimenten eingetragen wurden. Die Osterseen sind deshalb, im Gegensatz zu vielen anderen voralpinen Seen der Nacheiszeit, kaum verlandet. So konnte die ursprüngliche Eiszerfallslandschaft mit den zahlreichen Toteislöchern, Eisrandterrassen, Kames und Osern erhalten bleiben.

Im Gebiet der Osterseen gibt es viele Oberflächenformen, die diese Eiszerfallslandschaft charakterisieren. Eis, das nicht mehr mit dem „lebenden“ Gletscher in Verbindung stand, zerfiel in Blöcke, zwischen denen sich die Schmelzwasserflüsse ihren Weg suchten und ihre Schuttfracht ablagerten. Nachdem dieses „Toteis“ abgeschmolzen war, blieben charakteristische Geländeformen zurück. Dabei entstanden auch kesselartige „Toteislöcher“, die heute oft - wie die Osterseen - mit Wasser gefüllt sind. Zwischen und auf die Eisreste geschüttete Schmelzwasserschotter blieben als kuppige oder kegelförmige Hügel zurück, die als „Kames“ bezeichnet werden. Am Rand des Gletschers entstanden Eisrandterrassen. Langgestreckte, schmale Rücken aus Sand und Kies, sogenannte „Oser“, wie die Marieninsel im Großen Ostersee, sind Hinterlassenschaften von Schmelzwasserflüssen in und unter dem Eis.

Eine besonders sehenswerte Form stellt die Blaue Gumpe dar. Die Osterseen werden vorwiegend durch Grundwasser gespeist, das in zahlreichen Quelltrichtern austritt. Am bekanntesten ist die „Blaue Gumpe“ am Südufer des Großen Ostersees. Die Wände ihres Quelltrichters sind von weißen Ablagerungen aus Süßwasserkalk überzogen, der bis heute aus dem kalkreichen Quellwasser ausgeschieden wird. Da das Grundwasser eine relativ gleichbleibende Temperatur von 10°C aufweist, gefriert im Winter die Wasserfläche nicht. An kalten Wintertagen hängt Dampf über der Quelle.

Das Osterseegebiet steht seit langem unter Naturschutz, seit 1981 sind Teile davon als Naturschutzgebiet ausgewiesen. Zum Erhalt dieses einzigartigen geologischen und biologischen Naturerbes sind die Besucher gebeten, den Schutzbestimmungen Folge zu leisten.

(Gertrud Keim, Ulrich Lagally)

Internet: *http://de.wikipedia.org/wiki/Osterseen, www.geotope.bayern.de*

Literatur: Gareis, J. (1978): *Die Toteisfluren des Bayerischen Alpenvorlandes als Zeugnis für die Art des spätwürmzeitlichen Eisschwundes.- Würzburger Geogr. Arbeiten, 46: 101 S., Würzburg.*

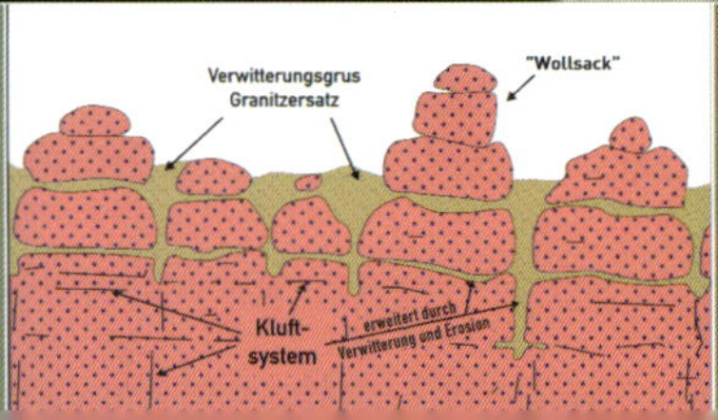

Abbildung links:
Während feines Lockermaterial herausgeschwemmt und abgetragen wurde, blieben abgerundete Blöcke zurück oder wurden hangabwärts bewegt und türmten sich zu einem Blockmeer übereinander. (Zeichnung: Bayerisches Landesamt für Umwelt)

Abbildung links:
In der Luisenburg liegen große Granitblöcke wild durcheinander.
Sie sind durch Verwitterung eines kompakten Granits und Abtragung des Feinmaterials entstanden.
(Foto: Bayerisches Landesamt für Umwelt)

Wilde Blöcke und Goethe mittendrin

Das Felsenlabyrinth Luisenburg in Wunsiedel im Fichtelgebirge

Ein Meer von riesigen rundlichen Granitblöcken lockte schon im Jahr 1785 Johann Wolfgang von Goethe zur Luisenburg nach Oberfranken. Noch heute ist dieses weithin bekannte, zur Zeit der Romantik in einen Landschaftsgarten gestaltete Felsenlabyrinth im Fichtelgebirge nicht nur ein beliebtes Ausflugsziel. „Wollsäcke“, „Felsentürme“ und „Blockmeere“ sind typische Zeugen der Granitverwitterung und bieten zudem die Kulisse für eine der ältesten Freilichtbühnen Deutschlands.

Im Nordostteil des Kösseine-Massivs befindet sich die imposante Felsenlandschaft der Luisenburg. Sie besteht aus dem vor ca. 300 Millionen Jahren entstandenen Kösseinegranit.

Damals, gegen Ende des Erdaltertums, kollidierten im Bereich des heutigen Mittel- und Westeuropa zwei Kontinente und türmten ein mächtiges Faltengebirge, das Variszische Gebirge, auf. Die Gesteine, die vorher in dem ozeanischen Becken zwischen den Kontinenten lagen, wurden bei der Kollision in die Tiefe versenkt. Unter hohem Druck und Temperatureinfluss wurden sie umgewandelt und teilweise aufgeschmolzen. Ihre glutflüssigen Magmen stiegen an Schwächezonen der Erdkruste auf, blieben häufig unter der Erdoberfläche stecken, kühlten dort ab und erstarrten. Der Kösseinegranit ist ein typisches Beispiel für derartige, in der Erdkruste stecken gebliebene Intrusiv-Gesteine.

Anhaltende Bewegungen in der Erdkruste zerlegten in den folgenden Jahrmillionen das Variszische Gebirge in einzelne Massive. Es entstanden unsere heutigen Mittelgebirge. Verwitterung und Abtragung legten die eingedrungenen Granite frei, so dass sie heute einen Teil der Landoberfläche bilden.

Um die Luisenburg ranken sich zahlreiche Sagen. Bis ins 19. Jahrhundert wurde ihre Entstehung mit enormen Kräften wie Erdbeben, Stürmen und Vulkanausbrüchen in Verbindung gebracht. Jedoch bereits 1820 führte Johann Wolfgang von Goethe die Entwicklung des Felsenlabyrinths auf Verwitterungsprozesse zurück.

Für Granite ist ein System aus horizontalen und vertikalen Klüften typisch. Diese Schwächezonen wurden schon bei der Abkühlung des Magmas im Erdinneren angelegt und spielen bei der Verwitterung des Granits eine entscheidende Rolle. An ihnen kann Wasser eindringen, das Gestein verwittert dort schneller und Lockermaterial wird ausgewaschen. So entstehen im Lauf der Zeit aus den zunächst kantigen Granitblöcken gerundete Gesteinskörper wie gestapelte Wollsäcke („Wollsackverwitterung“) oder flache Lagen, die an Matratzen erinnern („Matratzenverwitterung“).

Ist das Verwitterungsmaterial zwischen den kompakteren Partien heraus gewaschen, bleiben oft auffällige Formen zurück. Blöcke in ihrer ursprünglichen Lagerung bilden häufig „Felstürme“ wie der „Drei-Brüder-Felsen“. Stürzen die Formen in sich zusammen und die Blöcke gleiten hangabwärts, wo sie übereinander liegen bleiben, spricht man von einem „Blockmeer“.

Die Luisenburg erhielt ihren Namen von dem Bergareal, das ursprünglich nach der dortigen Burg „Luxburg“ oder „Losburg“ genannt wurde. Bis Ende des 18. Jahrhunderts galt das Gebiet als finstere, undurchdringliche Wildnis mit „modrichten Speluncken und Löchern“. Erst 1790 begann man, das Gebiet begehbar zu machen, einen Landschaftsgarten zu gestalten und eine der ersten Freilichtbühnen Deutschland einzurichten. Im Jahr 1805 wurde es zu Ehren der preußischen Königin Luise in „Luisenburg“ umbenannt.

Seit langem ist das Felsenlabyrinth als Naturschutzgebiet ausgewiesen. *(Ulrich Lagally)*

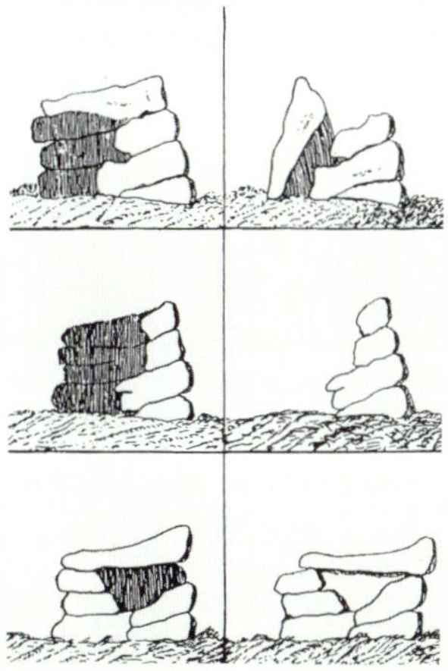

Abbildung links:
Zeichnungen einiger Felsstrukturen von Johann Wolfgang von Goethe.
Er rekonstruierte ihren vermuteten ursprünglichen Zustand, in dem er bereits abgewitterte Teile als schraffierte Bereiche ergänzte.

Internet: *www.geotope.bayern.de*
Literatur: Eichhorn, R., Glaser, S., Lagally, U. & Rohrmüller, J. (2003): *Geotope in Oberfranken.- Erdwiss. Beitr. Naturschutz, 2: 175 S.; München (Bayer. Geol. Landesamt)*

Abbildungen rechts:
1. *Da die Granitblöcke wie gestapelte Wollsäcke aussehen, wird die Verwitterungsart auch als „Wollsack-Verwitterung“ bezeichnet;* 2. *Großer Granit-Wollsack*
(Fotos: Bayerisches Landesamt für Umwelt)

Abbildung links:
Die Weltenburger Enge
mit dem berühmten Weltenburger Kloster
(Foto: Karl-Heinz Schmidl;
Tourismusverband im Landkreis Kelheim)

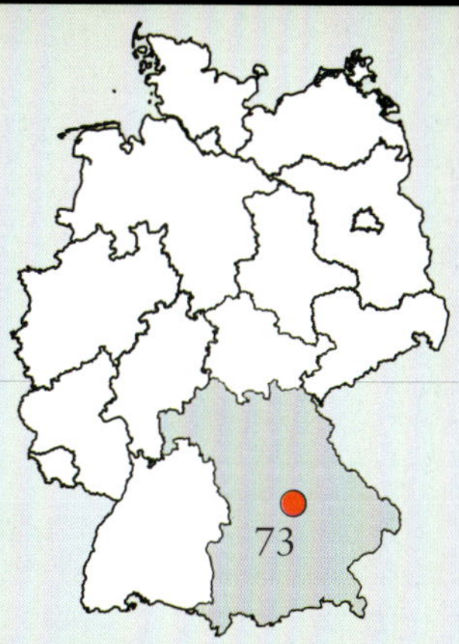

Piratenstück eines Flusses

Die Weltenburger Enge bei Kelheim im Donautal

In der Weltenburger Enge zwängt sich die Donau durch eine Barriere aus harten, oberjurassischen Kalksteinen der Frankenalb. Zu Unrecht wird diese berühmte Schlucht als „Donaudurchbruch" bezeichnet, denn der Fluss benutzt hier nur das Bett eines seiner früheren Nebenflüsse. Bis vor 80.000 Jahren floss die Ur-Donau weiter nördlich im Altmühltal.

Zur Zeit des Oberen Juras (auch „Malm" oder „Weißer Jura" genannt) war der süddeutsche Raum von einem flachen subtropischen Schelfmeer bedeckt, an das sich im Süden ein Vorläufer des Mittelmeeres, die „Tethys", und im Norden ein Inselarchipel anschloss. In diesem Flachmeer wechselten seichte „Plattformen" mit gröberen (sandigen) und tiefe „Wannen" mit feineren (schlammig tonigen) Kalkablagerungen. Von den Wellen aufgearbeitete Schalenreste von abgestorbenen Schwämmen, Kalkalgen, muschelähnlichen Brachiopoden, Seelilien und Seesternen lieferten das Material für diese Kalksande und Kalkschlämme. Einen wesentlichen Anteil am Gesteinsaufbau der Plattformkalke haben bis zu zwei Millimeter große Kalk-Kügelchen, die im bewegten Wasser entstanden sind, „Ooide" (konzentrische Kalkkügelchen) und „Peloide" (Kalkpartikel ohne Innenstruktur, die wahrscheinlich durch Algen gebildet wurden). In den feinkörnigen und mergeligen Kalken der Wannen überdauerten auch die Überreste schwimmender Organismen wie Ammoniten, Fische und Meeresreptilien als Versteinerungen. An den Hängen der Plattformen wuchsen kleine Schwammriffe.

Der Obere Jura wird in sechs zeitliche Unterabschnitte gegliedert, die mit den griechischen Buchstaben Alpha bis Zeta bezeichnet werden. Die 40 Meter hohen Felsen der eigentlichen Schlucht („Lange Wand", „Römerwand") bestehen aus massigen Riff- und Plattform-Kalksteinen des Malm Epsilon und Zeta. Der Kalkstein baut sich hauptsächlich aus nur mikroskopisch erkennbaren Algenkügelchen und Ooiden auf, die ihrerseits von organischen Kalkkrusten überwachsen sind. Einzelne Kieselschwämme und Korallen lassen sich gelegentlich mit bloßem Auge erkennen. Der oberste Teil der Felswände wird von grobem Riffschuttkalk mit Korallenstöcken und knolligen Algenkrusten gebildet. Am „Affekinger Stein" und am „Bienenhaus" ist der Riffkalk ganz oder teilweise gebankt und geht dann Donau-abwärts in den Riffschutt- oder „Kelheimer Korallen-Schuttkalk" über. Viele Felsen (z.B. „Bienenhaus") sind von Horizontal-Höhlen durchlöchert, die durch die kalklösende Wirkung des fließenden Wassers entstanden sind („Verkarstung"). Die „Ur-Donau" oberhalb von Kelheim benutzte fünf Millionen Jahre lang das Altmühltal, das mit dem heutigen Donauverlauf über das Wellheimer Trockental verbunden ist. Bei Kelheim mündete damals ein aus Richtung Ingolstadt kommender Nebenfluss, der „Ingolstädter Albsaumfluss", der sich durch ständige Eintiefung in Richtung Quelle durch „rückschreitende Erosion" langsam durch den harten Riegel der Malmkalksteine grub und so die Schlucht der Weltenburger Enge schuf. Etwa vor 80.000 Jahren hatte sich ein anderer Donaunebenfluss, die Schutter, ebenfalls rückwärts gearbeitet und schließlich im heutigen Wellheimer Trockental die Donau „angezapft". Die Donau nutzte die entstandene „Abkürzung", änderte ihren Lauf und floss nun über das ehemalige Schuttertal, das sie später erneut verließ, und die Weltenburger Enge nach Kelheim. Somit ist die Schlucht von Weltenburg eigentlich kein Werk der Donau, diese setzte sich vielmehr ins schon gemachte, aber viel zu enge Bett.

Die Weltenburger Enge ist eine der schönsten und bekanntesten Sehenswürdigkeiten Bayerns. Bereits 1840 verfügte König Ludwig I. von Bayern die Erhaltung dieses Geotops, um es vor einer Zerstörung durch Steinbruchbetriebe zu schützen. Neben der landschaftlichen Schönheit und einer außergewöhnlichen Pflanzen- und Tierwelt zeichnet das Gebiet ein Reichtum an vor- und frühgeschichtlichen (steinzeitlichen und keltischen Funden), antiken (Römisches Kastell) und kulturhistorischen (Abtei Weltenburg, Befreiungshalle) Denkmälern aus. Mit der Auszeichnung „Europadiplom" wurde das Naturschutzgebiet als einmaliges Kultur- und Natur-Ensemble von europäischem Rang gewürdigt.

(Ulrich Lagally)

Internet: *www.geotope.bayern.de*

Literatur: Keim, G., Glaser, S. & Lagally, U. (2004): *Geotope in Niederbayern.- Erdwiss. Beiträge zum Naturschutz. 4: 172 S., München (Bayer. Geolog. Landesamt).*

Abbildung rechts:
Weltenburger Enge
(Foto: Bayerisches Landesamt für Umwelt)

Abbildung links:
Die Partnachklamm
bei Garmisch-Partenkirchen
(Foto: Bayerisches Landesamt für Umwelt)

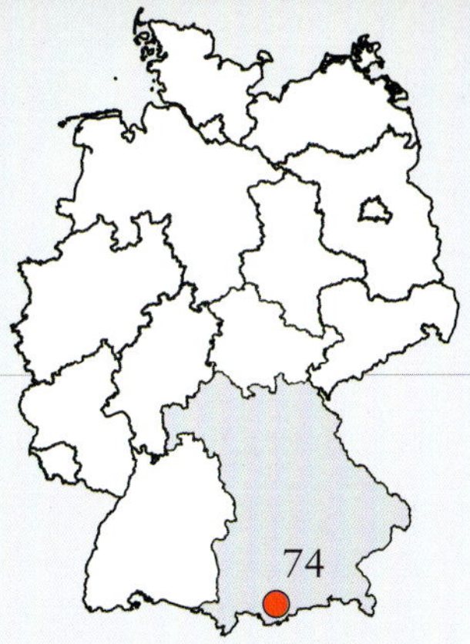

Ein Fluss frisst sich durch harten Kalkstein

Die Partnachklamm bei Garmisch-Partenkirchen

Eine der eindrucksvollsten Klammen in den oberbayerischen Alpen ist die Partnachklamm bei Garmisch-Partenkirchen. Auf einer Länge von 700 Metern durchschneidet sie mächtige Ablagerungen von Alpinem Muschelkalk und Partnachschichten am Fuß des Wettersteingebirges. Die Wände der Klamm reichen bis zu 86 Metern in die Höhe. Ihr namensgebender Fluss – die Partnach – entspringt im Reintalanger und wird unter anderem durch Schmelzwasser des Schneeferners, dem Rest eines eiszeitlichen Gletschers auf dem Zugspitzplatt, gespeist.

Die Partnach durchschneidet in der Klamm Gesteine des sogenannten Alpinen Muschelkalks. Es ist ein dunkelgrauer Kalkstein, der vor etwa 240 Millionen Jahren (in der Mittleren Trias) in einem flachen Meer abgelagert wurde. Eines seiner charakteristischen Merkmale sind unebene, wulstartige Schichtflächen, die als „Wurstelbänke“ bezeichnet werden, auf denen häufig fossile Wühl- und Fressspuren zu finden sind. Die über dem Alpinen Muschelkalk liegenden Partnachschichten bestehen aus dunkelgrauen Mergelsteinen (kalkhaltigen Tonsteinen) mit einzelnen Kalkbänken. Sie sind vor etwa 235 Millionen Jahren im gleichen Meeresbecken wie der Alpine Muschelkalk entstanden.

Im Verlauf der Alpenentstehung wurden die Gesteine der Nördlichen Kalkalpen als Decken nach Norden verfrachtet, gefaltet und gehoben. Wo sich heute die Partnachklamm befindet, entstand der sogenannte „Wamberger Sattel“, das heißt die Schichten wurden nach oben verbogen. Die obersten Partien dieser Sattelstruktur bestehen aus den weicheren Partnachschichten, die an der Südflanke steil nach Süden einfallen, während sie im Nordteil verflachen. Den Kern des Sattels bilden die harten Kalksteinschichten des Mittleren Alpinen Muschelkalks. Durch die Erosion – vor allem durch fließendes Wasser und Gletschereis – wurden die Partnachschichten schnell bis auf ihre Basis, den harten Alpinen Muschelkalk im Faltenkern, abgetragen.

Die Erosionskraft der Partnach war groß genug, um mit der andauernden Hebung der Gesteine Schritt zu halten. So konnte sich der Fluss in gleichem Maße in den Untergrund einschneiden, wie dieser gehoben wurde. Dadurch wurde der Riegel aus hartem und verwitterungsbeständigem Alpinen Muschelkalk im Lauf der Zeit durchbrochen. Oberhalb und unterhalb dieses Gesteinsriegels fließt die Partnach durch die weicheren Partnachschichten, in denen sie ein viel breiteres Flussbett anlegen konnte.

Häufig bilden sich Klammen an von Gletschern geschaffenen Geländestufen, die durch die unterschiedlich starke Eintiefung von Haupt- und Nebentälern entstanden. Flüsse überwinden diese Höhenunterschiede als Wasserfälle und schneiden sich im Laufe der Zeit in den Fels ein. Bei starkem Gefälle, hoher Fließgeschwindigkeit und hartem Gestein entsteht so die typische Talform der Klamm.

Am 1. Juni 1991 brachen aus der westlichen Felswand am Südende der Klamm ca. 10.000 Kubikmeter Gestein heraus. Dieser „Nischenabbruch“ an nahezu senkrechten Kluftflächen schüttete einen ca. 16 Meter hohen Sturzdamm auf, hinter dem sich schnell ein bis zu 450 Meter langer Stausee bildete. Durch Räumungsarbeiten und Materialumlagerung senkte sich der Seespiegel bald um drei Meter, und nach kurzer Zeit war der See verlandet. Im März 2003 erfolgte im nördlichen Teil der Klamm erneut ein Felssturz von ca. 500 Kubikmetern Volumen. Als Ursache dieser Felsstürze kommt in erster Linie die Frostsprengung durch häufiges Gefrieren und Auftauen des Kluftwassers im Frühjahr in Betracht. Zu Beginn des 19. Jahrhunderts wurde die Partnach als sogenannter Triftbach benutzt, in dem geschlagene Bäume bei der Schneeschmelze talwärts transportiert wurden. Erst in den 60er Jahren des 20. Jahrhunderts verlor das Triften seine Bedeutung.

Bereits 1912 wurde die Partnachklamm zum Naturdenkmal erklärt. In den Folgejahren legte man den Wanderweg an, der über Stege, durch Kavernen und Stollen die Klamm ganzjährig begehbar macht, so dass sie heute mit jährlich mehr als 200.000 Besuchern eine Touristenattraktion ersten Ranges darstellt.

(Ulrich Lagally)

Internet: *www.geotope.bayern.de*
Literatur: Uhlig, H. (1991): *Die Partnach-Klamm und der Felssturz von 1991.- Mitt. geograph. Ges. München, 76: 5-21; München.*

Abbildung rechts:
Durch die rasche Hebung der harten Kalksteine schneidet sich die Partnach in Form einer Klamm ein
(Zeichnung: Bayerisches Landesamt für Umwelt)

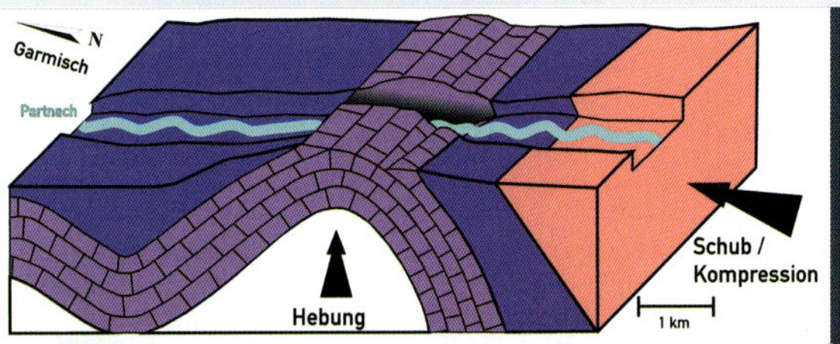

Abbildung links:
Durch den Jahrhunderte alten Bergbau bei Bodenmais wurde das Gebirge durchlöchert. (Foto: Bayerisches Landesamt für Umwelt)

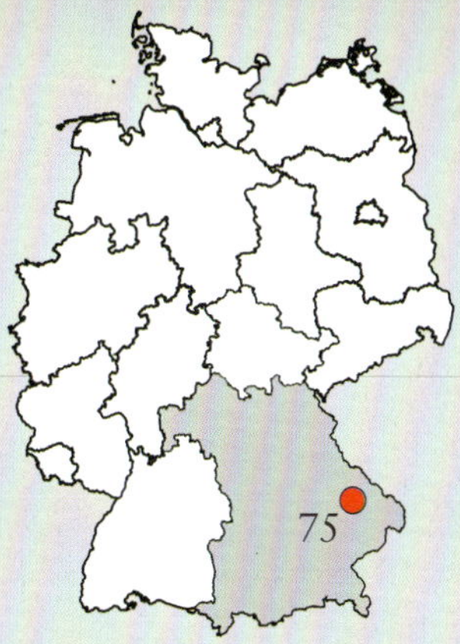

Farbenpracht der Natur

Die Mineralien im Silberberg bei Bodenmais im Bayerischen Wald

Wegen seiner historischen Bergbauspuren über- und untertage gehört der „Silberberg Bodenmais“ zu den bekanntesten geologischen und mineralogischen Sehenswürdigkeiten des Bayerischen Waldes. Dort wurden seit dem 15. Jahrhundert unter anderem silberhaltige Erze gewonnen. Alte Stollen sind heute durch das Besucherbergwerk zugänglich.

Der Silberberg besteht aus ehemaligen sandig-tonigen Meeresablagerungen und Erzschlämmen, die vor rund 900 Millionen Jahren entstanden und bei einer späteren Gebirgsbildung quasi „unter die Räder" kamen. Sie wurden tief in die Erdkruste abgesenkt und dort unter hohen Druck- und Temperaturbedingungen zu den heutigen Gneisen und Erzkörpern umgewandelt. Diese als „Metamorphose" bezeichneten Überprägungen wiederholten sich in großen Zeitabständen, die letzte endete vor etwas mehr als 275 Millionen Jahren.

Ausgangsmaterialien des späteren Silberbergs waren typische Meeressedimente, in denen sich unter normalen Bedingungen kein abbauwürdiges Silbervorkommen bildet. Hier bei Bodenmais trafen aber zwei entscheidende Faktoren zusammen: Aus Öffnungen auf dem damaligen Meeresgrund traten heiße Wässer, so genannte hydrothermale Lösungen, aus. Beim Kontakt mit dem Meerwasser wurden die darin enthaltenen Metalle, wie Eisen, Zink, Blei und Silber, ausgeschieden und lagerten sich als Erzschlämme ab. Bald darauf wurden diese mit Sand und Ton überdeckt und so konserviert. Später, im Verlauf mehrerer Metamorphosen, entstanden daraus die heutigen Erzkörper, die meist als etwa zwei bis sechs Meter lange, perlschnurartig aufgereihte Linsen im Gneis zu finden sind und bereichsweise auch silberhaltigen Bleiglanz enthalten.

Die hydrothermalen Lösungen waren vulkanischen Ursprungs. Wegen ihres starken Schwefelgehaltes bildeten sich überwiegend Schwefelminerale, so genannte Sulfide. Während der Metamorphosen entstanden unter anderem die Eisensulfide Pyrrhotin (Magnetkies) und Pyrit (Schwefelkies), das Zinksulfid Sphalerit (Zinkblende) und das Bleisulfid Galenit (Bleiglanz). Mit Ausdauer und etwas Glück sind auch heute noch derbe Stücke mit grünem Plagioklas (Andesin), veilchenblauem Cordierit oder weißen Sillimanit-Fasern zu finden. Am Silberberg sind über 80 verschiedene Mineralien nachgewiesen worden – ein Eldorado für Mineralogen!

Mit der Grube „des allmechtigen Gottes Gab“ wurde der Silberberg 1463 erstmals urkundlich erwähnt, ohne Zweifel betrieb man in der Gegend von Bodenmais aber schon in früherer Zeit Bergbau. Anfangs wurde wegen der Silbergehalte von bis zu einem Prozent vor allem Bleiglanz abgebaut. Als die Edelmetallgewinnung schließlich unrentabel wurde, konzentrierten sich der Abbau und die Weiterverarbeitung ab 1530 auf Eisensulfide. Aus ihnen wurden Vitriol und Polierrot hergestellt. Vitriol ist eine alte Bezeichnung für kristallwasserhaltige Schwefelsalze verschiedener Metalle wie beispielsweise blauer Vitriol oder grüner Vitriol. Vitriole waren damals gesuchte Produkte zur Herstellung von Schwefelsäure („Vitriolöl“), die zum Gerben von Leder und zum Färben von Textilien verwendet wurden. Das Polierrot, ein rotes Eisenoxid-Pulver, fand zunächst als Mauerfarbe Verwendung; ab 1750 wurde es auch zum Spiegelschleifen eingesetzt. Später entwickelte sich die Polierrotherstellung zur tragenden Säule des Bergbaus und war damit auch Ursache eines gewissen Wohlstandes dieser Gegend des Bayerischen Waldes, denn Bodenmais besaß bis zum ersten Weltkrieg das Monopol für die Herstellung von Polierrot in Europa.

Nach über 500 Jahre andauernder Abbauzeit, in der Stollen und Schächte mit einer Gesamtlänge von mehr als 20 Kilometern gegraben wurden, erlosch die Erzgewinnung am Silberberg im Jahre 1952. Heute sind Teile der Anlage als Besucherbergwerk für Interessierte zugänglich. Aber auch übertage sind noch mancherorts die Spuren der viele Jahrhunderte andauernden bergmännischen Tätigkeit zu finden. So sind nicht nur seltene Minerale zu bestaunen, auch die Technik der früheren Erzgewinnung durch Feuersetzen ist an manchen Stellen wie beispielsweise am „Ausgebrannten Ort“ noch zu erkennen. Doch Vorsicht: Das Betreten der nicht zur Besichtigung freigegebenen Grubenbauten und Stollen ist aus Sicherheitsgründen verboten! *(Ulrich Lagally)*

Internet: *www.geotope.bayern.de*

Literatur: Keim, G., Glaser, S. & Lagally, U. (2004): *Geotope in Niederbayern.- Erdwiss. Beiträge z. Nat.schutz., 4: 172 S.; München (Bayer. Geolog. Landesamt).*

Abbildung rechts:
Die Vortriebmethode des „Feuersetzens“ hinterließ typische rundliche Hohlformen. (Foto: Bayerisches Landesamt für Umwelt)

Abbildung rechts:
Auf einem Altarbild in der Kirche von Usterling befindet sich die älteste Darstellung der Steinernen Rinne aus dem Jahr 1520.
(Foto: Bayerisches Landesamt für Umwelt)

Abbildung links:
Der wachsende Felsen bei Usterling wird aus Kalk gebildet, der aus dem fließenden Wasser am Gipfel ausfällt. Er ist 40 m lang, 5 m hoch und bis zu 1,2 m breit. (Foto: Bayerisches Landesamt für Umwelt)

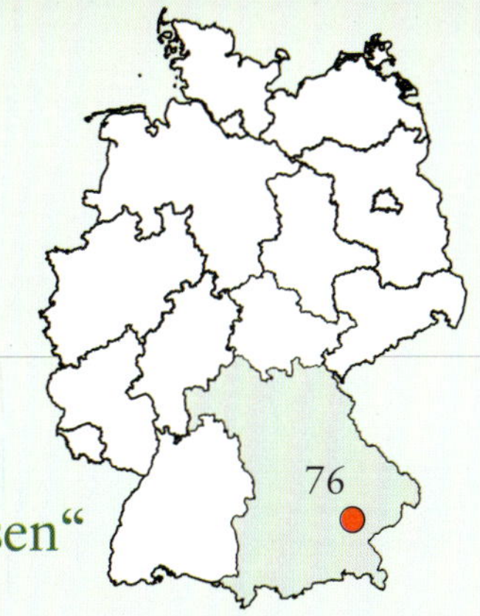

Deutschlands längste steinerne Rinne

Der Quellkalktuff „Wachsender Felsen" von Usterling in Niederbayern

An Quellaustritten von kalkreichen Grundwässern sind häufig Quellkalkbildungen zu finden. In seltenen Fällen kommt es zur Entwicklung einer besonderen Form, der „Steinernen Rinne". Der „Wachsende Felsen" von Usterling ist mit fast 40 Metern Länge, 5 Metern Höhe und bis zu 1,2 Metern Breite die größte Steinerne Rinne in Bayern.

Quellkalke entstehen dort, wo kalkreiches Grundwasser gleichmäßig an der Oberfläche austritt. Durch die Druckentlastung und Erwärmung gibt das Wasser seine Fracht an gelöstem Kohlendioxid (CO_2) ab. Schnelles Fließen des Wassers verstärkt diesen chemischen Prozess, der vergleichbar ist mit dem Öffnen einer Mineralwasserflasche. Durch den Entzug des gasförmigen Kohlendioxids entsteht das wenig lösliche Kalziumkarbonat ($CaCO_3$), das als Quellkalk abgeschieden wird. Dieser Vorgang ist übrigens auch im heimischen Haushalt beim Erhitzen von kalkreichem Wasser als Kesselsteinbildung zu beobachten.

Bei der Entstehung von Steinernen Rinnen spielen auch biologische Faktoren eine wichtige Rolle. Moose und Algen entziehen dem Wasser zusätzlich Kohlendioxid, da sie dieses Gas für ihre Atmung brauchen. Der Prozess ist für einen wesentlichen Teil der Kalkabscheidung verantwortlich. So entstandene Kalke haben eine poröse, bröckelige Struktur und werden als „Kalktuffe" bezeichnet. Mit dem Wort „tofus" (Tuff) wurden in der Antike raue, poröse Gesteine beschrieben, die durch Hohlräume und Lufteinschlüsse gekennzeichnet sind. Deshalb wird der Name sowohl für vulkanische Ablagerungen („vulkanischer Tuff") als auch für Kalkabscheidungen an Quellaustritten („Kalktuff") verwendet.

Da Pflanzen Licht benötigen, sind sie bestrebt, über die entstehenden Kalkkrusten hinauszuwachsen. Das Wasser gräbt sich also nicht, wie sonst üblich, in den Untergrund ein, vielmehr baut sich durch die Wechselbeziehung von Pflanzenwachstum und Kalkfällung nach und nach ein Damm auf, dessen Scheitel den Quellbach trägt. Außerhalb der zentralen Rinne besteht der Damm beidseitig aus tuffbildenden Moosen wie beispielsweise Starknerven- und Lebermoosen. Die Auskleidung des Bachbettes auf dem Dammscheitel erfolgt dagegen durch Blau- und Grünalgen sowie Zieralgen.

Die Steinerne Rinne liegt in einem Hang, der aus ca. 20 Millionen Jahre alten Lockergesteinen der Oberen Süßwassermolasse (OSM) aufgebaut wird. Seit langer Zeit tritt an einer Stelle im Bereich der Schichtgrenze von wasserführenden Kiesen zu wasserstauenden Mergeln (kalkhaltigen Tonen) das kalkhaltige Grundwasser aus. Genaue Altersangaben für die Entstehung der Kalktuffbildungen am Quellbach liegen bisher nicht vor. Schätzungen belaufen sich auf einige tausend Jahre. Damit ist die Steinerne Rinne aus geologischer Sicht betrachtet eine sehr junge Bildung.

Die älteste Darstellung des „Wachsenden Felsens" von Usterling findet sich auf dem Altarbild in der Usterlinger Kirche aus dem Jahr 1520. Dort ist die Taufe Christi durch Johannes den Täufer dargestellt. Die Taufwasser spendende Quelle läuft über die Steinerne Rinne, deshalb wird dieser Stein auch „Johannisfelsen" genannt.

Dem Wasser wird auch Heilkraft bei Augenkrankheiten zugeschrieben, weshalb Usterling über Jahrhunderte hinweg ein viel besuchter Wallfahrtsort war. Und noch heute waschen sich die Menschen der Umgebung am 24. Juni, dem Johannistag, ihre Augen mit dem Quellwasser.

Viele Generationen lang hatte der Messdiener der Kirche in Usterling dafür Sorge zu tragen, dass das Gerinne von Laub und Erde frei blieb. Dadurch konnte die Kalkausfällung über viele Jahrhunderte ungehindert ablaufen und die Steinerne Rinne weiter wachsen. Im Winter wurde das Wasser umgeleitet, damit keine Schäden durch Frosteinwirkung entstehen. Vor ungefähr zehn Jahren hat diese Arbeiten die Naturschutzwacht des Landkreises Dingolfing-Landau übernommen.

Seit 1937 steht der eindrucksvolle Kalktuffdamm unter Naturschutz. Wenngleich die Entstehung der Rinne eine geologische Ursache hat, so erhielt sie ihr heutiges Gesicht doch auch mit Hilfe des Menschen. Denn ohne die erhaltende Tätigkeit und die behutsamen baulichen Eingriffe wäre der Johannisfelsen längst verfallen.

(Ulrich Lagally)

Internet: *www.geotope.bayern.de*

Literatur: Keim, G., Glaser, S. & Lagally, U. (2004): *Geotope in Niederbayern.- Erdwiss. Beiträge z. Nat.schutz., 4: 172 S.; München (Bayer. Geolog. Landesamt).*

Abbildung links:
Der wachsende Felsen ist die größte Steinerne Rinne in Bayern. (Foto: Bayerisches Landesamt für Umwelt)

In Stein gegossene Schönheit und Urgewalt der Erde

Das Werdenfelser Land

Dieses Naturparadies, das vom Wettersteingebirge bei Garmisch-Partenkirchen nach Norden hinauf bis zum Staffelsee im Blauen Land reicht, hat gleich mehrere Namen: Zugspitzland, Werdenfelser Land, Goldenes Landl, Oberland. Stolze 2330 Meter Höhenunterschied liegen zwischen dem 1250 Jahre alten Ramsachkircherl am Nordrand des Murnau-Eschenloher Mooses und dem nur knapp 25 km weiter südwestlich postierten Gipfelkreuz auf den schroffen Felsen von Deutschlands höchstem Berg.

Das Werdenfelser Land gliedert sich in verschiedene Landschaftseinheiten. Das südliche Areal - ca. ein Viertel der Gesamtfläche - wird überragt von der kompakten und kahlen Felsenmauer des Wettersteingebirges, dessen Wahrzeichen die pyramidenförmig gebaute Alpspitze ist. Das Gebirge ist von zwei schmalen Talungen - dem Reintal und Höllental mit Firnfeldern auf den Hochlagen und imposanten Klammen an den Talausgängen - in drei Hauptketten gegliedert, die sich auf der Zugspitze vereinen. Nördlich daran schließen sich mit Gipfellagen bis maximal 2200 m die Voralpen an, die vom tief eingeschnittenen Loisachtal - dem Alpentor - in die Ammergauer Alpen im Westen und die Kocheler Berge im Osten unterteilt sind; dieses zentrale Areal nimmt etwa die Hälfte der Gesamtfläche des Werdenfelser Landes ein.

Talungen wie das Isartal bei Mittenwald oder das Graswangtal mit Schloss Linderhof zeigen weiträumige Terrassen; die Gipfelfluren sind weniger schroff geformt. Den Abschluss im Norden bildet flach gewelltes, bis 750 m Höhe reichendes Terrain mit Moorflächen: das Ammer-Loisach-Hügelland, benannt nach den dortigen Hauptflüssen. Landschaftsprägend ist das Murnau-Eschenloher Moos, das trichterförmig nach Süden in das Vorgebirge hineinragt. Durch eine im Untergrund befindliche, West-Ost verlaufende Schwelle aus Festgestein ist es in zwei Teilbereiche gegliedert. Ihren oberirdischen Grenzverlauf markieren zwei Hügelreihen,

Abbildung unten:
Das Alpentor des Loisachtales im Werdenfelser Land. Bildmitte vorne Murnauer Moos (braun), rechts als erste dunkle Kulisse die Köchel, in der Bildmitte im Tal der Felsriegel bei Eschenlohe. Im Hintergrund Bildmitte Wettersteinmassiv mit Zugspitze, rechts und links des Loisachtales die Ausläufer der Nördlichen Kalkalpen (Foto: H. Engelbrecht)

die man im Volksmund „Köchel“ nennt. Das Murnau-Eschenloher Moos wurde wegen seiner Artenvielfalt, seines ökologischen Wertes und seiner bedeutenden Grundwasserreserven im Jahre 1980 zum Naturschutzgebiet erklärt: „Das Murnauer Moos ... ist das größte und bedeutendste Alpenrandmoor Mitteleuropas ... ; es erstreckt sich über 2355 Hektar und beherbergt mehr als 5000 Tier- und Pflanzenarten, von denen viele vom Aussterben bedroht sind.“ So steht es im Faltblatt „Wandern im Murnauer Moos“, das der Landkreis Garmisch-Partenkirchen im Jahre 2004 herausgegeben hat. Der südliche Ast des bogenförmig verlaufenden Murnau-Aidlinger Höhenrückens bildet die Nordgrenze dieses Mooses und zugleich die des Werdenfelser Landes.

Die Gesteine des Werdenfelser Landes spiegeln den Großteil eines natürlichen Kreislaufs wider, der das Werden und Vergehen eines Ozeans beschreibt, welcher vor 250-40 Millionen Jahren zwischen den Kontinenten Europa und Afrika existierte. Die treibende Kraft hierfür kam aus dem riesigen Erdmantel, wo aufsteigende, heiße Gesteinsschmelzen alle im Superkontinent Pangäa vereinten starren Platten der Erdkruste zunächst dehnten und später zerteilten. Die Geschwindigkeitsbeträge, mit denen die Erdkrusten-Bruchstücke Afrika und Europa sich damals voneinander weg bewegten, betrugen nur wenige Zentimeter pro Jahr und hielten über viele Jahrmillionen an. Der tiefe Graben zwischen Europa und Afrika entwickelte sich schon bald zu einem warmen Flachmeer, dessen Boden sich langsam aber stetig absenkte.

Dieser erdgeschichtliche Entwicklungsstand ist im südlichen und zentralen Werdenfelser Land gut überliefert: Das Wettersteingebirge und seine Vorberge bestehen aus mehreren Gruppen von Gesteinen, deren Grundbestandteile sich vor 220-195 Millionen Jahren

in einer solchen Umgebung ablagerten. Viele Tausend Schichten aus Schlamm, Schlick oder Sand setzten sich in dieser Zeit übereinander ab; seine Partikel unterschieden sich nach der Art ihrer Herkunft: Antransport durch Meeresströmungen (z. B. Mineralkörner), Fällung aus verdunstendem Meerwasser (z. B. Gips) oder Produktion durch Meereslebewesen (z. B. Schalenteile). Die Auflast bewirkte Verdichtung und Entwässerung der Schichten, wodurch sie sich allmählich in mehrere Arten von Festgesteinen umwandelten. Entsprechend ihren Bestandteilen bezeichnet man sie als Kalkstein, Sandstein, Dolomitstein, Rauhwacke, Ton- oder Mergelstein; alle zusammen erreichen sie eine Dicke von 3-4 Kilometern. Eine sehr bekannte Gesteinsgruppe davon ist der graue bis hellgraue, gut geschichtete Wettersteinkalk, der hauptsächlich aus dem Schutt zahlloser versteinerter Algen, Schwämme und Korallen besteht, die sich auf der Rückseite von Riffen in Lagunen ansammelten. Er baut fast alle Gipfel des gleichnamigen Gebirges auf. Eine andere, im zentralen Teil des Werdenfelser Landes weit verbreitete Gesteinsgruppe ist der dunkelgraue, gut geschichtete, splittrig brechende, beim Anschlag nach Teer und Schwefel riechende Hauptdolomit. Das Gestein weist erhöhte Gehalte an feinverteiltem organischem Material auf und enthält örtlich dicke Asphaltschieferlagen, aus denen durch Schwelbrand Steinöl gewonnen wurde: Grundstoff für pharmazeutische Produkte.

Ab 165 Millionen Jahren begannen die Kontinente rascher auseinander zu driften. Die Folge war, dass die Flachsee sich zu einem tiefen Meer entwickelte, das vor 130 Millionen Jahren seine größte Breite von ca. 750 km erreichte. Diesen Vorgang nennt man Ozeanisierung, womit gemeint ist, dass unter dem entstandenen Tiefseebereich geschmolzenes Gestein aus dem Erdmantel Platz nahm und dieses Areal durch neu gebildete Kruste stabilisierte. Über dieser ozeanischen Kruste kamen Schichten zum Absatz, die sich vor allem durch ihren verringerten Kalkgehalt auszeichnen, da dieser durch den hohen Druck der Meerwassersäule gelöst wurde.

Gesteine dieses erdgeschichtlichen Entwicklungsstandes liegen vor allem im zentralen Teil des Werdenfelser Landes vor: Durch unvollständige Kalklösung ist das knollige Gefüge des rötlich-ockerfarbenen „Ettaler Marmors“ entstanden, der wegen seiner edlen Farbmuster als Zier- und Denkmalstein Verwendung fand.

Typisch ist auch der Radiolarit: intensiv rotbraun gefärbtes Kieselgestein, das sich ausschließlich aus Myriaden winziger kieseliger Skelette von Meeresplankton aufbaut. Kieselige Kalksteine sind über einen Zeitraum von 600 Jahren bis 1950 bei den Ortschaften Unterammergau und Ohlstadt abgebaut und zu Wetzsteinen verarbeitet worden; der Handel reichte bis nach Budapest.

Ab 120 Millionen Jahren begannen sich die Bewegungsrichtungen der Kontinente umzukehren: Europa und Afrika drifteten aufeinander zu, indem die zwischen ihnen neu gebildete ozeanische Kruste in den Erdmantel unter Afrika hinab gezwängt wurde. Im Gefolge entstand über der Naht, an der sie abtauchte, vorübergehend ein Tiefseegraben, der zwischen 110-50 Millionen Jahren bestand.

Diese erdgeschichtliche Phase ist am nördlichen Rand des zentralen Teils des Werdenfelser Landes gut dokumentiert: das dort befindliche Bergland besteht aus Tausenden versteinerter Schlamm-, Sand- oder Geröll-Lawinen, die man in der Fachsprache Turbidite nennt: sie lösten sich nach Seebeben oder Stürmen von den Schelfrändern, glitten - mit Meerwasser turbulent vermengt - die Kontinentalhänge hinab, setzten sich im Tiefseegraben ab und füllten diesen allmählich auf. Die zeitgleich auf dem Schelf entstandenen Ablagerungen - harte Sandsteine, Mergel- und Kalksteine - sind jedoch nur sehr lückenhaft erhalten geblieben; aus ihnen bauen sich die Köchel im Murnau-Eschenloher Moos auf.

Da die beiden Kontinente Europa und Afrika weiterhin aufeinander zu drifteten und der dazwischen liegende Ozean immer mehr schrumpfte, gerieten die Ablagerungen auf seinem Grund zunehmenden unter seitlichen Druck. Diesem wichen sie aus, indem sie entweder mitsamt der ozeanischen Kruste in den Erdmantel hinab glitten oder sich längs der Naht in Form von Anwachskeilen - dem Gebirge - stapelten. Als schließlich vor 45 Millionen Jahren die ozeanische Kruste im Erdmantel versenkt und somit der Ozean

Abbildung links:
Das Gatterlfenster am südöstlichen Rand des Zugspitzplatts (2483 m NN). Die Sonne scheint durch das natürliche Felsentor (Foto: H. Engelbrecht am 15.10.2005)

geschlossen war, kollidierten beide Kontinente, indem Afrika sich über den Rand von Südeuropa schob. Dabei wurden die gesamten und teilweise schon verformten Meeresablagerungen aus ihrem Becken entwurzelt, nach Norden auf den Europäischen Kontinentalrand transportiert und teilweise von der Kruste Afrikas - der Deckenfront - überfahren. Wegen der Auflast der inzwischen verdoppelten Kruste entstand im Vorland eine mobile Senkungszone, in welcher sich die Abtragungsprodukte des in Hebung befindlichen Gebirges ablagerten; sie rückte mit der Deckenfront nach Norden vor. Die bis zu 4 km dicken Erosionsprodukte, welche sich zwischen 40-7 Millionen Jahren darin ansammelten, wurden somit ebenfalls von der Deckenfront überfahren und an ihrem südlichen Rand gefaltet.

Gesteinsgruppen, die diesen erdgeschichtlichen Entwicklungsstand widerspiegeln, sind im nördlichen Teil des Werdenfelser Landes vorhanden: Es sind die muldenförmig gefalteten Konglomerat-, Sandstein- und Mergelsteinschichten, welche den Murnau-Aidlinger Höhenzug aufbauen. Eine Besonderheit ist, dass die Konglomerate Gerölle enthalten, die im Alpenraum keinen Gesteinsgruppen mehr zugeordnet werden können, da diese vollständig von erosiven Kräften abgetragen wurden.

Das Werdenfelser Land erhielt in geologisch jüngster Vergangenheit mehrmals eine intensive Überprägung seiner Oberflächenformen durch die Erosionskraft fließender Gletscher, die in der Zeit zwischen 2 Millionen und 10.000 Jahren während der Eiszeiten weit ins Vorland reichten; Trogtäler, Moränen, Seekreiden, Toteislöcher, Gletscherschliffe, Drumlinfelder, Findlinge und Buckelwiesen sind hierfür typische Bildungen. Während des Höhepunktes der Würm-Eiszeit reichte im Wettersteingebirge die Oberfläche des Loisachgletschers bis auf 1900 m herauf; auf Höhe des Murnau-Eschenloher Mooses betrug die Dicke der Eisdecke 700 Meter. Untersuchungen ergaben, dass unter seinen obersten Torflagen, die 15 Meter Stärke erreichen, bis in eine Tiefe von 430 Metern Seekreiden, Seetone, Schieferkohlen, Sand- und Geröllschichten folgen; erst dann erscheint gefaltetes Festgestein. Daraus wird ersichtlich, in welchem Ausmaß die Eismassen das Loisachtal und das Murnauer Becken ausschürften bzw. übertieften und wie groß der inzwischen verlandete See war, als das Eis vor ca. 10.000 Jahren zurückging und dieses Areal allmählich freigab. Der Erosionskraft des Eises widersetzen konnte sich nur sehr festes Gestein, aus dem ein Teil der Köchel im Murnau-Eschenloher Moos besteht: Sie wurden zu so genannten Rundhöckern abgeschliffen, die maximal 100 Meter über die derzeitige Moosoberfläche herausragen.

Nach beginnender Freilegung des Werdenfelser Landes vom Gletschereis vor ca. 10.000 Jahren nagten und modellierten verstärkt Verwitterung, Erosion und Schwerkraft an seinen Oberflächenformen. Am Kalkgestein wirkte vor allem die chemische Lösungskraft kohlensauren Regenwassers: Es begann zu verkarsten. Felswände, Türme, Felsentore, Dolinen, Höhlen, Schluchten, Wasserfälle, Wasserquellen und Gebirgsseen erhielten ihr heutiges Gepräge. Bedeutende Karstareale entstanden im Wettersteinkalk auf dem Zugspitzplatt und im Plattenkalk des Estergebirges.

Letzteres weist 16 z. T. kilometerlange Höhlensysteme auf. Die tiefer gelegenen aktiven Höhlenpartien sind wasserführend; Besonderheiten sind unterirdische Wasserfälle und schmale Höhlenseen. 600 Höhenmeter oberhalb der Ortschaft Farchant münden in den Kuhfluchtwänden mehrere Karströhren, durch die im Frühjahr das durch Schneeschmelze entstandene Wasser herausschießt. Ein riesiger Bergsturz ging vor 3400 Jahren aus der Westwand der Zugspitze nieder und staute den Eibsee auf. ***(Hubert Engelbrecht)***

Internet: *http://www.geologie2.bayern.de/geotope.html*

Literatur: Feldmann, L. (2002): *Erd- und Landschaftsgeschichte.- In: Markt Murnau (Hrsg.): Chronik des Marktes Murnau am Staffelsee: 16-25; Murnau.*

Abbildung links:
Steinköchel im Murnau-Eschenloher Moos (Foto: H. Engelbrecht)

Mitglieder der Jury

Dietmar Glitz (Vorsitzender)
Staatssekretär a. D.
Vischeler Straße 50
53505 Kalenborn

Michael Schmidt-Thomé
(stellvertredender Vorsitzender)
Lauenburger Hof 3
30625 Hannover

Ernst-Rüdiger Look
(Geschäftsführer der Jury)
Akademie der Geowisssenschaften
zu Hannover e.V.
Postfach 1114
31519 Neustadt a. Rbg.

Harald Frater
MMCD interactive in science
Schadowstraße 70
40212 Düsseldorf

Arnold Gawlik
Geologischer Dienst NRW
De-Greiff-Straße 195
47803 Krefeld

Kurt Goth
Sächsisches Landesamt für
Umwelt und Geologie
Zur Wetterwarte 11
01109 Dresden

Baldur Junker
Regierungspräsidium Freiburg
Abt. 9 Landesamt für Geologie,
Rohstoffe
und Bergbau Baden-Württemberg
Albertstraße 5
79095 Freiburg

Wighart von Koenigswald
Institut für Paläontologie
Universität Bonn
Nussallee 8
53115 Bonn

Lagally, Ulrich
Bayerisches Landesamt für
Umwelt
Bürgermeister-Ulrich-Str. 160
86177 Augsburg

Heinz-Gerd Röhling
Niedersächsisches Landesamt für
Bergbau, Energie und Geologie
Postfach 51 01 53
30631 Hannover

Stellvertretende Jurymitglieder

Thomas Beißwenger
ISTE Baden-Württemberg
Postfach 1253
73748 Ostfildern

Annette Broschinski
Niedersächsisches Landesmuseum
Willy-Brandt-Allee 5
30169 Hannover

Gregor C. Falk
Pädagogische Hochschule Freiburg
Abt. Geographie
Kunzenweg 21
79117 Freiburg

Friedhelm Frank
Institut für Geographie der TU
Dresden
Lehrstuhl für Didaktik
Helmholtzstraße 10
01069 Dresden

Ina Pustal
Thüringer Landesamt für Umwelt
und Geologie, Abt. Geolog.
Landesdienst, Grundwasser
Prüssingstraße 25
07745 Jena

Wilfried Rosendahl
Reiss-Engelhorn-Museen
Abt. Archäologische
Denkmalpflege und Sammlungen
C 5, Zeughaus
68159 Mannheim

Fritz F. Steininger
Forschungsinstitut und
Naturkundemuseum Senckenberg
Senckenberganlage 25
60325 Frankfurt

Redaktion

Ernst-Rüdiger Look
Akademie der Geowissenschaften
zu Hannover e.V.
Postfach 1114
31519 Neustadt/Hannover

Ludger Feldmann
Merkurstr. 20
71726 Benningen am Neckar

Textautoren
(* Text- und Bildautoren)

Martina Bach
Zentrale Tourist-Information
Naturpark Altmühltal
Notre Dame 1
85072 Eichstätt

Alexander Bartholomä *
Forschungsinstitut Senckenberg
Südstrand 40
26382 Wilhelmshaven

Horst Blumenstengel
Am Gänseberg 13
07749 Jena

Annette Broschinski *
Niedersächsisches Landesmuseum
Hannover
Willy-Brandt-Allee 5
30169 Hannover

Gerfried Caspers *
Deutsche Gesellschaft für Moor-
und Torfkunde e.V.
Stilleweg 2
30655 Hannover

Jan Deuster
Stadtwerke Andernach GmbH
Läufstraße 4
56626 Andernach

Armin Dieter *
Bästenhardtstraße 24
72116 Mössingen

Doris Dittrich
Landesamt für Geologie und
Bergbau Rheinland-Pfalz
Emy-Roeder-Straße 5
55129 Mainz

Günther Drozdzewski
Geologischer Dienst NRW
De-Greiff-Straße 195
47803 Krefeld

Hanni Eichner
Landratsamt Berchtesgadener
Land
Untere Naturschutzbehörde
Salzburger Straße 64
83435 Bad Reichenhall

Hubert Engelbrecht *
Heßstraße 96
80797 München

Jochen Farrenschon
Geologischer Dienst NRW
De-Greiff-Straße 195
47803 Krefeld

Burghard W. Flemming
Forschungsinstitut Senckenberg
Südstrand 40
26382 Wilhelmshaven

Yvonne Flesch
Tourismus Zentrale Saarland GmbH
Franz-Josef-Röder-Straße 9
66119 Saarbrücken

Harald Frater *
MMCD GmbH
interactive in science
Schadowstraße 70
40212 Düsseldorf

Hans-Joachim Franzke *
Institut für Geologie und Paläontologie
Technische Universität Clausthal
Leibnizstraße 10
38678 Clausthal-Zellerfeld

Wolfram Frost *
Drususstraße 4
55131 Mainz

Manfred Frühauf *
Martin-Luther-Universität Halle Wittenberg
Von-Senckendorff-Platz 4
06120 Halle/Saale

Martin Füßl *
Alexander-von-Humboldt-Straße 4
92711 Parkstein

Helmut Garleb
Kupferlohr 4
99762 Neustadt/H.

Arnold Gawlik *
Geologischer Dienst NRW
De-Greiff-Straße 195
47803 Krefeld

Matthias Geyer *
Geotourismus Freiburg
Hansjakobstraße 112b
79117 Freiburg

Stefan Glaser
Albrecht-Dürer-Straße 29
82152 Krailling

Ulrich Göbel
K+S Aktiengesellschaft
Bertha-von-Suttner-Straße 7
34131 Kassel

Dieter Göllnitz *
Haeckelstraße 40
14471 Potsdam

Kurt Goth
Sächsisches Landesamt für Umwelt und Geologie
Zur Wetterwarte 11
01101 Dresden

Klaus Granitzki *
Prillwitzer Weg 1
17237 Usadel

Birgit Grauvogel
Tourismus Zentrale Saarland GmbH
Franz-Josef-Röder-Straße 9
66119 Saarbrücken

Alf Grube *
Landesamt für Natur und Umwelt
Abt. Geologie und Boden
Hamburger Chaussee 25
24220 Flintbeck

Katja Hagen
Nationalpark Harz
Lindenallee 35
38855 Wernigerode

Rolf Bernhard Hauff
Urwelt-Museum Hauff
Aichelberger Straße 90
73271 Holzmaden

Dierk Henningsen
Tiefes Moor 66
30823 Garbsen

Angelika Hunold
Forschungsstelle Vulkanologie, Archäologie und Technikgeschichte
An den Mühlsteinen 7
56727 Mayen

Thomas Huth *
Brandenburgerstraße 20
79211 Denzlingen

Uwe Kaulfuß
Naturhistorisches Museum/ Landessammlung für Naturkunde Rheinland-Pfalz
Reichklarastraße 10
55116 Mainz

Gertrud Keim
Schollstraße 2
82131 Gauting

Thomas Kirnbauer *
TFH Georg Agricola
Herner Straße 45
44787 Bochum

Ekkehard Klatt *
Am Seedeich 36b
25980 Westerland

Martina Kölbl-Ebert
Jura-Museum Eichstätt
Willibaldsburg
85072 Eichstätt

Martin Koziol
Maarmuseum Manderscheid
Wittlicherstraße 11
54531 Manderscheid

Bernd Krauthausen
Hydrosond geologisches Büro
Ludwigstraße 1
76768 Berg-Pfalz

Hans-Dieter Krienke
An der Schlenke 18
19065 Raben Steinfeld

Almut Kupetz
Schulweg 1a
03055 Cottbus

Manfred Kupetz
Schulweg 1a
03055 Cottbus

Ulrich Lagally
Bayerisches Landesamt für Umwelt
Heßstraße 128
80797 München

Roger Lang *
Landesamt für Geologie und Bergbau Rheinland-Pfalz
Emy-Roeder-Straße 5
55129 Mainz

Ernst-Rüdiger Look
Akademie der Geowissenschaften zu Hannover e.V.
Postfach 1114
31519 Neustadt a. Rbg.

Guido Lotz
Vulkanpark GmbH
Bahnhofstraße 9
56068 Koblenz

Herbert Lutz
Naturhistorisches Museum/Landessammlung für Naturkunde Rheinland-Pfalz
Reichklarastraße 10 / Mitternacht
55116 Mainz

Wilhelm Meyer
Heerstraße 16
53340 Meckenheim/Rhein

Volker Morgenroth *
Steingasse 11
98574 Schmalkalden

Christoph Münchberg *
Egerstraße 23
71111 Waldenbuch

Natworking-AG des Robert-Bosch-Gymnasiums Langenau
Günther Krämer
Freistegstraße 12
89129 Langenau

Ralf Nielbock *
Gesellschaft Unicornu fossile e.V.
Im Strange 12
37520 Osterode am Harz

Matthias Piecha
Geologischer Dienst NRW
De-Greiff-Straße 195
47803 Krefeld

Horst Quade
Institut für Geologie und Paläontologie
Technische Universität Clausthal
Leibnizstraße 10
38678 Clausthal-Zellerfeld

Rolf Reinicke *
Deutsches Meeresmuseum Stralsund
Katharinenberg 14-20
18439 Stralsund

Karl-Heinz Ribbert
Geologischer Dienst NRW
De-Greiff-Straße 195
47803 Krefeld

Stefan Röber
Geopark-Informationszentrum Königslutter
An der Stadtkirche 1
35154 Königslutter

Heinz-Gerd Röhling *
Niedersächsisches Landesamt für Bergbau, Energie und Geologie
Stilleweg 2
30655 Hannover

Martin Röper
Bürgermeister-Müller-Museum
Bahnhofstraße 8
91807 Solnhofen

Anja Sagawe *
Emil-Ueberall-Straße 14
01159 Dresden

Holger Schaaff
Forschungsstelle Vulkanologie, Archäologie und Technikgeschichte
An den Mühlsteinen 7
56727 Mayen

Stephan Schaal
Forschungsinstitut und Naturkundemuseum Senckenberg
Senkenberganlage 25
60325 Frankfurt am Main

Sandy Schiffner *
Zschertnitzer Straße 28
01217 Dresden

Wolfgang Schirmer *
91320 Wolkenstein 24

Sandra Schneiders
Vulkanpark Brohltal/Laacher See
Tourist-Information Brohltal
Kapellenstraße 12
56651 Niederzissen

Hilmar Schnick *
Lubkow 11
18528 Bergen

Manfred Schöttle *
Töpperstraße 16
76131 Karlsruhe

Adalbert Schraft *
Landesamt für Umwelt und Geologie
Rheingaustraße 186
65203 Wiesbaden

Reiner Schubert *
Enzianstraße 9
07545 Gera

Andreas Schüller *
Natur- und Geopark Vulkaneifel
Mainzer Straße 25
54550 Daun

Günter Schweigert *
Staatliches Museum für Naturkunde Stuttgart
Rosenstein 1
70191 Stuttgart

Klaus Stedingk *
Landesamt für Geologie und Bergwesen
Köthener Straße 34
06118 Halle (Saale)

Walter Steiner
Dichterweg 12
99425 Weimar

Klaus Steuerwald
Geologischer Dienst NRW
De-Greiff-Straße 195
47803 Krefeld

Peter Suhr
Sächsisches Landesamt für Umwelt und Geologie
Zur Wetterwarte 11
01101 Dresden

Matthias Thomae *
Landesamt für Geologie und Bergwesen Sachsen-Anhalt
06035 Halle/Saale

Jürgen Thüring
Birkenstraße 3
79576 Weil am Rhein

Eckhard Villinger *
Jäherhäusleweg 2
79104 Freiburg i. Br.

Firouz Vladi *
Förderverein Karstwanderweg Landkreis Osterode e.V.
Düna 9a
37520 Osterode am Harz

Peter Wagenplast *
Lauxweg 8
70619 Stuttgart

Volker Wartmann
Berliner Journalistenbüro
Manteuffelstraße 40
10997 Berlin

Berthold Weber *
Bürgermeister-Knorr-Straße 8
92637 Weiden i. d. Oberpfalz

Jutta Weber *
Geopark Bergstraße-Odenwald
Nibelungenstraße 41
64653 Lorsch

Michael Weidenfeller
Landesamt für Geologie und Bergbau Rheinland-Pfalz
Emy-Roeder-Straße 5
55129 Mainz

Hans-Joachim Wohlenberg
Gemeinschaft zur Erhaltung von Kulturgut in Tornesch von 1985 e.V.
Ahrenloher Straße 30
25436 Tornesch

Volker Wrede *
Geologischer Dienst NRW
de-Greiff-Straße 195
47803 Krefeld

Henning Zellmer
Geopark-Informationszentrum Königslutter
An der Stadtkirche 1
35154 Königslutter

Bildautoren

Ole Anders
c/o Nationalpark Harz
Lindenallee 35
38855 Wernigerode

Hans Arndt
Marktstraße 15
38154 Königslutter

Bayerische Staatssammlung für Paläontologie und Geologie
Richard-Wagner-Straße 10
80333 München

Bayerisches Landesamt für Umwelt
Heßstraße 128
80797 München

H. Born
Andernach.net
Gesellschaft für Stadtmarketing, Wirtschaft und Tourismus mbH
Läufstraße 4
56626 Andernach

Andreas Braun
Institut für Paläontologie
Rheinische Friedrich-Wilhelms-Universität Bonn
Nussallee 8
53115 Bonn

Ludger Feldmann
Merkurstraße 20
71726 Benningen am Neckar

Forschungsinstitut Senkenberg
Senkenberganlage 25
60325 Frankfurt am Main

Geologischer Dienst NRW
De-Greiff-Straße 195
47803 Krefeld

Michael Greller
Landesamt für Geologie und Bergbau Rheinland-Pfalz
Emy-Roeder-Straße 5
55129 Mainz

Armin Grubert
Landesamt für Geologie und Bergbau Rheinland-Pfalz
Emy-Roeder-Straße 5
55129 Mainz

Friedrich Häfner
Landesamt für Geologie und Bergbau Rheinland-Pfalz
Emy-Roeder-Straße 5
55129 Mainz

Elmar P. J. Heizmann
Staatliches Museum für Naturkunde Stuttgart
Rosenstein 1
70191 Stuttgart

Irene Joß
Institut für Geologie und Paläontologie
Technische Universität Clausthal
Leibnizstraße 10
38678 Clausthal-Zellerfeld

K+S Aktiengesellschaft
Bertha-von-Suttner-Straße 7
34131 Kassel

Lutz Koch
Heinrich-Heine-Straße 5
58256 Ennepetal

Günther Krämer
Oberer Seesteig 6
89173 Lonsee-Ettlenschieß

Jens Kugler
Steigerweg 3
09603 Großschirma

Karl Maas, Daun
Sternwarte
54552 Schalkenmehren

Markus Meißner
Thüringer Landesanstalt für Umwelt und Geologie
Prüssingstraße 25
07745 Jena

MKB-Touristik
Besucher-Bergwerk Kleinenbremen GmbH
Karlstraße 48
32423 Minden

Rainer Müller
Institut für Geologie und Paläontologie
Technische Universität Clausthal
Leibnizstraße 10
38678 Clausthal-Zellerfeld

Walter Müller
Tourist-Information Brohltal
Kapellenstraße 12
56651 Niederzissen

NASA WORLD WIND
www.worldwindcentral.com/

Naturpark Altmühltal
Notre Dame 1
85072 Eichstätt

Niedersächsisches Landesmuseum Hannover
Willy-Brandt-Allee 5
30169 Hannover

Fritz Rapple
c/o Tourismusverband im Landkreis Kelheim
Donaupark 13
93309 Kelheim

Peter Radke
Am Anger 14
02977 Hoyerswerda

Frank Richter
Nationalpark- und Forstamt Sächsische Schweiz
An der Elbe 4
01814 Bad Schandau

Eberhard Rohde
Fischerweg 41
25980 Westerland/Sylt

RWE Power AG
Stüttgenweg 2
50935 Köln

Sächsisches Landesamt für Umwelt und Geologie
Zur Wetterwarte 11
01101 Dresden

Karl-Heinz Schmidl
c/o Tourismusverband im Landkreis Kelheim
Donaupark 13
93309 Kelheim

Werner Schulz
Dr. Joseph-Herzfeld-Straße 12
19057 Schwerin

Thomas Stephan
Ulmer Museum
Marktplatz 9
89073 Ulm

Stuttgarter Luftbild Elsässer
Eichendorffstr. 79
58256 Ennepetal

Thüringer Landesanstalt für Umwelt und Geologie
Prüssingstraße 25
07745 Jena

Tourismus Zentrale Saarland GmbH
Franz-Josef-Röder-Straße 9
66119 Saarbrücken

Tourismusverband Viechtach
Stadtplatz 1
94234 Viechtach

Touristinfo Manderscheid
Grafenstraße 23
54531 Manderscheid

TUBAF, Technische Universität Bergakademie Freiberg
Akademiestraße 6
09599 Freiberg

Stadt Tuttlingen
www.tuttlingen.de

Urwelt-Museum Hauff
Aichelberger Straße 90
73271 Holzmaden

Verkehrsbüro Pottenstein
Forchheimer Straße 1
91278 Pottenstein

Vulkanpark GmbH
Bahnhofstraße 9
56068 Koblenz

Gerhard Weber
Nerchauer Straße 1
04668 Grimma

Die Akademie der Geowissenschaften zu Hannover e. V., gegründet 1986, ist ein Zusammenschluss führender Persönlichkeiten aus Hochschulen, Unternehmen und Behörden, die sich mit Geo-Problemen befassen. Die Akademie, deren Mitglieder auf Beschluss der Mitgliederversammlung berufen werden, hat sich bundesweit als ein Forum des Erfahrungs- und Meinungsaustausches zwischen Wissenschaft, Wirtschaft, Verwaltung, Politik und Öffentlichkeit einen Namen gemacht. Da die Probleme der nachhaltigen Nutzung und des gleichzeitigen Schutzes von Geo-Ressourcen inzwischen eine Komplexität erreicht haben, die sie für Laien oft undurchschaubar macht, kommt der Vermittlung von Wissen in einer für die allgemeine und politische Öffentlichkeit verständlichen Sprache wachsende Bedeutung zu. In diesem Sinne sieht es die Akademie auch als eine ihrer vornehmsten Aufgaben an, die breite Öffentlichkeit mit geowissenschaftlichen Problemen und Fragestellungen in Form von Veranstaltungen und Veröffentlichungen vertraut zu machen.

Deshalb hat es sich die Akademie auch zum Ziel gesetzt, die außergewöhnlichen und einzigartigen geologischen Sehenswürdigkeiten und Schönheiten Deutschlands der Öffentlichkeit vorzustellen. Dieses erfolgt durch Ausweisung der „national bedeutendsten Geotope in Deutschland“, die von einer Jury im Rahmen eines Wettbewerbs prämiert wurden.

Für die Akademie der Geowissenschaften zu Hannover e. V. ist es ein großes Bedürfnis, dieses Buch mit den Beschreibungen der prämierten Vorschläge in Form eines Reiseführers herausgeben zu können: Nur was der Mensch auch kennt, weiß er zu schätzen und zu schützen.

Erdgeschichtliche Tabelle

Erdzeitalter			Beginn vor Millionen Jahren
Känozoikum (Neozoikum; Erdneuzeit)	Quartär	Holozän (Nacheiszeit) Pleistozän (Eiszeitalter)	2,3
	Tertiär	Pliozän Miozän	25
		Oligozän Eozän Paläozän	67
Mesozoikum (Erdmittelalter)	Kreide	Ober-Kreide	100
		Unterkreide	140
	Jura	Ober-Jura (Malm)	160
		Mittel-Jura (Dogger)	185
		Unter-Jura (Lias)	210
	Trias	Keuper	230
		Muschelkalk	243
		Buntsandstein	250
Paläozoikum (Erdaltertum)	Perm	Zechstein	260
		Rotliegendes	300
	Karbon	Ober-Karbon	330
		Unter-Karbon	360
	Devon	Ober-Devon	375
		Mittel-Devon	390
		Unter-Devon	410
	Silur		440
	Ordoviz		485
	Kambrium		545
	Präkambrium		4500